U0123672

「灋」是「法」的古字，追求公正應如水般的平，故「法」以「水」為部首，「廌」是似麒麟的獨角獸，能以角頂觸除去不正直的人，以「廌」「去」惡而得公平如「水」，就是「法」的意思。

李澤民律師一九五三年在臺北重開事務所。一九六五年李潮年律師卸任經濟部商業司長，雙李聯合執業，開啟「Lee and Li, Attorneys-at-Law」五十年歷史。

一九七〇年，李澤民律師逝世，李潮年律師為紀念摯友並期許永續經營，將事務所中文名定為「理律法律事務所」。

一九六〇年代，理律兩位創辦人李澤民、李潮年，中間為前司法行政部部長查良鑑先生。

一九七三年，李潮年律師病逝，由汪應楠、王重石、鍾文森、殷之彝（左至右）、徐小波及李光燾等先生共同發展業務，並由王重石律師主持事務所。

一九八二年，汪應楠、鍾文森與殷之彝先生於一九七七至八二年間相繼榮退，王重石律師逝世（中為鍾文森先生，右為陸長元先生，左為楊葆樑先生）。

李光燾（右）、徐小波（中）及陳長文（左）陸續在一九六九年、一九七〇年、一九七三年加入理律。一九八二年，王重石律師逝世，由三位先生共同發展業務，並由陳長文律師主持事務所。一九九三年，陳長文律師與徐小波律師聯合執業。一九九六年聘任李光燾先生為資深顧問。

一九九〇年一月一日起，擴大合夥人會議成員，除執行合夥人外，另增一般合夥人，並於合夥人會議下設管理、財務、推廣暨稽核委員會。

二〇〇四年，陳長文律師（前排左四）與李光燾先生（前排右五）帶領同仁進行組織精進，厚實永續經營基礎，強化經營效率及競爭力。二〇〇五年組織改造後，由陳長文擔任所長及首屆執行長。

二〇〇八年，李念祖律師（左）獲選為事務所第二屆執行長，嗣後連任執行長迄今。

二〇〇九年，李光燾先生（左）榮退，獲聘為特約首席資深顧問。

一九六〇年代，李澤民律師與臺北的事務所同事們。

一九七二年，理律同仁活動合影，當時事務所位於臺北市南京東路二段。

一九七六年，理律遷址至臺北市敦化北路二〇一號七樓。

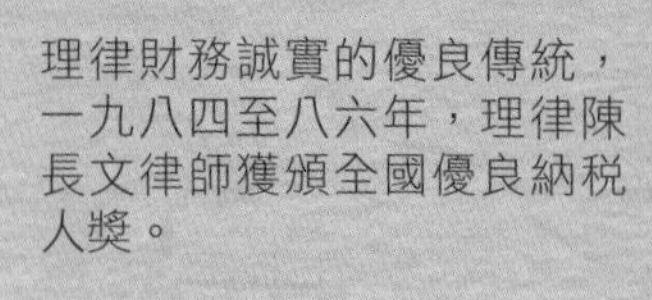

理律財務誠實的優良傳統，一九八四至八六年，理律陳長文律師獲頒全國優良納稅人獎。

一九七八年成立高雄分所，二〇〇三年成立臺南分所，二〇〇八年兩所合併成立「南部辦公室」，設址於高雄軟體園區。

一九九六年，成立新竹分所，設址於新竹科學工業園區。圖為二〇一五年分所同仁合照。

二〇〇二年，成立臺中分所。

二〇〇三年，理律與「北京律盟知識產權代理有限責任公司」建立策略聯盟合作關係。二〇一三年，該公司成立上海辦事處。

二〇一二年，與「上海律同衡律師事務所」建立策略聯盟合作關係。

二〇一四年，理律與「律盟聯合會計師事務所」建立策略聯盟合作關係。

一九九〇年六月，國是會議籌備會座談會，邀請立法委員發表國是建言。左起余紀忠先生、蔣彥士先生、陳長文先生。（中央社授權）

我國採購劍龍級潛艦，一九八六年十月海龍艦在荷蘭舉行下水儀式。左起為參與採購案的陳長文律師、前資深顧問李永芬女士、荷蘭律師Laurent Nouwen。

一九九〇年國是會議，陳長文律師（中排左三）由總統遴定為二十五位籌委之一，並經推選為主席團成員。李念祖律師獲總統核定為一百五十位出席委員之一。出席委員就國會改革、地方制度、中央政府體制、憲法（含臨時條款）之修訂、及大陸政策與兩岸關係的議題討論。（聯合知識庫授權）

一九九〇年九月十二日，兩岸的紅十字會秘書長陳長文與韓長林先生，於金門簽署兩岸第一份協議，強化兩岸人道合作。

一九九一年三月四日，海峽交流基金會會務人員研習會合影，（前排中為時任榮譽董事長孫運璿先生、前排右六為時任董事長辜振甫先生、右五為時任秘書長陳長文先生、左四為時任副秘書長陳榮傑先生。

一九九一年四月二十八日，陳長文律師（前排右五，時任財團法人海峽交流基金會首任秘書長），受政府委託率領基金會訪問團赴北京，進行兩岸自一九四九年以來的首次訪問（前排右三為時任海基會副秘書長陳榮傑，右四為時任國台辦主任王兆國，左三為副主任唐樹備）。

一九九一年五月四日，海基會首任秘書長陳長文於北京會晤大陸吳學謙副總理。當吳副總理提出「一國兩制」可適用台灣，陳長文先生提出「一國良制」方案為選項。

一九八一年，台塑集團與銀行團簽約儀式（前排左二為台塑集團創辦人王永慶、右一為陳長文律師）。

遠東集團重要簽約儀式（前排右一為遠東集團創辦人徐有庠，後立右一為現任集團董事長徐旭東，右二為陳長文律師）。

范鮫律師（站立者右六）於一九九三年二月，在日內瓦參加我國加入GATT的談判會議。

二〇〇八年，陳長文律師時任中華民國紅十字會總會第十九屆會長，持續帶領會務發展。

二〇〇八年五月四川地震，十二月五日兩岸紅十字組織在汶川映秀鎮，由臺灣方面時任會長陳長文先生，與大陸方面時任常務副會長江亦曼女士共同簽署「海峽兩岸紅十字組織共同參與汶川地震災後重建協議」。

二〇一〇年七月三十日，時任行政院副院長陳冲與紅十字會總會長陳長文，討論八八風災災區造林事宜。（中央社授權）

二〇一一年日本三一一東北大地震後，時任中華民國紅十字總會會長陳長文，於岩手縣大槌町役前望著災後景象，表情凝重。

二〇一二年，陳長文律師因長期貢獻國際人道救援，投身人權慈善公益，積極關懷社會弱勢族群，推動永續志工服務，獲馬英九總統頒發二等景星勳章。（陳律師家人與理律同事代表陪同觀禮。）

二〇一四年，陳長文律師獲馬英九總統頒發第十二屆遠見雜誌華人企業領袖高峰會之「華人企業領袖終身成就獎」，表彰其對兩岸及華人社會的卓越貢獻。

二〇〇二年，李念祖律師（中立者）獲選為臺北律師公會第二十三屆第一任理事長。

二〇〇七年，李念祖律師獲選為中華民國仲裁協會第十四屆理事長。

二〇一四年，李家慶律師獲選為中華民國律師公會全國聯合會第十屆第一任理事長。

一九九七年，同仁成立「理律愛心志工群」，持續發起愛心募款捐助弱勢團體，理律亦逐年提撥急難救助款項，從事愛心公益活動。左二及左三為志工群發起人陳宗哲先生及徐秀惠女士。

「理律愛心志工群」舉辦活動，左為社長李光燾先生。

二〇〇一年三月，理律獲頒「IFLR Pro Bono Award」公益事務所獎項。

二〇〇〇年，理律文教基金會設置臺灣學子獎學金，二〇〇二年設置大陸學子獎學金，獎助兩岸學生並進行交流。（左二為北京清華大學法學院時任院長王振民教授，右二為基金會李永芬執行長。）

二〇〇一年，理律文教基金會舉辦首屆臺灣「理律盃模擬法庭辯論賽」，並持續邀請相關法學院共同主辦，提供學生多面向的歷練。

二〇〇三年，理律文教基金會與北京清華大學共同舉辦首屆大陸「理律盃全國高校模擬法庭競賽」，嗣後每年定期舉辦，提供兩岸學生深入交流機會。

二〇一三年，理律文教基金會設立「理律學堂」，邀請法律學子與各界接觸法律議題之士，分享知識與經驗。圖為授課中的理律事務所陳怡雯律師。

二〇一五年，「理律學堂」延伸設立「理律沙龍」，邀請各界法律人或非法律人，探討大眾關切議題（左起為陳長文律師、時任考選部董保城部長、司法院蘇永欽副院長及臺灣大學詹森林教授）。

二〇一四年，全聯會理事長李家慶律師（緊鄰扶手者右五）代表我國律師公會全國聯合會，赴德國出席第二屆國際律師論壇，林瑤律律師（右六，李家慶旁）陪同與會。

理律連續獲得International Financial Law Review（IFLR）獎項。二〇〇一年范鮫律師（前排右）代表領取獎項。

理律連續獲得ASIA LAW獎項。二〇〇六年蔣大中律師（右二）及丁靜玟資深顧問（左二）代表領取Taiwan IP Firm獎項。

理律連續獲得International Tax Review獎項。二〇〇九年彭運鵑資深顧問（左）代表領取Asia Tax Awards獎項。

二〇〇九年起，理律逐年安排海內外暑期見習生與智慧財產法院交流活動。

二〇一四年理律主辦Pacific Rim Advisory Council（PRAC）第五十五屆國際會議，與各國代表及馬英九總統（前排中）會面交流。

唐獎基金會董事會成員，唐獎創辦人尹衍樑博士（中）、中央研究院翁啟惠院長（中右）。唐獎於二〇一四年頒發首屆永續發展獎、生技醫藥獎、漢學獎、法治獎。（唐獎基金會授權）

二〇一四年九月，首屆唐獎法治獎得主，南非憲法法院前大法官奧比・薩克思（Albie Sachs）訪問理律。

二〇一五年五月二十三日，歡慶理律五十週年，假臺大體育館舉辦家庭日活動，同仁、家人及退休同仁同歡之餘，並將所內募款捐贈社服單位。

理律合夥人會議，設有執行委員會。圖為執委會全體委員暨諮詢委員，二〇一五年夏天合影。

二〇一五年九月四日，理律50系列研討會開幕式及首場研討會，左起為李光燾特約首席資深顧問、嘉新水泥張安平副董事長、遠見·天下文化創辦人高希均教授、台積電張忠謀創始人暨董事長、遠東集團徐旭東董事長、陳長文所長、李念祖執行長。

社會人文 BGB410

理律・臺灣・50年

羅智強・著

LEE AND LI

目錄

推薦序

理律，臺灣經濟發展的活歷史

蕭萬長

理律是我在國貿局服務時互動密切的法律事務所。

一九七〇年代起，臺灣經濟發展走向自由開放，吸引外國企業高度注意。外商紛紛來臺洽詢商機，但對我國法令規章並不熟悉，大都是透過理律與政府打交道，我就是在這樣的背景下與理律建立關係。

當時，我推動外商來臺投資，希望臺灣經濟早點與國際接軌，積極與各國業者接觸。在爭取外商投資過程中，涉及智財權的談判、開放市場的磋商等許多議題，理律從旁提供重要參考意見。就我來說，理律是一個免費又有效的諮詢機構，讓相關工作能順利進行；對理律而言，也因此受到更多的外商重視，爭取不少生意，可說是雙贏互補。

回顧戰後的臺灣，可說是內憂外患、景氣蕭條、百廢待舉、人民普遍貧窮落後，大家最重要的目標是「脫貧求富」。政府面對艱困的環境，唯一的出路就是務實地從事經濟建設，以捍衛復興基地，社會上所展現出來的是一股奮發向上的精神力量。那時，大家有一個共識，就是臺灣的生存和發展必須靠經濟，更要與國際體制接軌、吸引外資和技術、培養產業基礎和人才。

政府從一九七〇年代起，推動經濟自由化、國際化、制度化的政策，臺灣經貿體制從閉鎖逐步走向開放，其間雖經歷很多的掙扎、取捨，再找到平衡點，非常的波折，但大家都熬過來了。

這一段歷程，正好是理律成立的背景。理律協助政府建立法制、推動變革，讓外商對臺灣的投資環境產生信心，而理律的業務與臺灣的經濟同步發展，既是見證者，也是參與者。

這些見證與參與，在《理律．臺灣．50年》這本書中，歷歷如繪地一一還原。

這本書還有一個特別之處，就在於它的豐富。這樣的豐富，不光是只有經濟的面向，還包括法治、兩岸、國防、人權及公益關懷等方面，議題涵蓋廣泛。

另一個豐富，則是理律的事業屬性。本書可以說是一本「企業傳記」，卻又遠比一般的企業傳記擁有更多元的脈絡。通常，一本企業傳記，多半會以一種勵志的面向，敘述該企業創辦人或其家族的卓越成就。僅此一位的英雄人物在整個企業中，如同一顆據天之央的熾烈太陽，所有的光芒均來自於他。

然而，理律的故事，「英雄」並不是單一的，雖有像李澤民、李潮年、王重石、陳長文等等的領導人物，但陶冶、煉鑄理律精采篇章的，卻是來自四面八方、各有專業的法律菁英。理律的故事，好似靜夜裡的滿天星斗，各自閃耀、互擁光華。這也讓理律的歷史，不是單線的直進，而是多軌的併行，故事更為引人入勝，充滿廣度、深度及張力。

如何說服政府開放麥當勞進入臺灣？因國共內戰而被拆散的夫妻，夫方來臺再婚引起的憲法風波怎麼解決？在中共的打壓下，如何成功地採購荷蘭潛艦海龍、海虎來衛戍臺海？以及阿瑪斯號油輪觸礁帶來的環境震撼、可口可樂的中文譯名、反仿冒的三十年戰爭、兩岸第一個協議《金門協議》的簽署……

還有，理律又是如何在經歷被員工盜賣三十億元股票後，勇敢地承擔責任，不但挺過理律成立以來最大的風暴，讓理律存續、讓客戶滿意又同時兼顧公益的三贏方案，成就一段傳奇佳話。

這些故事的點滴，在作者羅智強先生的生動筆觸下，鮮活地寫出理律有所為、有所不為的傳承，記載理律秉持專業追求卓越的奮鬥歷程，也展現臺灣如何在風雨飄搖的驚險年代，成就經濟起飛的臺灣奇蹟。

最後，理律法律事務所，多年來在陳長文所長的卓越領導和全體同仁的努力耕耘下，使理律成為全國乃至國際知名、業績卓著的法律事務所；同時，理律更在臺灣經濟發展的過程中，協助政府推動經濟法制走向國際化、現代化，做出傑出而重要的貢獻。

過去五十年，理律為臺灣的經濟發展留下了美好的身影，我相信未來五十年，理律仍將一本為法治獻心，為經濟獻力，為臺灣獻策的傳統，繼續擔當臺灣進步的中堅力量。

（本文作者為中華民國前副總統）

推薦序

隨臺灣經濟發展同步起飛——「理律」五十年的成就

高希均

（一）民間貢獻

八月下旬去杜拜開會，為自己帶了一本要讀的書稿《理律．臺灣．50年》。一路上深被書中五十篇文章所吸引。它們清晰而生動地描述了「理律」五十年的成就，使我一再驚喜地發現這些律師群默默地在臺灣貧窮與落後的過程中，做了這麼多促進經濟起飛、社會進步、正義伸張、人權維護等等的大事。

室外是攝氏四十五度的炎熱，旅館裡室內冷氣低到攝氏二十度。為了迎接二〇二〇世博會，杜拜還在興建更奢華及炫耀的建築，我想他們最缺的不是更多的摩天大樓，而是一個專業的、誠信的、盡社會責任的法律事務所；或者更廣義地說，是一個法治社會。

「理律」是臺灣最負盛名的律師事務所，我對他們的工作似乎不太陌生，但實際上對他們做的貢獻所知太少。讀完這本書，才知道「理律」的成就；也才更清楚：在我們討論臺灣經濟奇蹟時，一直忽略了像「理律」一樣的民間專業機構，在不同階段中所做的貢獻。在一個分工細密的年代，我們太需要相互溝通，瞭解彼此的貢獻。

（二）不能只重經濟因素

半世紀前（一九五八年），我們大學畢業時的月薪約新臺幣八百元（相當於美金二十元）；每人平均所得不到美金一百元，是世界銀行分類中的「落後地區」。畢業後幸運地有份助教獎學金，使我能去美國研讀「經濟發展」，一門剛剛興起的新領域；讀完五年書，去威斯康辛大學任教，講授「經濟發展」，一門探討如何減少一國貧窮與落後的學科。

二十世紀中葉，落後地區的討論，注重在一國是否擁有「經濟因素」的配置，如資本、技術、人才、教育、自然資源、私人企業、政府效率、基礎建設、外援運用、成長策略等，通常都不會涉及「非經濟因素」。當我們列舉「臺灣經濟起飛」的原因時，通常也只包括「經濟因素」：政府務實的發展策略、民間企業的打拚、美援運用、廉價勞力、外人投資、國際景氣等。這種「經濟本位主義」的討論，完全無視於其他因素的貢獻，在今天看來是十分殘缺的。

（三）「理律」隨臺灣經濟起飛

一九六〇年代是臺灣經濟轉型走向開放的關鍵年代。轉型期中，有各種類型外人投資的申請案件，每個案例幾乎都是先例。「理律」的律師們要協助客戶，就必須先說服官員、民代、輿論及利益團體。即使不斷溝通，有些案例仍難免胎死腹中，或等待敗部復活。從引進外資（如王安電腦）、外商（如麥當勞），資本市場的發展，到智慧權、反仿冒、商標、專利、併購法、環保公平法、華航轉型等等，都是重要的里程碑。自己常以臺灣引進麥當勞的故事，來說明政府需要勇敢地「開放」，它會帶給社會眾多的利益；恐懼開放的結果是沒有一個贏家。

理律人又充滿公義精神，投入了眾多心血，一起提倡文明社會的開拓。文明社會是人人擁有同等的權利、義務與機會；不能有性別、宗教、膚色、方言等歧視；也不應當有戰爭的恐懼、貧窮的威脅、不公不義的傷痛。因此他們又參與了《金門協議》、紅十字會、海基會催生、國際採購、跨國稅務、培養國軍法律人才，以及十餘個指標性意義的釋憲案，並且在一九九九年創設了理律文教基金會。

有了「理律」五十年奮鬥的眾多個案，對於臺灣經濟起飛的過程，增加了新的材料與較完整的解讀。

「理律」的案例及貢獻，可以歸納在兩個大主題之下，一個是「春江水暖鴨先知」，「理律」是隨臺灣經濟起飛的參與者；一個是「秋冷風怒人不懼」，「理律」是臺灣文明社會的貢獻者。

以「關懷、服務、卓越」為核心理念的理律人，投入了心血，產生了貢獻。臺灣經濟起飛過程中，如果沒有「理律」，在法律舞臺就少了一個敢衝鋒陷陣，敢走進國際舞臺的主角；臺灣的人權、法治與民主過程，也就少了一股維護的力量。五十年來的「理律」，實在就是這群律師持續不斷的貢獻，歷年得到的國內外大獎已不勝枚舉。理律人會謙虛地說：「我們是隨著臺灣經濟起飛而起飛。」他們的專業表現，與社會的進展同步起飛，這真是一個雙贏的結合。

（四）陳律師更像是一位君子

與長文相識逾四十年。長文得過很多讚譽：國際級大律師、兩岸談判第一人、卓越的教授、精闢的政論家、公益大使、政府器重的法律顧問、遠見華人領袖終身成就獎。我認為對這位傑出律師，另一個合適的稱呼是：一位「做什麼像什麼」的君子。「君子」的輪廓是：守住中道、自我要求、樂觀其成、不傳是非、做人合群、做事團結，以及具有強烈的公益心與社會責任感。

對於長文來說，只要有「結」就一定能「解」，這是挑戰，更是責任。長文在一生中打過很多美好的仗，沒料到最痛苦的一次竟然發生在內部。

回到二〇〇三年十月。理律法律事務所他們發現留職停薪的劉偉杰，涉嫌盜賣客戶託管股票三十億新臺幣，三十億元的背叛，可以使「理律」破產。

在當時接受《遠見》的專訪中，陳律師說：「關門可能是損失最小的方式，但卻是最鴕鳥的方式。就因為一個人、一件事，三十五年（努力）盡付煙塵。」「這次的事件，我們會當成一個學習。雖然代價很大，絕不會因此動搖我們對人、對事，及對社會的信任。」

經過重整及組織再造後的理律法律事務所，展現了更好的競爭力：豐沛的專才、眾多的領域，更能為客戶及社會提供全方位服務。

擔任理律改組後第一任執行長的陳長文，於三年任期屆滿後，專任所長，李念祖經連選連任執行長迄今，素來嚴以責己的陳長文，堅持地實踐「為善者成」的座右銘。

半世紀以來，兩位創辦人李澤民律師與李潮年律師，完美主義的苦心經營，從三十餘位同事到今天近千位理律人的奮鬥奉獻，已經在華人世界創造了「理律典範」。

這位投入「理律」超過四十年的君子有信心：理律人一直會以「正直、守信、誠實、守法」，來迎接另半個世紀的新挑戰。

（本文作者為遠見・天下文化事業群創辦人）

代序

理律五十，為善者成

陳長文

以往我不常回顧過去，一是因為父親在我五歲（民國三十八年）時奉命從臺灣返回四川，在戰役中捐軀，母親獨自照顧四個孩子成長，家中難以容納回顧的悲傷。二是因為，生在臺灣勵精圖治的年代，絕大多數人都是向前全力奮進，認真求學、就業、投入社會，為家也為國貢獻心力，目光專注前方的同時，也就少了回首故道的心情。

轉眼我已年逾古稀，自從國外完成學業回國，教書、參加理律法律事務所，已超過四十三年。有了年紀，尤其在母親十年前過世以後，我思念雙親、思念起成長的時代；我開始回顧，不只是個人走過的痕跡，更多的是自己與所投身的環境融合交織的脈絡。

在生命的浮光掠影中，理性的執著與感性的激盪不斷交錯，譜出一篇篇充滿感恩的回憶。而這一段人生最精華的歲月，跟「理律」密不可分。

在我們開始談論「理律」這家見證臺灣五十年發展的法律事務所之前，還是要從大家所熟知的職業——「律師」開始談起。

我從事律師工作四十餘年，非常幸運能與理律同仁共事至今，我必須這麼說，能跟臺灣乃至華人世界裡最優秀的法律人一起工作，這是上天給我的寶貴贈禮。但另一方面，在我執業的漫長過程中，也聽過許多對律師行業的揶揄。有些人或許對法律人根本上不敢領教，所以嘲諷律師惡行的笑話不勝枚舉，我們時常以此自我調侃，其實是警惕自己要誠懇學習。

那要怎麼看「律師」這個行業呢？必須回歸到價值本體來定位。我常引述美國前司法部長理察森（Elliot Richardson）說的一句話與同事和學生共勉，那就是，**"Politics, if pursued conscientiously, is the most difficult of arts, and the noblest of professions."** 他說，「從政，如果秉持著良知奉行，是最困難的藝術，也是最尊貴的職業。」我總是把「法律工作」四個字套進他的話：「立志從事法律工作的人，只要秉持著良知奉行，勉力去做，雖然困難，卻是尊貴的職業。」一如湯姆．漢克在電影《費城》中所說，他喜歡律師行業，是因為「有些時候，我可以成為正義的一部分。」許多人性的考驗不時挑戰著法律人，我們戒之慎之，在理律努力營造出正向的環境裡，讓大家樂於分享，絕不可利益至上、只求勝利，而是要努力做個爭氣和全觀的法律人。

理律五十的記述初衷

撰寫一本有關「理律歷史」的書，在我們心頭已經縈繞多年；既記述理律成長的歷程，也一併整理類似「所史」的記載；感謝智強翻查幾十年來的報紙與資料，訪談許多理律同仁與前輩，在他忙碌工作之餘，慨然允諾撰寫本書。一方面，理律走過五十年，有太多人事物可寫；另外一方面，我們也希望以真實樣貌示人，讓有志從事法律服務的人參考。

理律成長的軌跡，最早可追溯到一九三〇年代我們的創辦人李澤民、李潮年二位律師在上海執業的時代。若從政府遷臺後，李澤民一九五三年在臺北復業、一九六五年雙李聯合執業以降的五十年，理律的發展，實與臺灣的經濟成長、民主法治進程息息相關。

或許也可以這麼說，理律本身，就是臺灣經濟與法治發展的微觀史。

如果說市場機制是經濟發展的前提，那麼財產權的保障、契約效力的維持，就是市場機制存在的先決條件；而追求永續和均富的過程中，公法體系調合多元價值尤其重要。從這角度看，法律服務業的興起，對於臺灣經濟的發展具有非常重要的功能，反之，沒有臺灣經濟的發展就沒有今天的理律。

所以無論是「商標」、「專利」、「僑外投資」、「併購」，到「金融、證券交易」、「稅務」、「憲法、民刑事、行政、智慧財產訴訟」、「政府採購」、「貿易法」、「仲裁」等案件的興起，都代表臺灣產業結構的變化和進展，相對也引導法律服務市場的量變與質變。在一連串的變局當中，理律與臺灣的未來總是十指緊扣，密不可分。因為理律的存在，不但降低了企業在臺灣營運的困難度，也減少了市場變化的不可預測性。

在臺灣，許多人誤以為律師的主要功能是訴訟，而未必認識到法治社會所以需要律師，主要是在法院以外的場合，由律師為社會成功解決法律問題。以理律的經驗來看，訴訟從來不曾是理律的全部，在理律的專業功能之中，恰如其分的屬於五個專業部門之一，足以反映進步法治社會中法律服務專業較為適當的功能分配。

以狹義的角度來看，這就是理律存在的有形價值與社會功能。

除了前述理律五十年一貫的經營理念，這本書也希望和讀者分享理律五十年來在事務所經營制度的點點滴滴，供同道指教，也希望對法學院的老師和學生介紹事務所的工作型態。

首先，是理律對於跨國界、跨地區「專業分工」的堅持。大部分的律師是個人執業或合署辦公，通常採取「單兵作戰」的編制。然而面對日新月異的社會行為所引發的複雜法律問題，我們認為一如教學醫院為病人服務一樣，我們要讓法律服務的提供者專精特定的法律領域，並且讓最擅長該領域的人來解決客戶的問題，才能提供高品質的法律服務。為了要完成這一條全方位和高品質的「法律生產鏈」，理律做了許多嘗試，也獲得了不錯的成果。我衷心以為，如果這些野人獻曝的心得，能夠提供同道參考，發揮他山之石的功效，也能符合理律深耕臺灣，追求法律服務業完善的宗旨。

其次，本書也有許多實務層面的經驗談。

臺灣的法學教育與社會需求脱鉤，始終如此，於今尤然，也形成「理論有餘，實務不足」的現象，的確不足以滿足執業的需求，包括了經營現代跨國事務所不可或缺的知識管理等元素。特別是，因為沒有針對「如何經營法律事務所」的課程，現實與學術產生落差，學生們更不知道所學是否能派上用場。「國考技巧領導教學」的沉重壓力，讓法律學子們很難騰出餘力去接觸「考試之外的實務法學」，如此惡性循環，徒增教育資源的浪費。

本書沒有辦法減輕國考對法律系所學生的壓力，但至少能以「業界過來人」的身分，跟法學院老師們分享社會需要什麼樣的律師，以及法律人可以如何準備自己。

這本書也沒有遺忘十二年前差點讓理律倒下的「新帝事件」。在那段風雨飄搖的日子裡，理律人像手足家人一樣同心協力面對難關。經過狂風暴雨般的挫折洗禮，讓受創的理律蛻變成一顆更加美麗的珍珠。我們無以為報，只能說：謝謝大家，也謝謝社會和客戶的鼓勵及雪中送炭。

此外，儘管本書的篇幅遠遠超過預期，但五十年來還有許多深具意義的事件無法納入，更不要說先後在這裡接力傳承、奉獻心力的數千位同仁個別的精采故事。這本書提到了一些社會矚目的案件、或特殊性的專業領域；然而，理律參與的數十萬案件、近百項專業分工的絕大多數，還有我們的行政、財務、知識管理部門默默耕耘，以及相依互持的策略聯盟機構的奉獻，這本書都無法一一描述，這是可惜之處。

理律五十的今日啟示

我也希望理律這五十年的奮鬥史，能給當下的臺灣一些啟示與參考。

在半世紀的時間之河裡，理律和我、許多有些年紀的朋友，聽過一九六〇年代，時時在臺灣上空盤旋的戰鼓之聲，兩岸的戰火雖沒有直接加臨臺灣本島，而只到金馬前線，但當時的臺灣人民，無一不懷有亡國滅家的憂患意識，擔心有一天「共匪」血洗臺灣，如果不是反攻大陸的話。

我們經歷過一九七〇年代的外交孤立，退出聯合國、中日斷交、中美斷交，被眾盟邦所棄的悲涼，臺灣像一葉扁舟，孤漂在狂風巨浪裡。

我們經歷過一九八〇年代的解嚴；經歷過一九九〇年代動員戡亂終止；走過二〇〇〇年的政黨輪替與朝野對立的加劇；〇八年的政黨再度輪替，兩岸開啟一甲子來最和平階段，但同時臺灣年輕世代對大陸的種種疑慮乃至情緒卻也飆上了歷史高點，民主政府的失能化，使得臺灣進入了停滯的迷宮……。

每一年代都有危險與機會。如果讓我從理律參與臺灣五十年發展歷程的角度出發，幫臺灣找出一條最重要的生命線，我會說是：經濟。

然而，今天臺灣面對的最嚴峻事實是：經濟，這條生命線似乎正在萎縮。

早期政府或民間，在中共武嚇、外交危困等重大威脅下，那份拚經濟的奮進之志，在今天好像消退甚至消失了。政治人物不再以經濟政見為主訴求，取而代之的是撕裂彼此的政治語言。這是臺灣一大危機。

在理律五十周年研討會，這些憂心，也都化為一聲聲的疾呼。

前副總統蕭萬長先生盼望各界「不再陷入路線的爭論，而能積極務實的面對開放，找到經濟發展的新活路」。高希均教授沉痛的說：「政治正確，殺了臺灣！」

張忠謀董事長呼籲：「不要講空話。」徐旭東董事長向政治人物喊話：「不要跑掉，回答我下一句！」張安平副董事長說：「每位候選人都想選第二任，臺灣就沒有希望。」黃坤煌總裁說：「臺灣退無可退！」詹益森董事長說：「取消外資、陸資投資雙軌監理制，對陸資管理改採負面表列。」范炘總裁說：「亞太營運中心機會早已錯失。」

這些警語，關心臺灣的朋友都該聽聽。而我認為，危機的解方，其實往往藏在歷史之中。我們希望這段歷史，有助於臺灣，回顧並深思，如何在深具潛力、多元且成熟的臺灣找出突破困境的方法。

最後，佛家說「世事無常」，再過數十年，我們相信還會有一家名叫「理律」的法律事務所在臺灣、大陸甚至世界其它地區繼續提供法律服務，但是裡面的那些人，是否還會記得當年的理律人對於專業精進的不懈？對於法律倫理的堅持？對於社會公益的追求呢？我盼望他們會堅定的回答：「是的，我們不但記得，而且會做的更好。」

為善者成（Doing Well by Doing Good），理律五十年，我們一直要用這樣的心情實踐法律人的理想與志業，過去是、現在是、未來，我們期待，也一定是。

序

寫不完的精采——理律，豐富的臺灣傳奇

羅智強

我喜歡說故事，因此，在談《理律．臺灣．50年》這本書的寫作歷程前，我想先說兩個故事。

一位理律的退休同仁，回憶她剛進入理律時，就代表銀行扣押了前南越總統阮文紹在一九七五年偕家人飛來臺灣的座機。這架飛機，是阮文紹在西貢陷落後，乘坐來臺的波音七二七，現在還陳列在新竹縣橫山鄉的中華科技大學。她說她「當初嚇死了」。這段回憶也成為一種「另類」的歷史見證。

一九八三年，伊朗共和國國防部長穆罕默德・沙里密來臺興訟，原來伊朗在一九八一年七月，向臺灣購買「一批軍用物資」，並將一千五百萬美元匯入彰化銀行，不料這筆錢被盜領，而我國官員表示並沒有這項交易。這一千五百萬美元的巨額軍品交易成了羅生門，也成了當時臺灣有史以來發生最大，也最離奇的一起詐騙案[1]。伊朗方面，在臺灣委託的法律事務所，就是理律。

以上都是理律曾參與過的歷史故事之一，也是理律伴隨臺灣一路發展的傳奇片段。這樣的傳奇，我在查找新聞時比比皆是，但卻無法一一蒐進此書。因此，這本書雖然寫的是理律的故事，但卻寫不完，理律的精采。

大約在二〇〇四年左右，我開始醞釀寫這本書。於今算起，已有十一個年頭。當時我在理律工作，是陳長文老師的研究助理，也是理律人。理律在二〇〇三年底經歷了「新帝事件」的重創，員工劉偉杰盜賣新帝託管股票三十億元，讓理律幾乎破產，我想把這一段驚濤駭浪的歷程記錄下來。

然而，真正執筆，卻是二〇〇八年以後的事情。

1　「媒介軍用物資做幌子　冒領美金一千五百萬」，聯合報，1983-05-17。

二〇〇八年夏天，我有半年休息的空檔，就開始以「苦戰的將軍——三十億的一堂課」為題，進行了近二十場採訪，準備撰寫理律歷史。但半年後接了新工作，後續幾年忙得不可開交，這本書只能擱下。直到二〇一四年中，時間稍有餘裕，才重新拾起筆來。

再拾起筆時，卻有一種浩浩大江，不知從何取水的迷惘。特別的是，我發現新帝事件只是理律漫漫歷史的一段驚險波伏，浪雖高洶，卻非江河全貌。理律五十年的歷史，甚至如果上溯創辦人李澤民律師、李潮年律師一九三〇年代在上海執業的話，則有約八十年歷史。這一條法律服務與法律工作的流脈，流過中華民國十年訓政、八年抗日、國共烽火、外交孤立、經濟起飛、法治進步、兩岸融冰、人權抬頭乃至於今天全球化的艱鉅挑戰。每一段歷史都有理律的足跡與影子，都映托著一幕幕鮮活的時代故事。

理律的歷史，活生生的，可以說是將近五分之四部的中華民國近代史。這才是最值得書寫與記錄的部分。

於是，我改變了寫作方向，讓新帝事件沉澱成理律眾多故事中的一個篇章，追隨著臺灣法治建設與經濟發展的足跡，一步一腳印、一點一滴地試著用文字還原理律的精采。

為此，我又另進行了近二十場的口頭訪談，輔以不計其數的書面採訪補充，單單採訪的逐字稿與往返的書面採訪稿就超過百萬字，最後反覆地刪節與濃縮，終成了《理律．臺灣．50年》此書。

其間經歷的寫作挑戰，實非三言兩語所能道盡。這本書是以臺灣的經濟法治發展為軸線，千絲萬縷地從中探尋人的精采、案的精華，與理律的精神。

甚至可以這麼說，我雖名為作者，但這本書卻絕不是我一個人的書寫，而是理律人的共同創作。我一方面是作者，另一方面也像一位「主編」，許多篇章，我做的是文字統整工作，特別是當中間觸及到許多複雜、深奧的法律專業時，我得不斷透過口頭或書面請教，才能一一化解中間遇到的寫作障礙。甚至有部分篇章，理律同仁傳回的是書面答稿，只要稍做編輯、調修，就是一篇完整的故事。從這個角度來說，掛名作者，我是有幾分掠美的。

除了法律專業的門檻越之不易，另一個寫作挑戰則是歷史記憶散佚的問題。這一部橫貫八十年的理律故事，有些事隔久遠，而早期華路藍縷為理律開路的許多前輩也已仙去，如何還原和回溯早年的理律故事，是一項難度不小的工程。

我採取口述歷史的寫作方法，有點像電影《侏儸紀公園》裡「復活恐龍」的方式，一如電影中的「遺傳科技公司」，先從琥珀裡保存完好的蚊子身上取出恐龍血液，獲得恐龍的DNA，再輔以現代的生物科技，把DNA不完整的地方補全。

我先從理律的退休與資深同仁訪談中，取得理律早期故事的DNA，但有時人的記憶會因年代久遠而模糊、不精確，缺漏與不完整的部分，則大量參採當年的新聞資料。從成千上萬則與理律相關的新聞中，一則一則瀏覽，如在野林尋找蛛絲，在滄海採取明珠，試圖重新描繪、組構故事發生時的時代背景，讓理律所參與的臺灣故事、中華民國歷史，可以更鮮活的呈現。

另一個困難，則是取材。誠如李光燾先生所說，特別是在臺灣經濟起飛的那一段時間，只要打開報紙，許許多多的頭版新聞都和理律有關。理律所參與及涵蓋的故事太廣太深，這讓如何取捨故事，成為一個頭痛的難題。不管怎麼寫，永遠有掛一漏萬之感，但取捨難還是得割捨。所以有許多未被納入的人、事、故事，或在採訪取材時有所遺漏的地方，不代表這些故事不重要，而是有限篇幅中的遺珠之憾。

同時，除了陳長文老師、李光燾先生等書中許多接受採訪的理律人外，我也想特別提及並感謝幾位在此書寫作過程中，提供協助的朋友。一是洪文賓先生，在二〇〇八年我初次執筆寫理律故事時，洪文賓先生提供了許多文字上與資料蒐集上的協助；而在二

○一四年執筆的版本，張東旭先生與練鴻慶先生，也從旁給予我許多的助力。天下文化的吳佩穎副總編輯、賴仕豪編輯的悉心參與。他們都是這本書幕後的耕耘者。

「如果今天是收穫的日子，那麼我是在哪個季節和哪片土地上播撒了種子？」這是紀伯倫的詩句，也是理律在經歷新帝事件後發出的聲明〈歷創的理律，美麗的珍珠〉裡引的一句話。理律今天的成長茁壯、理念和臺灣發展所建立的深厚連結，和理律一路堅持的理念有極大的關係。這理念，就是陳長文律師所說：「沒有臺灣社會的進步就沒有今天的理律，所以我們對這個社會、國家是有責任跟義務的。」

理律把「利他」與「利己」合而為一，把理律的命脈與臺灣的命運緊緊結合在一起，成就了一個說不完的精采傳奇。

01 故事源頭——蝌蝌啃蠟到可口可樂

翻譯可口可樂的人：我的前老闆李澤民

Coca-Cola的中文名稱可口可樂，是二戰前該產品首次進入中國後由李先生翻譯的，它選用了四個與英文發音相近的簡單的漢字，推出後很快就被廣泛使用，並一直沿用至今天。

任九皋著《一千兩金：新加坡華裔富商的傳奇人生》

每一個故事，都有起點，那起點，可以是一個人，可以是一個地方，可以是一種心情。但如果要選理律這個故事的起點，我會選「可口可樂」這個幾乎無人不知、無人不曉的飲料品牌。

「在華人的世界裡，沒有聽說過理律？」如果你不是法律人，沒聽過理律很平常。但是沒聽說可口可樂的人大概就不多了。

「上帝也瘋狂」裡的禮物

可口可樂，就這麼理所當然的被大家「知道」著。它是炎炎夏日的消暑聖品；它是電影《上帝也瘋狂》（The Gods Must Be Crazy）裡，布須曼族意外拾得的「禮物」；它在國際品牌顧問公司Interbrand的報告中，曾連續十三年高踞榜首，被評定為全球最有價值的品牌（二〇一三年被蘋果公司超越）；另一方面，包括它在內的許多含糖飲料，在許多國家中出現討論什麼是造成肥胖的食物，全球肥胖率最高的國家之一墨西哥，甚至因此針對含糖飲料等飲品食物徵特種食品稅[1]。

然而，Coca-Cola這個一八八六年由約翰．潘伯頓（Dr. John S. Pemberton）調製出的飲品，為什麼在華人世界裡會被譯為「可口可樂」，這個為飲品大大加分的名字呢？

對這譯名的由來，有兩種說法，一是在一九二七年Coca-Cola進軍中國市場時，一開始直接音譯為「蝌蝌啃蠟」，十足怪異的名字。特異的味道加上古怪的譯名，使得這款飲料的銷路不佳，於是Coca-Cola以三百五十英鎊的高額獎金徵求中文譯名，人在英國的中國作家蔣彝以「可口可樂」的譯名，擊敗競逐者，贏得獎金[2]。

另一說則是，這個生動活潑、一眼即可勾動消費口欲的中譯商標，是由一位當時外形毫不起眼、戴著深度近視眼鏡、年方二十出頭的年輕律師——李澤民先生所翻譯的。在一九二七年，中國市場以一個「消費市場」的定位，受到西方國家的重視，可口可樂跟其他外商將投資觸角伸入中國，在上海成立了汽水工廠。李澤民先生在其進軍中國市場時，是可口可樂公司商標註冊的代表律師，幫忙處理相關投資問題，神來一筆的將Coca-Cola 翻譯為「可口可樂」。

到底哪一個版本是真實的歷史版本？這是確實存在的過往？還是一個傳說的軼聞？一切都隨著李澤民律師的過世而長眠地下。

不論如何，這個故事，是在我採訪、整理與撰述理律故事時，所能追溯到的「最早的故事」，這故事成為一條河流的源頭、一朵孕育春霏的雨雲、一個風起的山頭。是繼之而起無數精采而豐富故事的序章。

這位傳說中翻譯了可口可樂的李澤民律師，在國民政府遷臺後，來到臺灣開設律師事務所，一九六五年邀請李潮年律師聯合執業並取名「Lee and Li, Attorneys-at-Law」。

宏觀的時代剪影與微觀的律師側影

另一有趣的是，從可口可樂的譯名故事，可以看到中國經濟發展與法制建構宏觀面的時代剪影。一九二七年可口可樂進入中國市場時，正是中國近代史上被稱為「黃金十年」（1927～1937）的訓政時期起始年代，在那十年中，長年處在內憂外患的中國，稍稍獲得喘息、相對安定，吸引了像可口可樂等外資到中國投資設廠、開拓市場，在經濟與法制建設上都取得一些進步。民法、商法、刑法、民事訴訟法、刑事訴訟法，都在這

1 墨西哥是全球肥胖率最高的國家之一，有七成的成人和三分之一的兒童體重過重或達肥胖標準，比例甚至高於美國。為了解決肥胖問題，墨西哥聯邦眾議院與參議院於二〇一三年底，表決通過對含糖飲料課徵每公升一披索（新臺幣二點三元）、高熱量零食（每百公克逾兩百七十五卡）課徵百分之八的稅，獲總統裴尼亞（ENRIQUE PENA NIETO）簽署通過，二〇一四年一月起實施。此舉引來包括可口可樂公司在內的飲料商反對。參見墨西哥課徵特種食品稅相關報導：自由時報，2013-10-20／工商時報，2013-11-17。

2 「可樂叩門」，北京日報，2008-12-09。

十年間陸續制訂公布。緊接著，一九三六年五月五日，國民政府頒布中華民國憲法草案，史稱《五五憲草》。這十年是中國法制的奠基期。

至於為什麼在這一段時期，中國密集地建立法律制度？這又是另一個故事。

往昔中國與近代西方，採取不同的治理思維，相較於道德、禮教，法律在中國扮演的角色較弱，因此，中國沒有近代西方的法治傳統。各國一方面想和中國從事貿易，卻發現中國缺乏現代化的法典及司法制度，更別提規範商業行為的法條。為保障其本國人利益，列強選擇在中國境內建立自己的司法制度，便透過不平等條約紛紛在中國境內行使「領事裁判權」[3]，中國的司法主權因此受侵蝕。當中國表達希望廢除包括領事裁判權在內的不平等條約時，西方國家則以中國法制不全為由拒絕。為了洗刷國家民族的恥辱、爭取不平等條約的廢除，中華民國政府便積極引進西方法制，於是繼受自歐陸的司法體系及民商法架構在這黃金十年逐漸成形。可惜的是，這些初具形式的制度，在日本入侵及國共戰爭的影響下，法制概念遲遲難以在動盪飄搖的中國扎根[4]。

當初催促著中國建立西式法制的重要原因之一——「廢除領事裁判權」，一直要到第二次世界大戰後期才陸續實現。因中國為同盟國重要盟友，協助阻遏日本帝國，減輕了盟軍在太平洋戰場的壓力，為示善意，一九四三年，美、英兩國與中國議定廢除在華的領事裁判權，其他國家亦陸續跟進。從一八四三年《中英五口通商章程》給予英國領事裁判權，到一九四三年中國與美英簽署平等新約，中國司法主權受不平等條約的桎梏整整一百年。

除了經濟與法制的宏觀面，這故事也傳神地顯現了法律工作者較少被想像的微觀側影，那就是法律人不只是硬梆梆的法庭訴訟攻防；在引進外資活絡本國經濟的過程中，法律人也常扮演像是港口引水人的角色，協助外資進入本國市場，除了繁複的申請程序、文書往返之外，律師有時也會化身「命名師父」，幫忙來國內打天下的各國企業，結合當地文化，發揮創意與想像，翻譯出既能忠於原意（信）、朗朗上口（達）又雍容

3 領事裁判權是一種治外法權，是指一國在他國的領土之內，透過駐外領事等對他國居民依照該國法律行使司法管轄權。列強在中國行使領事裁判權始於一八四三年的《中英五口通商章程》。該章程第十三款規定：「凡英人控訴華人時，應先赴領事處陳述。領事於調查所訴事實後，當盡力調解使不成訟。如華人控訴英人時，領事均應一體設法解勸，若不幸其爭端為領事不能勸解者，領事應移請華官共同審訊明白，秉公定斷，免滋訴端。至英人如何科罪，由英人議定章程法律發給領事照辦。華民如何科罪，應以中國法論之。」此一喪權辱國的條款訂定後，美、英、法、俄、德、日等各國也強迫中國給予領事裁判權。

4 參陳長文，「司法改革的急迫性 The Urgency of Tackling Judicial Reform」，刊於臺北市美國商會「2020願景」特輯，刊載於臺北市美國商會 *TOPICS* 雜誌特刊，二〇〇七年十一月。

不俗可傳久遠（雅）的名字。這就需要在通曉法律專業以外，相當深厚的外語能力與人文素養。

說來特別，法律服務，從業務性質論，一般會被通俗的概分為「訴訟」與「非訟」兩大類別，一般人理解的律師業務或是法律服務，主要是「訴訟」，也就是所謂的打民刑事官司（民主來臨後，還多了行政訴訟、釋憲）；而非訟則是處理訴訟以外的業務，例如商標、專利的申請登記、公司投資、併購等等。若從服務對象論，概分為「自然人」和「法人」。

在可口可樂的譯名故事，李澤民的服務屬於「非訟」，對象是「法人」。這一點，也成了一種類似血脈相承的傳承文化，後來李澤民和李潮年兩位律師在臺灣成立的法律事務所，仍是以處理非訟及服務法人為主。承繼兩位創辦人的基礎，執業五十年的理律法律事務所，早期很長一段時間，也專注於非訟業務，並以服務法人為主。

除了翻譯可口可樂名稱的軼聞外，在理律經手的眾多案件中，也協助許多知名的外商公司，翻譯了許多為人熟悉的經典譯名。例如幫寶適紙尿褲（PAMPERS）、電腦中央處理器製造商超微（AMD）、星巴克咖啡（STARBUCKS）。中國大陸的事務所當初建議STARBUCKS取名「星源」，最後是理律建議的「星巴克」獲選；後來的一個現象是，

「星巴克」在大陸的仿冒案件比英文「STARBUCKS」還多。

從「蝌蝌啃蠟」這個聽來好似「蝌蚪啃蠟燭」的怪異名字，到「可口可樂」如神來之筆的雅易佳譯，這是一個非常特別的故事，也可以說是理律五十年故事的共同源頭。

陳長文

所長暨執行合夥人

理律五十年，不是逝者如斯的東去流水，而是一顆夜空裡璀璨的極星，既在穹空默觀我們的來時路，也為我們指引未來的方向。也因這顆極星的照耀與指引，在理律，我們秉持法律人的志業，從事法律工作這職業，關懷社會、服務客戶，追求卓越。何其有幸，何其榮幸。

李念祖

訴訟及爭端處理部　執行長暨合夥人

關懷—取情乎厚；服務—取理乎直；卓越—取法乎上。

02 完美主義——李澤民

經濟部公告專利

經濟部中央標準局昨（二）日公告上月份審定的專利共二十件。

「一種容器之製造方法」十五年，申請代理人臺北李澤民律師；

「胺基甲酸苯駢吩脂之製法及含有此種脂之殺蟲組合物」獲十五年專利，申請代理人臺北李澤民律師；

「液體貯貨艙及其有關事項之改良」，十五年專利，代理人臺北李澤民律師；

「藉醱酵作用製造一種抗生素方法」，十五年專利，代理人臺北李澤民律師；

「製備抗瀉痢組合物及控制瀉痢之方法」，十五年專利，代理人李澤民；
「控制線蟲之方法」，十五年專利，代理人臺北李澤民律師；
「新穎殺腸蟲組合物及其使用方法」，十五年專利，代理人李澤民。

【經濟日報1967-05-03】

這是我在查找理律如滄海大江，龐大的歷史文獻時，讓我覺得非常特殊、有趣的一則新聞。這一則例行性的專利公告看似呆板，但字裡行間，卻是生動傳神把一九六〇年代的生活片影，歷歷如繪地還原呈現。例如：

「控制線蟲之方法」，十五年專利，代理人臺北李澤民律師。
「新穎殺腸蟲組合物及其使用方法」，十五年專利，代理人李澤民。

這兩則專利公告，立刻把我童年時的一段回憶勾了回來。

對於五年級生（民國五〇年代出生）以及五年級以上的臺灣世代，有一項「集體記憶」，就是對寄生蟲的心理恐懼。特別是鉤蟲、蟯蟲、蛔蟲，防治這些「線蟲」侵入人體，是童年時光裡一段令人不太舒服的回憶。

隨著文明進步，衛生條件大幅改善，寄生蟲在臺灣似乎成了快被遺忘，甚至快要不存在的名詞，在這一代年輕人的世界裡，頂多就是衛教書籍裡簡單帶過的一頁介紹，或者是YouTube上一則驚悚影片。

但在一九六〇年代，李澤民和李潮年埋首於法律工作的那個年代，那樣的時代場景，反映了人們對於防治線蟲的迫切需要，也就出現了相應的發明與專利的申請。

殺蟲組合物、製造抗生素的方法、液體貯貨艙的改良……無一不是從時代裡切出的片段。這些片段，除了發明家的聰明智慧外，也有法律人的身影與足跡在其中，法律並不是遠在天邊的雲，而是身邊的一朵花、一根草。

在這些新聞片段中，讓我印象深刻的另一面向，是在一九六〇年代報紙上常見的專利公告中，常常有將近一半，專利代理人的名字都是：李澤民。由此可見，當時李澤民律師及鍾文森等團隊的專業，是如何受到國內外發明人的重視與肯定。

速描了這停在報紙角落、小小的一則專利公告後，我們回到李澤民的法律人生。這故事要從上海說起。清朝末年出生於廣東中山、與國父孫中山先生同鄉的李澤民律師，就在這傳奇時代的上海，開始他的法律職涯。

十里洋場的非凡年代

黃浦江上的蒼狗白雲，總是難以跟上世事蛻變的超軼絕塵，惟獨十里洋場浩浩蕩蕩的非凡氣勢，仍舊沉溺在浪漫如故的永恆氛圍中不曾出脫。一九三〇年代對於中國上海來說是個充滿轉機，也充滿危機的奇特年代。

一九三〇年代之前，漢口、廣州、香港等幾個重要對外貿易口岸，因為受到政治風潮的衝擊，整體經貿活動受到不少影響。當時中華民國定都在南京，許多原本在北京、天津活動的政治人物、文化名人陸續南下。其中有不少人都選擇定居在上海租界，一時間上海熱鬧非凡，儼然成為沿海地區最搶眼的城市；加上為數可觀的中外商人紛紛轉往上海發展，中國的對外貿易重心逐漸轉移至此，也讓上海的繁榮達到鼎盛。

當時頗負盛名的建築物、地景，如沙遜大廈、南京路、白渡橋、蘇州河、俄羅斯領事館、匯豐銀行舊址、上海海關大樓等，那些巨大且不忘揮灑細膩的印象派特徵、久違的巴洛克遺風夾帶著文藝復興的典雅，沿著外灘築起一道西潮入侵的紀念長牆，也讓這城市深處皆可撫摸到近代東西文化相互激盪的火花餘溫。

上海是中國與世界接軌的窗口，素有「中國百年門戶」美譽，但在歌舞昇平、商業活動繁盛的背後，其實也天天上演著衝突與戰爭的戲碼。「一二八事變」、「虹口公園爆炸案」、「淞滬會戰」，還有接下來的「太平洋戰爭」、「中日戰爭」，都沒讓上海的耳根清靜過。

理律的創辦人李澤民與李潮年兩位律師，就在這個商賈雲集、紙醉金迷、戰爭與和平交錯的特殊時空背景裡結識，為日後「理律法律事務所」的誕生，繫下一線因緣。

當時許多外商深怕商機一閃即逝，爭先恐後進入中國，但他們遇到的第一個問題，就是中國投資、生產、進出口等相關商業法令的適應問題。「有問題就有市場」，這是專業服務業不變的定律，於是許多上海律師投入這塊法律服務市場；有不少猶太裔律師為了躲避希特勒的迫害，也來到上海開設事務所。

「正字標記」：鼻梁上的深度近視眼鏡

李澤民就是跟兩位猶太裔美籍律師合作，開設了「Altman, Kopps and Lee」法律事務所。

見過李澤民的人都說，李律師的樣貌平凡普通，感覺不到律師的「威嚴」，卻往往讓人留下深刻印象，原因無他，就是他的專業跟認真。一九六九年加入理律的特約首席資深顧問李光燾，回想起這位長輩，眼眶裡流露出誠摯的尊敬。李澤民走在人群裡，即便是熟識的朋友也很可能無法第一眼認出他，李律師最大的特徵，就是鼻梁上的深度近視眼鏡。那是他長年苦讀鑽研學問的「小禮物」。

李澤民不曾出國留學，但他的中、英文卻比許多留學生還要好，甚至頗有東西方文學的造詣。他打下外語基礎的方法無它，就是靠刻苦堅忍的學習精神，加上一個簡單的笨方法：背字典。就是扎扎實實的背、一字一字的背、聚沙成塔的背。

這種學習的毅力，或許跟李澤民困苦的家庭環境有關。人想要在逆境中成長茁壯，光有才華與能力是不夠的，還必須要有毅力跟耐力，方能支撐這一切。「Altman, Kopps and Lee」法律事務所裡幾乎都是美國人，李律師除了用流利、優雅的英文跟客戶對談外，跟他的合作夥伴也用英文溝通，偶爾還會糾正事務所裡外籍律師們的英文用法。這位創辦人對語文能力的重視與善用，也在理律傳承了下來。

李澤民的毅力跟耐力也展現在工作態度上，如果有必要的話，他可以整天埋首在自己的桌子上處理業務，確實是個苦幹實幹的工作者。跟他共事過的人表示，李律師的辦公桌上永遠是堆積如山的卷宗，卻常常不見他的人影，等到靠近桌子一看才發現他默默低頭在做事。有趣的是，不知道他有千度近視眼的人，總以為他趴在桌上睡覺，等到李律師抬頭打招呼後，幾乎都會忍俊不住笑出來。

個人品牌：完美主義代名詞

跟李澤民相處過的人都知道，他精明、能幹，加上他崇尚完美主義，自我要求非常高，無法忍受任何缺失，經手的案子總是漂漂亮亮地呈現在客戶眼前，建立出他在法律界的「個人品牌」。從上海執業時期開始，他的客戶大部分是外國人，李澤民不光是英文造詣佳，就連外國客戶的脾氣和需求都摸得一清二楚。即便一九四九年後離開大陸，一九五三年政局穩定後在臺北復業掛牌，來臺灣投資的外國客戶依然對李澤民言聽計從、佩服至極，可見其應對客戶的本領有獨到之處。

當時臺灣的律師事務所很少，多是個人小規模型態，因此絕大多數的大型外商投資案都委由Lee and Li承辦。不過當時事務所的分工制度不像今天如此專業與精密，往往每一位承辦同仁幾乎都得「允文允武」，需要十八般武藝。當接下各式各樣的案件後，也沒有現代化的管理機制來登記、分配、追蹤進度等程序，細緻控管案件進程。

李澤民當年在外商圈非常有名，許多外商都指定把案子交給他做；當李律師的秘書收到新案後，會將卷宗放在他的桌子上，可想而知，早已堆成「三合院」式的龐然小山。由於早年尚未建立完善的登記管理制度，案子一多，李律師有時會忘記案子進來的順序，只能隨手拿最上面的案件來處理。如此一來，有時就會出現較早進件、壓在下面的案件被延誤的狀況，但那些指名辦案的客戶，也鮮少抱怨他，反而客氣地希望他能早點處理，這時李澤民總是笑著問客戶：「你是哪一天送來的案子？」

客戶告知正確日期後，李律師一邊安慰客戶，一邊尋找一疊又一疊的卷宗，找到後才開始處理。客戶之所以沒有太多抱怨，主要因為李律師長期累積出來的專業聲望與服務品質，在客戶心裡取得特殊地位，獲得信任與尊敬。「從另外一個角度來看，也有可能是外商肯定李律師的能力，所以才忍氣吞聲，不敢隨便抱怨他也說不定。」說到這兒，李光燾爽朗地笑了起來。

當然，偶爾還是會有心急的客戶，遇到這狀況時，口氣非常不好，李律師總是簡單篤誠地回應：「對不起，這案子你要怎樣處理，我幫你辦就是了。」這時候客戶往往就沒有第二句話，直接切入主題開始討論案子。

「外國客戶對他之聽話、服貼，至今仍使我印象深刻。」李光燾回憶這段往事，依然覺得歷歷在目。

估費精準，客戶無法拒絕

另外，李澤民律師在談「案件費用」的估計本領也是一絕。

一九五〇、六〇年代的李澤民律師事務所，尚未引進工時記錄卡（Time Sheet）、鐘點計費（Hourly Charge）等制度，每當客戶請李澤民處理案件，談到費用問題的關鍵時刻，他喊出來的價格在旁人看來宛如漫天喊價。事實上，李律師早就清楚掌握案子的內容，需要多少「時間成本」、「個人專業價值」、「know how」及「客戶財力」等諸多成本。他總是拿捏得非常準確，說的額度不多不少，總讓對方無法拒絕、討價還價，而能保持對於律師應有的專業尊重。

尤其當他與客戶談妥公費、直到案子完成後，從來沒有人會質疑他處理案件的專業價值。李澤民律師在法、商界有如此特別的地位，主要還是他個人的「能力」、「學識」、「人格特質」取勝，而非以莫名其妙的「霸氣」或「交際應酬」來取得。這是一種值得法律從業人員欣賞，卻不一定能完全仿效的執業方式。

李澤民律師的個人專業形象是如此鮮明，然而理律的另一位創辦人——李潮年律師也不遑多讓。這是下一個故事。

李光燾

特約首席資深顧問

理律是臺灣最卓越的法律事務所，五十年來有幸參與我們國家經濟起飛及政治開放的傲人成就，在這過程中也領悟感恩惜福珍貴原則。

理律提供優質法律服務，也時刻不忘追求社會公平正義，協助眾多弱勢朋友，培植優秀法律人才。我們珍惜事務所默默推行關懷、服務、卓越的核心價值，這也是理律下一個五十年的承諾與願望。

范　鮫

公司投資部　副執行長暨合夥人

身在理律，心懷感恩。感懷前輩殫精竭慮，打下堅實基礎。感謝客戶信任交托，使我們得以盡展專業。感謝各界善意支持，讓我們對公共政策的建言得以實現。更感謝所有夥伴齊心協力，才有亮麗表現！祝福理律人平安喜樂，為社會良善盡心盡力！

03 以友為先——李潮年

經濟部新設國際事務室，李潮年出任首任主任

經濟部分期配合國際情勢，發展本國經濟，決定設立一國際經濟事務室，已確定由該部參事李潮年擔任室主任，該室職掌規定如下：（一）關於派員參加各種國際會議之籌備事項（二）關於國際經濟資料之蒐集編譯交換及研究事項（三）關於所屬各機構申請外援及國際技術協助與合作之規劃聯繫事項（四）對於外人投資生產事業供給有關資料事項（五）關於國外有關經濟團體來華參觀之接洽聯繫與問題解答事項（六）其他有關對外經濟事務之聯繫事項等。

【聯合報 1954-11-27】

理律另一位創辦人李潮年律師，一九〇八年出生在江蘇蘇州。

李潮年給人的印象是個傳統的中國知識份子，這麼傳統的一個人，卻在東吳大學畢業之後，與同學遠渡重洋赴紐約大學繼續攻讀法律。

「這是很不容易的事，在那個時代可以去國外留學的人不多，光是坐船到美國就至少要一個月。還好父親是個很特別的年輕人，有他獨特的毅力和想法，加上家境不錯，才能支撐他完成留學的夢想。」也畢業於紐約大學法學院，後來成為紐約律師的李光燾回憶說道。

遠渡重洋，培養深厚的英美法涵養

李潮年律師多年接觸英美法第一手的法學觀念，培養出深厚的英美法學涵養，學成歸國後就在上海開了一間個人律師事務所，投入當年方興未艾的法律服務市場。在那時，他在上海律師行裡已是風雲人物，在民商法領域已獲一定的成就與根基。然而，因緣的聚合與歷史的發展總令人意想不到，李潮年在上海執業的日子裡認識了許多滬商人士，建立了堅實人脈，也為日後理律在臺灣法律界的崛起埋下伏筆。

李潮年是個心地善良的人，待人非常誠懇踏實，許多業務上往來的客戶都被他的人格特質所吸引，成為他的好朋友。無論他離開上海，來到了香港或是臺灣後，這些人脈對於他的工作或是日常生活都有很大的幫助。李光燾在孩提時代看著父親的那些「老朋友」，於公於私都跟李潮年互動良好，「他們都是我父親的貴人，也是理律重要的夥伴。」李光燾微笑地說。

一九四九年，大陸局勢動盪不安，李潮年律師結束上海的事業輾轉到了香港，工作三年後又來到臺灣。當年他來臺灣的第一份工作，是到經濟部擔任參事，後來兼任商業司司長、證券管理委員會副主委[1]。在政府遷臺、國共酣戰的一九五〇年代，振興工商是厚植國力的前提，而商業司長的主要業務便是協助政府建立健全的國內投資環境，特別是建構所需要的法制。例如，為了促進投資證券化，使社會公眾的資金能和事業相配合以加強事業發展的力量，李潮年銜命負責公司法的修正。

當時還是中學生的李光燾，對父親當年親手草擬法案的身影，依然清晰。他說：「我們家住在中山北路五條通的公家宿舍，是一個簡單的宿舍，沒有書房，有一段時間常看父親每天趴在餐桌上寫東西，後來才知道父親在草擬《公司法》修正草案。」

李光燾說，當時的立法委員們很信任李潮年，互敬互重，覺得父親是正人君子、一心為國家，因此立法時相當配合。

李潮年在一九六四年修法完成後，曾在電視節目上細細解釋這些法案的重要性：

「所謂投資證券化，就是在擴大事業投資人的範圍，使社會公眾的資金能和事業相配合，來加強事業發展的力量。要達到這個目的，就要先做到投資的財產權和事業的經營權可以分開，這就是說，投資人所要著重的，應當在於投資的收益，不必掌握事業的經營權，而經營者所要注意的應當在於事業的管理及發展，不必占有多數的投資。許多經濟發展先進國家，大都已達到了這個階段，所以，有的外國立法例，規定公司的董事不一定要由股東擔任，在美國有一種專門職業，叫做專家董事，以做董事為專業，這是最顯著的實例。我國目前的環境雖尚不能這樣做，但是至少要能做到投資人對於事業的業務和財務狀況，能夠充分瞭解，以加強他對投資的信心。因此，一個事業財務狀況的公開，會計制度的健全，和帳冊報表的正確，就是促進投資證券化的鋪路工作……[2]」

回顧這段談話，彷彿看一場老紀錄片，栩栩如生地把李潮年對法律的專業執著與進

---

1 經濟部證券管理委員會，一九六〇年成立，一九八一年、二〇〇四年陸續改隸財政部、金融監督管理委員會，二〇一二年更名金管會證券期貨局。

2 「為促進投資證券化鋪路，公司法等三項法律，政府正作重大修訂，李潮年籲請合力推動經濟發展」，聯合報，1964-06-08。

步觀念一一重現。

這些都是在當年非常重要，需要法律與市場新觀念的興革法案，李潮年憑著深厚的專業能力被委以重任。

那時的政府體系，不像現在分工精細和組織龐大。當年經濟部所負責的業務領域遠比現在要多上許多，所以李潮年在臺灣的商業與外貿事務層面，承擔的工作量格外繁重，但也因此涉獵廣博，得到了很好的歷練。

李潮年的學經歷均優，專業能力及品德素養很受長官肯定，尤其文學底子與文字掌握能力很傑出，於是一直被留在經濟部負責商業規範及管理的業務，或參與相關法案的制定。擔任公務員的那段生活歷練，對於李潮年乃至日後的理律，影響非常深遠，除了部會裡的工作外，他還負責到國會跟立法委員溝通，說明法案內容與精神。

「真心誠意交朋友的人，到哪兒都會有好朋友。」這句話用來形容李潮年律師再好也不過了。當時的老立委們很尊重李潮年司長的專業能力，互動十分良好，往往沒把他當做是行政院經濟部派來被質詢的代表，反而在立法院看見他時都像朋友般噓寒問暖。

一九五〇年代，臺灣百廢待舉，大時代動盪下的人民生活可說是困苦，就連政府體制內的公務員也不例外。李司長的薪資不高，生活不富裕，卻在這段時期建立了許多堅定的君子情誼，奠定他日後在法商界的深厚人脈。

李律師並非用「金錢」堆砌友誼，而是用「真誠」感動朋友，贏得所有人的尊重。對李潮年而言，朋友是他人生當中最重要的資產，若說理律與政府部門之間有長期良好的互動關係，其濫觴或應歸功於李潮年早年奠定的人脈基礎。

人生三要事：朋友、朋友、朋友

「人生在世，最重要的有三件事，那就是朋友、朋友、朋友。沒有真心相處的朋友就無法成事。」李潮年曾經感性地告訴自己的兒子李光燾，要他牢牢記住這句話。李潮年做事非常認真、負責，對於同事及朋友也付出許多誠摯的關懷，也因此，只要是跟他共事過的人，無論是事務所或是經濟部的同仁，只要一提起他，仍然十分懷念這位老朋友。

李光燾回想這位可敬的父親，信手拈來都是極為相似的小故事，原因無他，主要是因為李潮年太過重視朋友，朋友開口需要幫忙，他總是二話不說就一肩擔下。

「因為我父親待人處世的獨特性格，導致他認為做律師最痛苦的一件事，就是跟朋友（客戶）談費用。」李光燾常常看到父親的朋友急急忙忙跑來事務所，開口第一句就是用上海話說：「潮年兄，我有大問題了，能否幫我處理？」

一句「潮年兄」的鄉音親切黏膩，總讓李潮年兩肋插刀、仗義相助。那些朋友口中的「案子」幾乎都是大型的案件，而非一般日常糾紛的民刑事案件，其專業度跟複雜度遠比普通案件難辦許多。例如當年臺灣實行新《公司法》的時候，第一個公司重整案，就是李潮年幫朋友處理的；當結案後，業主已經沒有錢能支付律師費，類似情況，李律師總是笑笑地拍著朋友的肩膀說：「沒關係，事情解決就好了。」

李光燾有次回家後看到客廳多了臺電視機，他問父親電視是哪來的？李潮年律師似乎有些困擾地說：「那是某某某沒錢付律師費，我已經告訴他不要在意，誰知道他硬是送了這臺電視來。」幫朋友解決問題，是李潮年律師的興趣，「我想，只要能幫助朋友，其他事對他來說，都不重要。」李光燾回想父親對待朋友的往事，偶爾會搖頭苦笑。

李家慶

訴訟及爭端處理部　合夥人

理律五十見證並參與了臺灣經濟奇蹟，本諸關懷、服務、卓越之信念，理律人在專業法律服務上精益求精，也獻身公益，並關懷國家社會福祉與同仁福利。秉持專業與公益之理念、堅守中道與進步之思維、落實團隊與分工之效率，是理律永續經營發展的根基。

李耀中

公司投資部　合夥人

華人社會對於律師的角色褒貶互參，惟理律的每一位成員在關懷、服務、卓越的體現下，創造令眾人肯定的成績。身為理律的一份子，深深感到光榮與驕傲，並期待為下一個五十年再造巔峰！

04 相知相惜——雙李合作

「理律法律事務所」的創辦人——李澤民、李潮年，兩位李律師的性格相當不同，一剛一柔，恰成兩股互補的力量，為理律奠基扎根、開拓局面。此外，兩人友誼深厚，深有昔時管仲與鮑叔牙「相知相惜」的古風。

兩人在上海執業律師時就私交甚篤，同樣專精於國際法律事務，這一傳統與風格，迄今仍深深影響著理律。

但是兩人的律師事業，曾因時代動盪而暫時停止，李澤民律師是到一九五三年，才重新在臺北市懷寧街十號二樓開設事務所。一九六五年，李潮年律師結束公務員生涯，正式和李澤民攜手，在臺北市許昌街四十二號九樓合組「李澤民律師、李潮年律師聯合事務所」（Lee and Li），理律迄今（二〇一五）逾五十年的歷史自此展開，這時員工約三十人。

雙李性格不同，互補相惜

兩位李律師的個性不同，卻信念一致，對律師工作有高度的榮譽感與使命感，愛惜羽毛、重視形象、執著理念，非常重視律師的社會責任。因此，他們對於違背律師職業倫理、不正當，只要有一絲一毫可疑的案件，雖然有高利報酬的誘惑，也絕不會去碰，更不可能受理。

相反的，如果他們覺得某個案件，有助彰顯正義與正直的珍貴價值、增添國家全民利益或社會責任，這時候即便沒有報酬，就算身處高壓之下，也絕對堅持辦到底。簡單來說，公正、正派的經營，就是理律存在的價值。

「我深深地體會到，他們的作風影響到事務所的風格，這是兩位前輩給予我們最大的寶貴遺產。」李光燾的這句話，道出兩位李律師為理律留下的精神資產。

李澤民與李潮年的名字，在一九五〇到一九六〇年代常見於報端，所經手的多是廣受國人矚目的案件，包括許多重大投資案，例如美援投資案。

一九四九年國民政府遷臺，「美援運用委員會」由陳誠擔任主任委員，同年美國停止援助，直到一九五一年韓戰爆發才恢復美援。在一九五〇到一九六〇年代，美援對臺灣軍事防衛與經濟發展幫助至鉅。

一九五四年底，中華民國與美國簽定《中美共同防禦條約》。隔年一月十八日爆發一江山戰役，一江山失守，位於浙江省外海的國軍前哨基地大陳列島被迫撤守，值此同時，美國參議院以懸殊票數通過《中美共同防禦條約》[1]，其後美援的內容除民生物資與戰略物資之外，也包括基礎建設所需的物資，例如建築道路、橋梁、堤壩、電廠及天然資源的開發等[2]。

一九五七年，美援由原本的贈與性質改為「贈與、貸款」並行，美國設立了「開發貸款基金」，大型計畫可直接向開發基金申請。中華民國第一項申請成功的計畫，就是「亞洲水泥公司」設立案[3]。當年由於臺灣的經濟和基礎建設需要大量水泥，徐有庠先生的「遠東針織廠股份有限公司」決定投注水泥業，就與海外華僑集資，在李澤民律師的參與下，成功爭取到兩百七十五萬美元的低利融資貸款，創辦亞泥公司[4]。

再來看李潮年律師。李潮年律師在合組事務所前，於政府部門服務，是以政府公僕的角色為臺灣拚經濟發展、拚法制建設。對內，他參與許多重要的修法、立法工作，例如：華僑投資條例、外匯條例[5]、管制物資法令的簡化[6]等等。

對外，許多貿易談判，李潮年也在全球留下了足印，像個「臺灣業務員」披星戴月地行銷臺灣，代表臺灣到四方談判，或引進投資，或開拓商機。例如和星馬洽談貿易，蔗板鹽茶織品陸續成交，並銷水泥兩千公噸[7]、參加臺灣的「國際商展工作小組」，積極參加美、日、義、希等國商展[8]、在嚴家淦先生帶領下參加國際貨幣基金及國際復興開發銀行第十二屆年會[9]，其他如中美、中日、中法、中義、中韓的貿易談判，幾乎無

1 蔣中正日記中記載：「昨日美國參議院對中美互助協定案以六十四票對六票通過，其舉行投票之程序如此簡易而迅速，又是出乎意外而順利之事……終於能得到一結果，不可謂此逢兇化吉之大事，此為上帝賜我國家轉危為安之朕兆乎。」

2 《臺灣營造業百年史》，遠流出版，臺北，2012年，136頁。

3 《李國鼎：我的臺灣經驗——李國鼎談臺灣財經決策的制定與思考》李國鼎口述，劉素芬編著，陳怡如整理，遠流出版，臺北，2005年，150頁。

4 「亞洲水泥公司，獲貸開發基金」，聯合報，1958-07-27。

5 「華僑投資條例 立院委會修正十條 外匯條例續審查」，聯合報，1955-05-05。

6 「管制物資法令 將予統一簡化 經部徵求各方意見」，聯合報，1957-01-10。

7 「我與星馬貿易 洽談頗有進展 蔗板鹽茶織品陸續成交 並銷水泥二千公噸」聯合報，1957-08-06。

8 「經濟部昨組成 國際商展工作小組 美日意希等商展 我國已決定參加」，聯合報，1956-12-13。

9 國際復興開發銀行是聯合國專門機構世界銀行集團的成員。

役不與。

一九六五年李潮年辭去經濟部商業司長，接著和李澤民聯合執業，合組Lee and Li。熟悉政府運作、透徹瞭解國際貿易大勢的李潮年，讓事務所如虎添翼。李潮年律師經手許多指標案件：例如，為使我國鋼鐵業有更好發展，與日本的技術合作即十分重要，一九六五年唐榮鐵工廠與日本日曹製鋼株式會社簽訂技術合作協定，並以三百萬美元貸款進行業務改進與設備更新，李潮年律師即以唐榮顧問身分參與此案[10]。

又，美國知名車廠福特汽車公司，申請投資臺灣六和汽車工業公司，製造裝配及銷售各種福特型車輛、引擎、組件及零件等內外銷，也在李潮年代表下申請獲准，一九七二年簽署合資協定，投資額達五千四百三十萬美元，在當時是極高金額的投資案。李潮年代表美方福特公司，當福特高階主管福特二世來臺訪問，對臺灣政治穩定和經濟健全的印象極為深刻，認定臺灣為長期投資的極佳地區，經過長期諮商、派大量人員來臺調查研究，終於決定投資。

這一重大消息登上當時報紙頭版，因為本案對臺灣的汽車工業與相關產業極為重要，一方面引進各種新式汽車及引擎的生產設備與新技術，提高國內汽車工業水準；同時，由於所需零件種類數量極多，也帶動國內周邊衛星工業的發展[11]。

可以這麼說，李澤民與李潮年在當時，不但是專業受肯定與尊敬的律師，他們的名字，也同時嵌進了臺灣的經濟發展歷史之中。

除了工作上的專業執著，兩位李律師也有生活與柔軟的一面。李澤民雖勤於工作，但只要一結束工作，他也很會享受空閒時光。當時的臺北沒有太多娛樂可供選擇，對於一名認真工作的男人來說，下班後的小酌算是職場生涯中最棒的獎勵。兩位李律師下班後會與知己好友一塊兒吃飯喝酒，而且李澤民每喝必醉，然後再由李潮年護送他回麗水街住所，這幾乎成為兩人下班「休閒」的固定模式。

更有趣的是，李澤民家門外的麗水街小巷子中間有條未加蓋的水溝，李潮年每次送李澤民回家，如果不親自攙扶他進家門，任由他在只有昏暗街燈的巷口獨自步行的話，有深度近視的李澤民保證會突然矮了一截，蓋雙腳已踏入橫溝也，命中率堪稱百分之百。任何人隔天再跟他提起此事，李澤民律師絕對不會承認，然後下次繼續踩到同樣的水溝，回家又是被太太狠狠責罵。一位臺灣法律界享譽四方的專業律師，總是栽在同一

10 「唐榮日曹技術合作 預定二十個月完成 運用日貸款三百萬美元 還本期限為十二年」，聯合報，1965-12-29。

11 「福特汽車來華投資獲准 製造及裝配福特型車輛、引擎、組零件內外銷」，經濟日報，1972-11-04。

條水溝裡，確實令人莞爾，也讓人看到他可愛迷糊的一面。

天時、地利、人和：理律茁壯的時代背景

一九六〇年代，正是臺灣經濟起飛的時代，許多外商著眼臺灣是亞洲島鏈樞紐，人力素質高、性格勤奮儉樸、薪資低廉，加上政府政策方向正確，於是外資紛紛加碼投資臺灣，「天時」與「地利」將臺灣打造成「亞洲四小龍」之一。大環境對於法律服務市場的成長十分有利，而且理律兩位創辦人此時已攜手合作，「人和」的態勢篤定，許多世界級企業都主動希望能由雙李承辦案件，就是著眼在雙李堅強的專業實力。

理律辦公室位於許昌街的時期（1965~1972），正逢臺灣經濟發展轉型的年代，理律躬逢其盛，既是見證者，也是參與者。

李光燾滿臉豪氣回想當年，他說：「我在一九六九年學成歸國，參與父親跟李澤民律師的法律工作。那時事務所還在許昌街，整個大環境的氣氛欣欣向榮，幾乎每天都有讓人欣喜若狂的大投資案。對我們這些年輕律師而言，這些投資案的種類五花八門，工業、商業、金融業的案子堆滿辦公桌，每一件都具有重大正面意義的象徵。外商提著龐大資金，爭先恐後來臺灣投資，讓我們的島嶼朝氣十足，每個人的未來都充滿希望。」

光聽這句話，不難想像當時的理律究竟是什麼模樣。

三方聚會，共促中美經貿合作

在那個追求成長的年代，兩位李律師帶領麾下員工參與臺灣社會的變遷和茁壯，他們的專業能力造就出令人羨慕的際遇，也成為臺灣與外商接觸及合作的良好諮詢介面。兩位李律師不僅贏得客戶的尊重，也獲得臺灣政府及美國政府的信任，在臺灣經濟大幅向上躍升的時期，他們跟行政院經濟部和美國大使館都有定期的非官方聚會，用今天的術語來說，算是另一種型態的「經貿合作專案小組」。

這「三方聚會」原則上是每個月至少一次的定期聚會，地點大多在兩位李律師的住家，會談項目例如針對中美間經貿合作問題或是重要投資案，以及如何促進臺灣投資環境的法規及政策方向，彼此交換意見。

當然，那時的政治環境比較單純，推動事情相對有效率也較少顧慮，許多經貿事務、法條制定、投資定案，都是經由這類坦誠而非官方方式的聚會溝通以順利完成。大家坐下來談的時候，想到的只有如何幫助國家加快建設與經濟發展的腳步。

在對兩位律師的高度信任下，透過類似非正式會談，為國家做了很多好事。兩位李律師有效地承擔橋梁功能，將中美兩方的意見融洽整合，這是相當難得的信賴關係，也是他們兩位成功的地方。

李潮年在卸任經濟部商業司長，到理律服務之後，還曾獲邀出任經濟部法規會主委，這需要其人格及專業獲得高度信任才有可能做到。在今天的時代已經不可能，會被外界質疑利益衝突。

但當時臺灣的法制建設還在起步，法律人才相對有限，少數傑出的法律人才，如李澤民律師和李潮年律師，以其進步的法治視角，協助政府推動制度革新乃至於外交關係，也有其時代的需要性與必然性。

蔣大中

專利暨科技部　合夥人

理律五十年，非常不容易，現在仍執業界牛耳。是什麼因素促成這成就？我認為最重要的是：（一）持續追求卓越，始終堅持品質，以贏得客戶信賴的做法。（二）力求內部和諧，凡事講求團隊合作的核心理念。期望繼續傳承發揚光大，伴理律走入下個五十年。

王懿融

專利暨科技部　資深顧問

理律五十年歷程，在不同時空畫出不同圖騰。前輩奠定永續發展基礎、同仁服務的承諾及努力、客戶的信任支持、社會的肯定、參與公益的自我期許等等，導引理律走向今日及未來。求真求善、不屈不撓，讓理律在挑戰中成長。有最棒的客戶及工作伙伴，有相同理念及目標，無論遍足何處，時時感動慶幸。

05 長存典範——創辦人相繼辭世

中外商場．聲譽鵲起　日正當中．溘然長逝 李澤民去世商界均悼惜

對於名律師李澤民的猝然去世，法律界與商場中的人士均感驚訝。李澤民的事業正如日正當中，他的收入豐厚，環境優裕，家庭美滿、有名氣、有地位，尤其在臺灣的外國商人心目中，他是一個很有份量的大律師。與他業務有過接觸的人說：李律師一年向稅務機關所繳納的所得稅，都超過一百萬元以上。他的收入，不是普通的律師所能想像，在律師的同行中，他無疑是頂尖的佼佼者。

李律師在他那一行崛起，也只是近七、八年的事，這些年來，來華投資的外商，

舉凡一切公司設立、商標、專利的登記，幾乎都得假李律師之手進行，事後並敦聘他做公司的法律顧問，或者請他擔任公司董事之職。

李律師之所以能成為外商爭取的對象，並不單止他的外文好，最主要是他的學識淵博，而且工作認真，剛正不阿，法令嫻熟，他的簽字，已成為法律界權威的標誌。

今年才六十三歲的李律師，早年畢業於上海法政大學，取得法學士的學位，同時並考取律師的資格，在上海掛牌做律師。

戰前的上海，租界林立，商業發達，李律師得到當時在英租界掛牌的美國大律師阿樂滿的賞識，羅致到他的事務所擔任助理的業務。

一開始，李律師便辦理非訴訟的法律事務。原來在律師的業務中，便有訴訟事件律師與非訴訟事件律師兩種。非訴訟律師的業務是根據法令辦理一切登記、諮詢的業務，代表當事人向有關政府的商務部門辦交涉。而訴訟律師，則多數是根據法律打官司，代表當事人向法院打交道。

在阿樂滿律師事務所裡，李律師表現良好，他的精明能幹，深得阿樂滿律師的賞識，未幾，便成為該事務所中最得力的助手。

民國三十八年，大陸淪陷，阿樂滿律師返回美國，李律師則避難逃到香港，由於香港政府不承認他在大陸上海的資格，使他無法在香港掛牌，鬱鬱不得志好幾年，直到民國四十一年才從香港來臺灣，在他的好友，一個已故的律師協助下，他便在臺北設立事務所，從事非訴訟的律師工作。

開始的時候，李律師的業務不算好，但這時候，他與在美國已轉任公職的阿樂滿律師取得聯繫。

過了不久，大批美商隨著美國政府對華的經援來臺灣，在阿樂滿律師的推介下，他與這些準備來華投資的美商認識，並建立了交情，那時候臺灣的商場情況仍不很理想，但李律師的業務已經走上軌道。

近幾年來，臺北的商場呈現一片好景，外人投資增加，抓住此一機會，李律師憑著他的關係大展鴻圖。大多數外國商人在沒有來臺灣投資前，就已經知道他的大名，而且深具信心，漸漸的，他在國際間有了名氣，在國內也有很高地位。

本地有很多大企業向外國銀行周轉，都經李律師的簽署存證得到巨額貸款，他的簽字代替了信用，也成了法律的依據。

李律師的事務所用了三十幾個人，他手下有好幾個年輕律師，由於他的業務好，他所用的人都有很好的報酬。通常，他替一家大公司辦理設立公司與工廠的登記，代價都在兩、三百萬元左右，任何一個外國商人向他請教一個法律上的問題，都需付出一筆相當可觀的談話費。

李律師從沒有去過國外深造進修，也不是什麼很有名的大學畢業，但大家對他的學養都很欽敬，並推崇他是律師中最有前途，最有辦法的一個。

不久前，美國僑民商會，給他榮譽會員的資格，並請他發表演講，大家都對他的評價很高。國際間許多有關法學會議，都來函邀請他出席會議。

由於他處理非訴訟事件，所以他絕不走上法院臺階，如有必要，也都由他的助理代替他去，與他很熟的律師彭令占說：他對法院似乎懷有與他人不同的看法。

他是一個極端講究是非，堅持法治的人。他的部屬說：他是一絲不苟的人；他的同行說：他是一個嚴謹、認真的好律師。

他的辭世，不僅是法律界的損失，鑒於他對外人投資的努力，對工商業發展的貢獻，也是我們國家的損失。

【聯合報 1970-07-28】

這則近半世紀前的新聞，可以說是李澤民律師的人生速寫，從中可以看到他一生如夏花燦爛而豐富的傳奇，以及身後留給大家的無限崇敬。

李澤民律師逝世，重要的精神支柱崩塌

一九七〇年，事務所遭受前所未有的重大打擊，這並非業務上的挫敗，而是李澤民逝世。一個重要的精神支柱猛然崩塌。

李潮年收到李澤民留下的遺書，信件內容鉅細靡遺的交代事務所業務，同時還記述了家裡的一些瑣事，當李潮年看到信末寫著「煩勞潮年兄代為處理」時，忽然放聲大哭，他回想起兩人從上海轉戰臺灣一路走來的革命情感，年輕氣盛的光滑容顏變成兩鬢斑白的中年男子，攜手埋首案牘的挑燈夜戰，搭肩飲酒唱歌的豪邁情緒——一切的一切，都在「煩勞潮年兄代為處理」的俊秀字跡裡化為悲傷的回憶。

李潮年律師整個腦筋都空了，他這一生最重要的朋友、夥伴、兄弟，就這樣消失在他的人生裡。他花了不少心力重新整理思緒，因為他很清楚，他沒有太多時間去傷春悲秋，事務所的運轉並未因為李澤民的離開而停止腳步。李潮年除了要學著接受李澤民逝世的事實，同時也要一肩承擔好友留給他的重責大任——讓事務所永續經營。

更名理律，以示永續之意

此刻李潮年律師做了一個重要的決定，那就是把「李澤民律師、李潮年律師聯合事務所」的名稱改成「理律法律事務所」，以示永久存續之意，因為人的生命有時盡，但是追求正義誠信的精神永遠不滅。事務所英文名稱仍維持「Lee and Li」，代表是由「雙李」律師共同創辦，這是無法磨滅及遺忘的事實。

華人世界裡最具規模的法律事務所——「理律」之名自此出現。

然而在這個時刻，對於李潮年來說卻格外辛苦，他將李澤民遺留的案子全數承接下來，但他已不是當年那個「從美國回到上海打拚」的年輕小夥子了。李光燾說，那時他經常看到父親在辦公室熬夜辦案，感受到父親的工作壓力異常沉重，當他想插手幫忙時，李潮年總是說：「這是澤民兄留下來的案子，我自己辦比較放心。」

李光燾心中百般不忍，也只能輕輕嘆口氣，掩上辦公室的門離去。他深知，那是父親這一生最重要朋友的請託，如果不讓父親完成它，父親是不可能罷休的。幸好李澤民逝世前已培養出幾位得力助手，他們的實務經驗相當豐富，主要業務也都駕輕就熟，客戶對他們的信賴感不下於李澤民律師本人。其中負責「智慧財產」業務的鍾文森、「公司投資」的汪應楠能力傑出，個性誠懇篤實。兩位助手從基層做起，深受李澤民賞識，協助李潮年撐起理律的金字招牌，他們功不可沒。

一九七二年，理律的業務量持續暴增，員工人數成長超過四十人，許昌街所址早已不敷使用，於是便遷址至南京東路二段一五〇號七樓。這段時間是「理律」更名後黃金時期的開端，案件應接不暇，員工人數也持續成長，為理律日後的發展打下重要基礎。

李潮年英年早逝，遺留清白正派的經營理念

一九七三年，理律的波瀾變局再起，年僅六十五歲的李潮年因操勞過度病逝，那年理律的員工已經擴充到五十多人，大夥對於創辦人相繼逝世顯得有些心慌意亂。李潮年的好友兼客戶們除了感到意外與悲傷之外，對於理律日後是否能繼續處理他們的案子感到有些不安。這時幾位事務所裡重要的新生代成員，如汪應楠、王重石、鍾文森、殷之彝、徐小波與李光燾，出面處理事務所相關事宜，對內穩定軍心，對外重新取得客戶的信任，理律的業務才得以穩定。

李光燾回憶父親逝世的那段時間，發現父親遺留下來的，不僅僅是一間擁有五十多名員工的法律事務所，而是他常年累積的誠信、專業、風骨、厚道，還有他追求的人生價值與榮譽。在李潮年律師往生之後，這些價值成為理律精神傳延下去。

「父親逝世後，時常與他磋商法律意見的政府代表跟美方官員，寫了一封很感性的信給我母親，這封紀念家父的信，至今我還保存著。在三十多年前，理律的規模雖然不大，但是我們可以看到這種誠信關係已為理律奠下良好的基礎。這不僅在業務層面建立了基礎，更進一步來說，是對理律的經營風格畫下明顯的指標。這種風格是一種清白、正派、負責的經營，對自己專業的榮譽跟自我要求。到現在為止，我們還是稟承了這股『雙李精神』，這也正是理律存在的意義。」李光燾想起那封信，依舊是感動莫名。

另外更讓人感動的是，李潮年律師過世後，榮工處的人員主動請纓，要幫李律師整修墓地。那時李光燾以為發生了什麼事，去跟榮工處詳談之後才知道，李潮年生前替榮工處做了不少法律服務，由於他認為國家的建設優先，堅持不收費用。當榮工處得知他逝世之後，也不曉得該如何回報李律師，於是只能用最誠摯的心意，來打造李律師的安息之地。

李潮年律師走後，理律的「雙李」時代正式走入歷史，但兩位律師留下了許多典範，值得理律人乃至全體的法律人景仰、學習。或許李光燾的一席話，可以做為雙李時代的注解：

「從我的角度來看他們兩位長輩，有很多地方都值得我們學習。他們雖然是優秀的律師，但也經過時代的動盪和戰爭的洗禮，我覺得他們對於周遭事物時常懷抱著感恩及惜福的心。他們對於能在臺灣重新開始，甚至日後有所成就，一直都是秉持著珍惜的態度，而且時時刻刻都想回饋這個社會、這片土地。所以他們在待人處世與應對進退等，方方面面都力求正派、厚道、圓滿、誠信，跟目前的社會風氣乃至現代人的價值觀相比，愈發顯得周延、和諧。我想這也是他們想要傳承給理律子弟兵們最重要的資產，同時更是有志學習或從事法律的人，應該謹記在心的精神。」

張朝棟

金融暨資本市場部　合夥人

理律五十年的成長與茁壯，除了感謝各界的支持和同仁的努力以外，更要感謝理律前輩們無私無我的付出與貢獻所樹立的典範，未來也將永續地引領著理律，堅持這個以生命共同完成生命的志業，創造未來更多的五十年。

張宏賓

金融暨資本市場部　合夥人

在理律從實習律師一路走來，與許多才高智深、才情洋溢、活得精采的同事渡過的點滴，與客戶並肩參與過刻骨銘心的時刻，都是我一生最值得回憶的過程，也讓我學會「剛毅」二字：百折不撓、持之以恆，凡走過必留下痕跡，共勉之。

06 剛柔並濟——王重石接棒

「樓下是美國運通銀行、隔壁是美國銀行，過條街館前路就是花旗銀行，那是臺灣當時三大外商銀行，都是理律的鄰居[1]。」李光燾回憶理律在一九六〇年代，落腳於許昌街四十二號九樓時的時代街景。

美商林立的「首善之區」

國民政府遷臺之初，即有美國銀行界人士來臺考察，但認為臺灣當時市場太小，便未考慮來臺設立分行。一九六四年後，花旗等三家著名銀行，相繼來臺設立分行，成為理律的鄰居。

美國的銀行來臺，主要是因為當時中美貿易漸漸擴展，臺灣由美國輸入機械類、金屬品、棉花等貨物大量增加。我國工業製品逐漸打開美國市場，如鋼鐵和棉布，都有大量銷美。第二，美國援外政策的改變，將逐漸著重於開發援助，同時我國積極改善投資環境，歡迎外人投資，美國私人企業來華投資的興趣轉趨濃厚。這也顯示臺灣漸漸成為國際貿易與國際匯兌的一個接應站，雖然外匯管制仍嚴格，這些進入臺灣的外國銀行，一開始也不允許辦理存放款業務，但這幾家外商銀行進駐臺灣，象徵經濟管制度與金融閉塞度也開始降低。另一方面，外商銀行的優質服務，也讓本土公營銀行有了競爭壓力與學習機會，開始注意改進服務，對臺灣的金融進步有相當大的幫助[2]。

而這些外商銀行，當時幾乎都是理律的客戶，理律見證了外銀進入臺灣，促使臺灣金融產業改進的一段歷史。

「理律所在的大樓，就位在臺北許昌街與館前路口，在當時算是滿好的大樓，那一

1 花旗銀行於一九六四年在臺灣成立辦事處，隔年成立臺北分行；美國商業銀行於一九六四年成立臺北分行；美國運通銀行於一九六七年在臺北設立分行。

2 「經濟漫談 外國銀行」，聯合報，1960-09-07。此篇報導，是各銀行考慮申請來臺時，對外國銀行來臺影響的背景分析稿，當時花旗等銀行尚未正式設點，在臺灣唯一的一家外商銀行是日本勸業銀行，而日本勸業銀行的業務表現佳，這也提高了其他外商銀行來臺的誘因與信心。

區也是臺北當時最好的辦公區之一。」李光燾說。

雖是臺北「最好的」辦公區，李光燾說，過到對街一帶，也就是現在「新光三越大樓」的那一區，當時可沒那麼「先進」，全都是「木造平房的違章建築」。很多從大陸移居臺灣的人都落腳在那裡，幾乎可說是一個縮小版的中國。其中有很多特別的店，製作胡琴的店、各種藝品或工具店，還有大陸各地風味小吃店，理律同事常去那裡吃小吃，美味絕倫、應有盡有。過了違章區就是臺北車站；後面的南陽街是補習街，再往南走，就是政府機關博愛特區。

理律就在這「首善之區」，開始它一步一步陪著臺灣法治進步、經濟成長之路，理律也一點一點成長茁壯。當然，其中最大的資產與力量，就是「人」與「理念」。

剛柔並濟，持穩軍心

一九七〇年李澤民律師過世，李潮年律師將事務所更名為「理律法律事務所」，一來紀念李澤民，二來也希望事務所成為一個永續經營的品牌，就此也可看出李潮年的遠見。

然而，獨挑大局的李潮年在一九七三年春天病逝，由於事發突然，加上兩位創辦人在三年內相繼辭世，對理律是沉重打擊。但對同事來說，雖然哀痛，但秉持創辦人理念讓「理律」繼續發光發熱、貢獻臺灣，才是首要之務。特別是「法律服務」產業不比一般行業，早期仍有濃重個人色彩，許多客戶只認律師，卻不見得認同事務所整體能力。這對理律是一項挑戰。

王重石律師在風雨飄搖之際接下傳承重擔，出任所長，迅速穩住經營與人心。我初聽到「王重石」這個名字，腦袋第一個浮出的是金庸武俠小說中，可「凌空行走七七四十九步，騰空直上三丈」的武學宗師，終南山全真教的創派掌門人王重陽。王重石雖不是小說裡的王重陽，但探究他的生平，也會發現十分傳奇的一面。

王重石律師於一九六九年加入理律，在此之前，他在花蓮地院當過法官，英語能力一流，加上豐富的法院實務歷練，李澤民極力邀他加入。當時理律的主要客戶多為外資，多半處理涉外案件，精通法律和英語的雙專才，是非常難得的人才。

原籍廣東的王重石，上海話與廣東話講得極溜。和李澤民、李潮年常用家鄉方言交談，感情因此更近一層。很可能他有語言天分，不只通國語、英語、上海話、廣東話，連臺語也說得非常好。

這讓人不禁好奇，他的「多元能力」到底是如何培養的？可惜似已不可考了。不過，從其家庭與先輩背景或可窺端倪。王重石曾祖父王元琛一八四七年受洗入基督教，因廣東反教風熾而移居香港；祖父王煜初牧師曾於香港道濟會堂傳福音，著有《拼音文譜》一書，是「注音符號」的先河。他還有一位「跨越文化、法系、世紀」的親叔父王寵惠，是民國初年的法學大家，求學時代是中國史上第一位大學法律系畢業生，曾赴日本編輯革命刊物《國民報》。留美取得耶魯大學法學博士、遊歷歐洲成為德國柏林比較法學會首位華人會員、英國大律師；回國後，曾任司法部長、外交部長、司法院長及大法官、常設國際法庭法官、中研院士，主持制訂刑法、參與制訂《中華民國憲法》，起草《開羅宣言》、《聯合國憲章》等，對民初法制建構與法治發展影響深遠，也是東吳大學一九五四年在臺灣復校的重要推手[3]。

和李澤民及李潮年的個性對比，王重石律師的性格與形象又是另一種不同的典型。風度翩翩的紳士形象總讓人印象深刻，有時會用各種不同的方言講笑話給同事聽，平時沉默寡言、少與人爭，永遠笑眯眯，在他身邊不會感受到壓力。非常有智慧的他雖不太愛講話，卻對四周局勢非常清楚，是一位有自信卻沒霸氣的謙謙君子。如果李澤民與李潮年是一剛一柔的互補，王重石則有剛柔並濟的折衷性格。

王重石的人格特質加上一流外語能力，讓他深受外商客戶信任，讓客戶不因創辦人過世而考慮收回對理律的委託，仍將案件交付理律。在這一點上王重石發揮了關鍵作用。

他對「人和」的掌握與處理極佳，這在當時發揮了非常重要的凝聚效果。因為雙李過世後的理律，除了王重石外，雙李也培養了許多優秀人才，個個「頭角崢嶸」、「武功高強」，也確實需要王重石這種剛柔並濟、溫和寬厚的領導風格，帶領理律繼續前進。

尤其李潮年驟逝，理律內部一團忙亂。鍾文森、汪應楠這兩位元老能力一流，深受雙李重用，入所時間又早於王重石，但大家仍能團結在王重石的領導下，這跟王的為人有關。因為他是一個充分授權的人。

「當時鍾文森管專利、汪應楠管投資，王重石則專注在商標，工作以外的行政事宜，王重石也充分尊重兩人。這對處在過渡期的理律很重要，王雖為所長，心態上卻沒有自居領導人，讓當時菁英雲集的理律充分團結，對永續發展是重要貢獻。」李光燾回憶道。

---

3 王寵惠先生（1881～1958），字亮疇。〈跨越法系的民國法學家——追述東吳復校功臣王亮疇先生生平〉，李念祖，收錄於二〇一五年三月出版《碩學豐功：王寵惠先生資料展暨紀念專刊》。王寵惠之子王大閎，是外雙溪東吳大學校總區校門、國父紀念館的設計者。

直言敢諫，心繫法制建設

一九七〇年代，王重石擔任所長的年代，正是臺灣如火如荼推動十大建設的時代。從歷史資料中，也可以看到理律與王重石在十大建設中穿梭的身影。以「鐵路電氣化」為例，由於臺灣對外貿易量漸增，鐵路是非常重要的運輸工具，但當時仍以柴油為動力的西部鐵路，既有的車種及車次均已不敷所需。政府遂在一九七一年將鐵路電氣化列入十大建設之一，到一九七九年完成西部鐵路電氣化，使得臺北至高雄行車時間由六小時縮短為三小時五十分[4]。

王重石律師當時即以鐵路局法律顧問身分，協助鐵路局在取得設備、技術與投資貸款上所需的法律諮詢[5]。

除了執業以外，也常看到王重石對臺灣的經濟或投資法制，剖不足、揭流弊，發出不平之鳴，促使政府改革法制、建全投資環境。

「在此外交逆境之際，我國當前國策，乃極力發展經濟，使由經濟開發中國家迅速邁向經濟開發國家，在求工業急速發展之關頭，對於工業技術的輸入，惟恐不多不速，而盼望技術之輸入，全賴周全保護外人專利為橋梁，凡有助於便利外人申請專利的辦法，皆須研訂施行，才符合當前國策的要求；中央標準局所採新規定，竟反其道而行，在發明人窮思極慮，絞盡腦汁，傾耗精力，試驗再試驗，完成專利發明內容與說明之後，儘早向中央標準局提出專利申請，而該局作種種限制，苛求必須繳齊專利內容以外之其他行政手續諸繁複文件，使外資與技術在我國難獲適當專利保護，乃至視我國為畏途而裹足不前，其可預見的結果，或將減低向我國申請專利的興趣，或將根本放棄專利申請，進而或不願意來華投資與技術合作，豈非將外資與技術拒於國門之外？

遠居國外之申請人，因各種書件之簽證，郵寄與翻譯等周折費時，輕者將延誤其應得的先申請權，重者則將被迫而違誤專利法第二條第（三）款，已向外國政府申請專利已逾一年之規定，終至完全喪失其向我國專利申請之權利，結果其研究發明的苦心受盡扼殺，大好發明竟得不到專利保護。其實凡發明內容已經確定者，雖其他文件尚未齊備，並無礙於中央標準局進行專利實質之審查，如必要拖延等待繳齊繁複文件，則申請人與我國經濟發展前途，兩蒙其害，請中央標準局慎思明察，收回以文件齊備之日為申

4 交通部，《世紀交通——運輸重要檔案展》，2013年。

5 「鐵路電化工程B組設備貸款 瑞典銀行與鐵路局簽約」，經濟日報，1974-05-19。

請日的成命[6]。」

看到王重石抨擊專利申請主管機關「中央標準局所採新規定，竟反其道而行」、「使外資與技術在我國難獲適當專利保護，乃至視我國為畏途而裹足不前」、「豈非將外資與技術拒於國門之外」，用詞不可謂不重。

當時臺灣尚未解嚴，尚處在所謂的「威權時期」，政府力量強大，王重石所長卻直言不諱地剴切痛陳官僚守舊，反害國家經濟，也顯現了另一種特別的時代景象。

不只如此，王重石對於包括專利法制、獎勵投資條例修正等法制議題，也常發聲。這種發揮對公共事務使命感，積極而直率地對政府提出建言，後來也成為理律的傳統之一。

王重石的領導為理律進一步扎根，也要歸功於許多優秀同事，包括比他更早入所的鍾文森與汪應楠等人。

人才濟濟，踵事增華

汪應楠先生一九五七年就加入李澤民律師事務所，是李澤民一手提拔的弟子，個性內向、忠誠，從很早就協助李澤民，能貫徹他的工作指令，備受倚重。他對投資法令如數家珍，非常受客戶信任，也常針對國內投資法令的缺失，在報章發表建言。

汪應楠的夫人也在理律上班，負責管財務。「那時的理律感覺就像個『小家庭』，人不多，彼此都很熟悉。」陳長文律師回憶道。

鍾文森先生是李澤民另一位左右手，但兩人關係更像是好朋友，以平輩相交的態度相處。在專利業務上，鍾文森當時是理律的龍頭，工作量非常大。

「鍾先生對李澤民非常忠誠，心地善良，事事考慮理律發展。他待人親切，笑口常開，總和同事打成一片，是虔誠的基督徒。下午他常去現在新光三越大樓所在，當時是一片木造平房的違章區去買各式各樣點心給同事吃！」李光燾說。

鍾文森除了專利一把罩外，也很像是理律這個家庭的情感凝著劑。當時理律的核心人物還包括陳長文、李光燾、徐小波、殷之彝等人。

殷之彝律師，是由汪應楠介紹進理律，入所時間晚於前述人物之後。當時理律延攬人才，多半透過所內成員的人際關係，從熟識的朋友圈裡招聘。他畢業於東吳大學，美

6 「專利制度健全才能吸引投資」，經濟日報，1974-06-21。

國南美以南（SMU）法學院畢業，英文底子深，曾長期任教東吳大學法律系，以教書嚴格著名。

殷之彝把嚴格作風帶進了理律，是一件好事，在「訓練年輕人」上尤其有利。在殷入所前，理律特色是「彼此客氣」，優點是相處愉快，缺點則是對年輕人訓練不夠嚴，影響成長速度。後來理律決定向南臺灣拓展，殷之彝即挑起任務南下，在一九七八年創設高雄分所，是一重要貢獻。

既有王重石、汪應楠、鍾文森這些理律的老幹，以他們嫻熟的專業能力與實務經驗為理律領航；同時又有陳長文、李光燾、徐小波和殷之彝等新枝，以他們的年輕活力及對法律的熱誠，為理律引帶新觀念與新機會。在老幹新枝合作下，業務迅速穩定下來，更在兩位創辦人打下的基礎上，讓理律欣欣向榮、快速成長。

至於陳長文、李光燾、徐小波帶領理律奮鬥的過程，那又是另一個故事了。

楊適賓

商標著作權部　資深顧問

以人為本為骨，尊重信任為肉，骨肉相連成理律；
專業品質為根，熱忱服務為葉，根葉共生建偉業；
和氣生財為圭，共存共榮為臬，圭臬奉行創未來；
骨肉相連永不分，根葉共生求永恆，圭臬奉行永不渝，攜手同心求榮耀。理律萬歲！

林宗宏

專利日本組　資深顧問

從二十八年前一個什麼都不懂的年輕人，無比幸運能不斷吸收理律的善良價值，內化成我的人格。理律對客戶的忠誠，內化為以誠待人的態度；對服務精益求精，內化為生涯學習；堅持以良心行事，內化為對人的關懷。善良價值，形成善的循環，有理律真好！

07 孤立年代——雙傑聚到群英會

如果用「雙傑聚」來形容李澤民與李潮年兩位創辦人攜手創造理律，為理律打開局面的這一段歷史，那麼一九七三年王重石接手領導的理律，或可用「群英會」來描述。除了早期進所的汪應楠、鍾文森外，王重石、李光燾都是在一九六九年進入理律，徐小波、陳長文則分別於一九七〇、一九七三年加入，共同撐起了創辦人離世後的理律新局面。

然而要進一步探究「群英會」下的一九七〇年代理律故事，就有必要對當時的時代背景先有基本了解。雖然這仍有許多不同的面向可以切入，但我想從「外交」這個特別的角度先說起，而這個「角度」，也有一段理律故事的影子在其中。

脫離戰爭威脅，面對外交孤立

一九七〇年代，可說是臺灣外交的「孤立年代」。歷史如滔滔大江，浮沉其中的人與事，都在它不可逆的牽引下急急東流。如果說，一九五〇與一九六〇年代的臺灣是戰鼓頻催、戰火環繞的年代，那麼一九七〇年代的臺灣，就如在濤濤浪頂上的獨木舟，面臨的是四面楚歌的外交暴雪。

從一九四九年的古寧頭戰役，一九五〇年到一九五三年的韓戰，一九五五年的一江山戰役與大陳島撤退，一九五八年的八二三砲戰，乃至於一九五五年到一九七五年近二十年的越戰，這些從臺海兩岸間，到東亞、東南亞區域間的戰爭烽火，雖沒有直接波及臺灣本島，最多盤繞於金馬前線，但戰爭的陰影與亡國的恐懼，無日不籠罩在臺灣的上空。因此，中華民國的最後根據地臺、澎、金、馬，抱著一種「退此一步即無死所」的悲壯決志，勵行各項大刀闊斧的改革。

到了一九七〇年代，戰火威脅雖然開始轉弱，但外交風暴卻隨之而來。一九五〇、六〇年代，雖然這二十年兩岸處在兵凶戰危的局面，但在美國對蘇聯等共產國家採取圍堵政策，同時與中共分別在韓戰戰場與越戰戰場角力的背景下，臺灣成為美國堅強的盟友，得到美國的強力奧援。但一九七〇年代，東亞局勢趨緩，加上美國內部反戰情緒高漲，美國尼克森總統上臺後，對中共改採友善政策，臺灣面對的戰爭威脅雖然降低，但外交孤立卻反而達於高峰。一九七一年中華民國退出聯合國，一九七二年中日斷交，接著一九七九年元旦中美斷交，對民心均造成莫大衝擊。

沒有人能自外於歷史大河的洶洶波伏，包括理律。一九七〇年代的理律，也因為國家處於這樣的外交險局而展現了另一層的面容。

「人心忡忡，群情激憤，當時一團混亂，但大家都在這危難的時候想為國家做點事。陳長文和徐小波還自組了遊說團飛到美國，希望能以民間微薄的力量，為國家發聲。」李光燾回憶一九七八年中美斷交時，理律人參與其中的一段故事。

事實上，美國與中華民國關係變化並非一瞬之事。在一九六九年尼克森擔任總統時，美國與中共關係即開始加溫；一九七二年尼克森訪問大陸，二月二十八日與中華人民共和國簽署《上海公報》。除了揭櫫雙方關係正常化的原則外，美國方面並表示認識（**acknowledge**）海峽兩岸都堅持「一個中國」，並對這一立場不表異議（**not to challenge**），重申美國對由中國人自己和平解決臺灣問題的關心，並將逐步減少在臺美軍設施和武裝力量。一九七七年卡特總統上臺，一九七八年十二月十六日，宣布與中華民國斷交，廢除《中美共同防禦條約》，並自臺灣撤軍。

當時的重點已非如何挽回中美邦交，而是要在中美斷交後，穩住中華民國與美國的關係，特別是催生《臺灣關係法》，促使美方繼續給予中華民國類似外國、外國政府或是政治實體的待遇，成為攸關臺灣安危生存至為關鍵的首要之務。

在國內，有民間團體印了四十萬份英文信，發起一人一信的聲援運動，呼籲各國際性民間社團、各留美同學會、進出口公會及各公私營企業，將英文信函發給美國友人，催促美國國會制定有利我國的法案，使中美斷交的損害減少至最低[1]。

陳長文律師當時即投書向社會大眾獻策，主張「爭取美國國會及人民支持及同情」。「卡特之聲明無疑地使『中美問題』成為今日美國討論最熱烈之問題。正值美國民意反對卡特背棄我們時，我們應發揮最大之力量，以各種方式爭助美國人民了解及行動上之支持，庶以挽狂瀾、救國家、救民族。方式上，除了加速進行目前所展開『一人一信』運動外，我們應選出社會各階層代表，於明年一月底（亦即鄧小平訪美前）前，組團遍訪美國各州，以誠懇態度向美國人民陳述我們之立場，爭取美國民意支持，以配合美國國會支持我政府有關立法過程。這段時間是我中華民國政府及人民最能有效地向美國人

1 「發揮強大民意．抨擊卡特愚行 致函美國友人．促訂利我法案」，聯合報，1978-12-25。

民表達我們意見，介紹我們立場之時刻了，應好好把握[2]。」

陳長文、徐小波並把這項獻策化為行動，自費前往美國傳達臺灣的聲音。陳長文、徐小波曾留學美國，不願坐在臺灣擔心，便飛往美國，希望透過美國的朋友、同學、老師，乃至理律的美商客戶，想辦法拜訪華府政界與國會人士，努力用私人關係，希望為催生《臺灣關係法》做出貢獻。

「這些個人的努力能發揮多少作用，沒有辦法量化，但終究是一份心、一份力！」李光燾說。除了「組民間遊說團」的獻策外，陳長文在上開投書中，也以其國際法專業，為中華民國如何應對危局提出多項建議。

例如：「（一）對美代表團來華談判應持之態度：雖然美國政府的表現令人感到無比失望（美國友人亦以之為恥），唯我中華民國政府及人民仍應一本泱泱大國之風範，以不卑不亢的態度接待其代表……。（二）與美國談判之準備工作……中美談判內容（如今後中美互設官方機構之地位及職權，資產之處理，現存條約之效果及今後條約之續約，僑民之保護，貿易經濟之發展，武器之供應等），無一不涉及專門法律問題；法律論點之周詳考慮與否事關今後中美共同利益，自應特別注意，故應從速於國內徵召國際法學者，於美國聘用著名律師（包括深具聲望的國際法及憲法法學教授），組成法律工作小組，以便提出既能配合我政府立場又能於國際法及美國憲法下有效方案（此外，此工作小組尚應與美國國會支持我們的議員立法助理配合工作）[3]。」

眾人獻策，為國家興亡盡一己之力

從「政府承認」與「國家承認」之別，與「事實政府」與「合法政府」之異，陳長文分析美國承認中共政權為「中國之唯一合法政府」的法律意義，並提出「終極目標」、「過渡目標」、「暫時地位」的三階段方案。也清楚告訴國人，中華民國被美國認定為「事實政府」的地位會有包括「不得為法院被告、其駐在法院地國之代表無官方身分、該政府所制定之法律與所為之法律行為無法律效果、不可代表國家向駐在國主張該國資產之所有權或對該國國民（包括法人）所有財產之非常處分權、事實政府及其元首無管轄豁免權」等五項不利地位。然後再針對這五項不利地位，對美國方面做出五點建議[4]。

2 「美匪建交我們應持之態度」，聯合報，1978-12-24。

3 同上注。

4 「冷靜、理智地看——中美關係之法律問題」，聯合報，1978-12-26。

這些國際法分析，清楚指出中美斷交後，中華民國可能會面臨的劣勢處境，有助於讓各方在催促《臺灣關係法》等後續補救法案上，可以有較周延的思考，補強臺灣可能會面臨的劣勢。

中美斷交，《中美共同防禦條約》遭廢止後，美國參議員高華德等向華盛頓特區地方法院控告「卡特政府片面以行政權力廢止《中美共同防禦條約》」違法，一九七九年經聯邦地方法官蓋許裁定勝訴，認為美國總統需得到參議院三分之二的絕對多數，或國會兩院多數的支持，始能終止一項條約。此一消息讓國人大感振奮，陳長文即在報章上為此案發表解析：「在未來的一段時間，本案的爭執可能集中在：（一）美國因與中共建交而與中華民國斷交，則中華民國是否仍然具備「當事國」的地位？（二）條約是否能有效執行的問題。事實上，中華民國繼續存在，並未因美國與之斷交而消失，而且臺灣關係法是做為處理美國與中華民國關係的法律依據，所以上述兩項爭執，都不成為問題，因此，個人對於未來中美協防條約的效力，認為不必過於悲觀[5]。」

在中美關係問題上，陳長文接連密集地發表了〈兩天談判之後——再由法律觀點談中美關係[6]〉、〈評卡特之中美關係備忘錄[7]〉、〈中美關係——合則同受其利[8]〉等多篇文章，許多意見也獲政府採納。徐小波則是在其外貿專長上，經常在重要場合向國內外人士解說《臺灣關係法》中有關貿易部分的分析[9]。

在當時，看見政府陷入困難的外交局面，陳長文、徐小波等理律人奉獻知識所學，為政府鑄劍造盾、不斷發聲，或投書報導，或接受報紙訪問發表意見、為大局獻策，主要是從法律視角表達意見，但卻不僅僅局限於法律。這樣的公共關心傳統，也在一九七〇年代開始，成為理律的常態。

5 「卡特政府片面廢約碰了釘子」，聯合報，1979-10-19。

6 聯合報，1978-12-30。

7 聯合報，1979-01-06。

8 聯合報，1979-02-18。

9 「中美經濟會議繼續進行 美國人士向我致敬 讚揚我國對策成功」，聯合報，1979-06-07，頭版。

陳民強

公司投資部　合夥人

理律五十年來隨臺灣經濟成長茁壯，我們也用卓越服務來關懷及回饋社會。正如臺灣目前的處境，理律也正面對許多新挑戰，需要大家共同努力，以更開闊視野及胸襟，擘劃未來藍圖。

葉雪暉

公司投資部　資深顧問

生在臺灣長在臺灣～是我的宿命；愛臺灣愛理律～是我的緣分；能與所有的理律人共事學習～是我三生有幸。

希望臺灣能永遠是寶島，期望理律在下一個、很多個五十年，繼續關懷人群、服務世界、成就卓越。

08 奮進之志——引進外資的開路先鋒

「莫等待！莫依賴！敵人絕不會自己垮臺！靠天吃飯會餓死，靠人打仗會失敗，我們不能再做夢，我們不能再發呆！」

這是李士英作詞、談修譜曲的〈莫等待〉，是早年在軍旅、民間街頭傳唱的許多愛國軍歌之一，反映了一九五〇到一九七〇年代三十年間風雨飄搖的內外情勢。然而這樣的風雨飄搖，卻也讓臺灣從官到民，激起了憂患之心，燃起了奮進之志。

經濟起飛，理律搭起外商投資的橋梁

外在的危機，讓當時的臺灣普遍存在時間不等人、片刻不能蹉跎的焦切企圖心。許多改革均大刀闊斧進行著。例如三七五減租，公地放領，到耕者有其田，土地改革安定了臺灣的農村與農民；一九六八年實施九年國民義務教育，全面提升教育水升、厚植國家人力素質；金融與財政改革；啟動十大建設等等。其中和理律高度相關的面向之一，是臺灣的經濟發展，特別是吸引華僑與外人投資。

一九四九年國民政府遷臺後，面對戰後百廢待舉的經濟，如何增加工業生產、促進商業繁榮與貿易擴展以厚植國力，成為臺灣面對嚴酷的兩岸與外交情勢下，最重要的課題。對此，政府在經濟政策上，建立了一個策略性脈絡，亦即一九四八年到一九六二年推行勞力密集產業進口替代政策，在一九六二年到一九八〇年則推行出口導向與第二次進口替代政策。

但這些政策要成功，臺灣的經濟要快速重建，最重要的點火器無它，就是引進外人投資，而理律在當時，就是扮演引進華僑與外人投資活水的橋梁角色。

「理律是一個重要橋梁，所以希望它存續下去；不能因為理律發生重大變故，讓它就此沒落。」任志剛先生回憶，在一九七四年進入理律服務之前，他曾服務於經濟部投資審議委員會。讓他印象深刻的是，一九七〇年理律創辦人李澤民過世時，許多政府官員及企業，都表達高度關心，認為理律的存續，已不只是純粹一家律師事務所的存續問題。任志剛說：「確實，理律當時是外商來臺的重要橋梁，代理外商來臺投資設廠、設立公司與技術合作業務，理律通常為外商首選，因此市占比甚高。」

在當時，許多破冰性、指標性、開創性的外人投資案件，都由理律經手。這些案件，也帶來臺灣一波又一波的產業革命。例如，當時跨國性藥廠輝瑞（Pfizer），美國總公司於一九六二年在臺灣投資設立公司，隔年六月在淡水建廠落成，資本額七十五萬美元（當時約合新臺幣三千萬元）[1]。這個案子便是委託理律的前身「李澤民律師事務所」辦理。輝瑞不但是第一家向經濟部提出建廠申請獲准的外商藥廠，也是臺灣第一家百分之百外國私人投資創設的藥廠，對臺灣的製藥產業影響非常大。

但輝瑞當時來臺也非一帆風順，早在一九五七年即有意來臺設廠，但本國製藥業憂心將導致「民族工業毀於一旦」而強力反對，向立法院及監察院請願，要求制止輝瑞設廠[2]。為回應國內的異音，政府一度設定許多限制條件，本案因此延宕。而這種「保護與開放」之爭，實則幾乎存在於每一個投資案，甚至可以說，到今時此刻，這兩種理路

1 「第一家純外人投資 輝瑞藥廠開幕」，聯合報，1963-06-29。

2 「製藥業公會代表 向立監兩院請願 請制止輝瑞設廠」，聯合報，1958-02-14。

的角力依然存在，有時更趨激烈。

但一來，一九五〇到一九七〇年代，當時的政府知道，面對中國大陸在政治、軍事與外交的強勢，臺灣若不能在經濟上快速自主壯大，就會連最後的籌碼都流失殆盡。經濟發展、社會安定與人才培養，可說是臺灣最重要的三大資產。二來，那時的臺灣尚在威權政治體制下，政府的權威遠遠大於民間，對政治及建設的主導性，對民間異音的抗壓性都相對較大。所以，當時主政者心中的藍圖很清楚，就是要「拚經濟」，不只是口頭上的拚，更是行動上、個案上以及制度建制上的全面性拚搏。這一點，和今時的臺灣有相當大的不同。

外人投資除了帶來經濟動能、引進新技術與進步的企業管理觀念，以及培養產業與企業人才外，還有幾層國家安全上的重要意義。

首先，是對民心士氣的提振意義。我們不妨回溯一段具代表性的歷史，從一九七一年中華民國退出聯合國的前後一段時間，來觀察外人投資扮演的另類「國安角色」。

經濟外交奏效，外商絡繹不絕

一九七一年十月二十五日，聯合國第二十六屆大會第一九七六次大會，通過第二七五八號決議案，排除中華民國在聯合國的席位，並由中華人民共和國取代。

蔣中正總統發表了《告全國軍民同胞書》，一方面嚴辭譴責聯合國的決定，另一方面則呼籲國人要莊敬自強、處變不驚。

當時的行政院長嚴家淦則揭示了「經濟外交」的新方向。他表示，今後將以總體外交力量，透過政府與民間團體的合作，共同致力在國際外交上開拓新局面，而最重要的，莫過於國際經濟與文化的交流。其中，促進雙邊關係又比多邊關係更為重要[3]。

「我還記得，退出聯合國時，投審會同時核准了兩個外國重大投資案：一是國際金融公司[4]（International Finance Corporation, IFC）投資亞東案；一是奧地利聯合鋼鐵集團（Voestalpine AG）投資中鋼案。」當時任職於經濟部投審會的任志剛回憶那一段民心憂盪，他說，這兩個投資案對穩定臺灣當時的投資環境有著正面影響。

其中IFC國際金融公司投資貸款亞東案，就是由理律代理。IFC對臺灣的亞東化學纖

3 「因應變局振奮圖強 經濟外交擔當重任」，經濟日報，1971-10-29。

4 一九五六年成立的ＩＦＣ國際金融公司，是聯合國專門機構世界銀行集團的成員，負責投資發展中國家具有潛力的私人企業，提供長期貸款、擔保和風險管理，諮詢服務等多種協助，扮演類似創投者的角色，在投資對象成功穩定之後，國際金融公司便退出股份。

維公司[5]增資兩百六十二萬五千美元，包括股本投資八十七萬五千美元，貸款一百七十五萬美元。在前一年曾首次以貸款形式投資亞東三百萬美元，兩度投資總額逾五百六十萬美元。

除了從個案角度一窺當時外人投資在外交低潮時扮演的角色外，也可以從當年的僑外投資數據來回溯情景。當時雖然外交遭遇重挫，但經濟部核准的僑外投資反而達到歷史新高，一九七一年一至十月，投資計一百零五件，投資總額已達一億五千兩百一十九萬一千美元，超出核准總額一千三百餘萬美元。創二十年來僑外投資總額的最高紀錄[6]。

對照退出聯合國的舉國憂憤，在這一波外交低潮中，外人對臺投資卻不受影響地加碼。一方面顯示，外國企業對臺灣的經濟展望未受此重大事件影響，對臺灣的投資環境仍頗具信心；這一點，對安定國內民心有極大助益。二方面，這些在臺投資的外國企業，為了保護其在臺的投資利益，也會成為支持臺灣的重要力量，此即嚴家淦所說「經濟外交」的重要內涵。

嚴家淦還舉了個例子，當美國運通銀行董事長結束訪問臺灣行程，返美後來函致謝，說及聯合國事，至表同情，並決定擴大在我國的業務。「外國人既然如此，我們自己應具信心，而泰然自若努力我們的經濟發展工作。」嚴家淦做了這樣的結論。

一九七〇年代的臺灣，從上到下，無論領導人或老百姓，都在努力「拚經濟」，國家的方向非常明確，人民也配合政策，所謂「客廳即工廠」的家庭代工，就是那時候的政策之一。當時的理律，每天光是處理新進的投資案件就應接不暇，事務所裡總是鬧哄哄的，每個人忙得不得了，國家的建設與成長也是如此。

「記得當時翻開六法全書，翻開臺灣的經濟發展、社會發展、法制發展等相關法規，我有一個心得，大量的法條背後都有著一個隱隱的交集，那就是『獎勵（國內外）投資和吸引僑外投資』。」陳長文說。

當年政府的治國方略很清楚，就是鼓勵外商來臺灣發展投資。而理律，在那個年代，也就成為了協助臺灣招引外資拚經濟的開路先鋒。

---

5 亞東化學纖維公司係由遠東紡織公司及亞洲水泥公司投資設立，從事聚酯纖維之產銷業務。

6 「我國經濟發展前途光明 華僑外人頗具信心 來臺投資不斷增加 一至十月已逾一億五千萬美元」，聯合報，1971-10-29。

王寶玲

公司投資部　合夥人

五十年只是歷史洪流中的滄海一粟；卻是理律人奉獻人生最精華的青壯年歲月，臺灣這片土地上孕育出一所專精法律、卻不以法律服務為已足的事務所，舉凡法治教育、社會慈善、重大國家政策等，都有理律人不倦身影。我以此為榮！

蘇宜君

公司投資部　合夥人

因為關懷，理律在法律之外尤關注公益；因為服務，理律持續精進；因為卓越，理律成為今日的理律。在前輩及夥伴們齊心努力下，理律走過第一個風雨相伴卻豐富精彩的五十年。期待理律更加堅毅、茁壯而無畏。寄予無盡祝福。

09 電子點火——火車鐵軌號誌的三獻力

一個影響深遠的投資案，是一九六四年，美國通用器材公司（GIC）來臺投資創設的臺灣電子股份有限公司（Taiwan Electronic Company）。這對臺灣後來的電子工業發展，發揮了火車頭的領導作用。

理律參與了這件投資案，李光燾還曾任臺灣電子公司的董事長。現任台積電董事長張忠謀則曾擔任美國總公司總經理。從本案說起，也等於快速回顧了臺灣電子業在一九七〇年代前後的發展脈絡。

GIT設廠，為臺灣電子業點火

當時擔任經建會副主委[1]，後來被譽為臺灣經濟重要推手的李國鼎先生，非常重視通用公司的這項投資案，認為是為臺灣「點火」的企業。在該公司開工時，李國鼎從「電子工業發展」、「培養電子工業技術人員」、「以國外投資因應美援終止的衝擊」以及「創造就業機會與外匯收入」四個面向，為這個投資案下了注腳。

李國鼎說：「本省近年來雖已能自製若干收音機及電視機的零件，但在發展電子工業上較其他國家仍落後甚多，該一由美人投資所設立的新廠（臺灣電子公司）將為本省第一個專門製造電子器材的工廠，該計畫的實現可以說明我國電子工業的發展，又越過了一個新的里程碑。該廠的設立將配合培養本省電子工業技術人員，並聯繫交通大學電子研究所正推行加強學術研究和應用工業的研究，對加強訓練電子工業技術人員方面當有很大貢獻。該一美國投資除可增加本省近千人的就業機會，和每年百餘萬美元的外匯收入外，又可做為一個良好的例子，說明如何藉增加吸收國外投資以彌補美援的終止[2]。」

李國鼎說增加近千人的就業機會，後來該公司業務成長，創造的就業機會實際上遠高於此數。一九六九年「臺灣電子股份有限公司」改名為「臺灣通用器材股份有限公司」（General Instrument of Taiwan Ltd., GIT），雇用員工數在一九七三年達到高峰，有一萬六千四百人，是臺灣最大的勞力密集工業。而且，臺灣通用公司訓練出大量優秀的財務、技術、管理與外銷貿易等人員，日後被其他陸續進入臺灣的外商所聘用，對人才培育的連鎖作用非常深遠。

此外，李國鼎精確預言了這項投資案對日後臺灣電子業發展的關鍵影響。一九六四年設立的臺灣電子公司，主要是將美國原材料進口來臺加工，製成電視機、電晶體收音機的各種電子組件之後，全部外銷美國。這在當時是臺灣的新興產業，可說開啟臺灣電子製造業的先河，也與一九八〇年代後電子業成為臺灣主力產業有密切關係。

如果反映到臺灣的時代背景，像通用器材公司等級的美國大廠願意大舉來臺投資，也可看出外資對臺灣投資環境及潛力的肯定。當時通用器材公司高階人員即曾表示：「在臺灣設廠從事生產事業，除了各項手續較為繁雜而外，投資環境相當良好，且工人素質好、知識高，工資也穩定合理。」

通用來臺投資，也確實吸引更多國外電子業者來臺投資，發揮了引路人、點火種的功能。

臺灣電子公司，這第一家由外人投資的電子組件加工廠，是美國通用器材公司獨

1 李國鼎於隔年一月二十五日接任經濟部長。

2 「李國鼎強調 以投資代替貸款 以貿易代替經援 俾適應美援終止情勢」，聯合報，1964-06-06。

資經營的外銷工業，產出全部外銷，開發了臺灣的「新產品」。這一投資案進行相當順利，從調查、申請、核准到建廠開工只花六個月時間，且不斷增加設備擴大製品範圍。這個成功例子，對外，讓美國、日本及香港的電子廠商紛紛來臺調查，並考慮設廠；對內，也激勵國人投資電子公司，製造電子組件以供應臺灣電子公司加工外銷[3]，帶動了本土電子業的興起。

而另一方面，當時國內其實也存在一項爭辯：「要引進僑外投資帶動產業發展？還是優先保護國內『民族工業』？」諸如臺灣電子公司及其他外商投資的成功雙贏案例，也有助於降低國內各界對於引進外資的疑慮。

當時的經濟部高雄加工出口區管理處處長吳梅村即指出：「從臺灣電子公司的成功實例看，可以說明有外銷市場的產品如有製造技術，以及加以有效的管理方法，均可以在臺灣經營發展，同時也證明：如果某一工業我們因為自己不會做而不歡迎別人來做，這種想法是不正確的[4]。」

當然，當時國內工業初起，也不能全然把市場完全開放，所以那時候引進僑外投資，仍有許多限制，例如要求產品必須全部外銷。

「當時政府優先允許外商投資的要件，大致有二：『產品全部外銷』，包括直接／

間接外銷，以賺取外匯，以及『可引進新資金、新技術、新設備與海外市場』。加上加工出口區的加工外銷事業，一步一步扶植了國人經營『間接外銷』的零組件衛星工廠，造就國內產品外銷的空前盛況。」任志剛說。

在臺灣電子公司之後，緊接其後，許多著名的外國電子業者陸續進入臺灣，例如一九六六年，投審會核准荷蘭商飛利浦電泡廠公司投資設立「建元電子工業公司」，在高雄加工出口區內設廠，生產磁性記憶矩陣網路及其他電子組件。

一九六八年，在桃園內壢工業區破土興建廠房、由美國班迪斯公司（Bendix），投資兩百萬美元的臺灣班迪斯電子公司，生產汽車用無線電的百靈電路板及其他配件，在當時全部外銷[5]。

其他還有橡木樹（OAK）、奇異（GE）、西屋（Westinghouse）、迪吉多（Digital）、摩托羅拉（Motorola）、王安電腦（Wang）、艾德蒙（Admiral）、增你智電子（Zenith

3 「外人投資對我國工業發展的影響」，吳梅村，聯合報，1966-02-19。

4 同上注。

5 「班迪斯電子公司在內壢建廠」，經濟日報，1968-12-12。

Electronics）、3M等等。理律在臺灣電子公司的投資案上，參與了開啟先河。接下來，許多外商來臺投資，大多均以委託理律為首選。

「當時這是臺灣電子業的起源，培養的臺灣人才紛紛投資設立衛星零組件工廠，造就各種人才。當這批外商後來在臺灣『因營運成本過高、難以為繼』時，我國本土電子產業起而代之，奠定我國外銷電子工業的基礎。」一九七六年進入理律投資組（現為公司投資部），退休後轉任大陸建設公司董事長的張良吉說。

以上，是從「個案」端來看理律在一九七〇年代前後，引進外人投資為電子業點火的概貌。但點火後，要把火燒旺，讓電子工業有更好的發展環境，就必須有基礎建設、法規制度的配合改善。理律，在這兩方面也著力頗深。

鋪軌造陸，研擬管理規範

如果說通用與其他陸續來臺投資電子工業的外商，是一節一節的火車頭與車廂運進臺灣，為臺灣帶來經濟動能，那麼加工出口區、工業園區等規劃與基礎設施，就是讓火車平順前進的鐵軌，而相應的法令規章，則是讓鐵道系統運轉順利的號誌系統。

一九六六年臺灣第一個加工出口區設在高雄，政策目的就是為了吸引外資來臺設廠以增加就業機會，提升人才素質與技術，同時增加外銷創匯。高雄加工出口區，不僅是臺灣第一，也是全球首例。其成功經驗，不但在臺灣被廣為複製，一九六九年也分別在高雄楠梓及臺中設立，同時更吸引許多國家前來觀摩學習。

加工出口區等經濟布局，何以在當時對外資有極高吸引力？美國商業銀行在其一九六八年對臺灣經濟發展前途的研究報告，深入分析並歸納了臺灣對外資的七大吸引力：（一）熟練及半熟練的勞工工資比較低廉（二）電費便宜（三）工廠建設費用低廉（四）靠近東南亞市場（五）沒有勞資糾紛（六）財政金融穩定（七）政府對於外資來臺頒布諸多優待辦法——諸如設立工業區，頒布鼓勵外資來臺辦法等等優越條件[6]。這些都是對外資來臺創辦事業的有利因素。

看到這一份報告，也可以快速對比當今臺灣的經濟情勢，有些條件仍在，有些條件已經改變。可以發現，時空環境已大不相同。

6 「臺灣經濟環境 七個好條件 美商銀研究報告 認為對來臺投資有利」，經濟日報，1968-04-20。

新竹科學園區的設立

另一個非常重要的進階版「園區」，帶動了臺灣經濟成長與轉型。一九七九年動工、一九八〇年設立的新竹科學工業園區（以下簡稱竹科），是臺灣第一座科學工業園區。竹科可說是臺灣發展高科技代工產業的發源地，甚至被稱為「矽谷的工廠」。

竹科是一九六九年李國鼎擔任經濟部長時，極力支持的政策，可惜當時因故未能落實。待蔣經國任行政院長時，於一九七五年將竹科列入「六年經建計畫」，希望藉由扶植園區，讓臺灣的資本與技術密集的工業得以迅速推展，並於一九七六年指派時任政務委員的李國鼎策畫推動[7]。

這一策略，是鑒於臺灣一九七〇年代以前的工業發展重心仍為「勞力密集」產業，但一九七三及七八年兩度全球石油能源危機，讓臺灣面臨勞動及原料成本的大幅上揚，因此臺灣產業政策朝向「技術密集發展」方向修正，政府希望仿美國矽谷的科學園區，以促使臺灣工業脫胎換骨。竹科面積六百五十三公頃，發展主軸包括積體電路、電腦及周邊設備、通訊、光電、精密機械和生物技術等產業[8]。

一九八〇年竹科正式成立，首任管理局長何宜慈為知名電子科學家，美國史丹佛大學電機博士，時任國家科學委員會副主委。何宜慈在接任竹科園區管理局長前，即是竹科的籌備處主任[9]。

何宜慈身為科學家，在主責籌備竹科園區的過程中，對產業及技術非常熟悉，但他更高度關心的是，如何建制周延的規章以讓竹科順利運作，便親自打電話請理律協助改善《管理條例》草案，理律接到了何宜慈的邀請，當即表示全力配合。

「理律參與了《科學工業園區設置管理條例》（一九七九年）的討論與制訂，當時納入加工出口區的保稅觀念，將園區比照保稅區，以利達成《條例》所盼『引進具有研發能力（R&D）的科學工業』之目標。」任志剛回憶協助竹科規劃的情形。

搭橋溝通，共創雙贏

竹科是李國鼎任經濟部長時極力倡議的政策。「不過，李國鼎創設科學園區的原初

7 「建設科學工業園區 由李國鼎策畫推動」，經濟日報，1976-09-08。

8 參新竹科學工業園區網站，http://www.sipa.gov.tw/，園區介紹，擷取時間：2015-06-12。

9 「旅美科學家 何宜慈返國」，中央社，1966-12-14；「何宜慈憂喜參半 為科學園區啟用傷神」，經濟日報，1980-02-24。

想法，跟今天有兩大不同。」張良吉回憶道。

第一，李國鼎當初想法是要做「研發中心」，但依臺灣當時的產業與技術環境，還無法一蹴可幾。為兼及務實性與階段性，理律因此向園區方建議：引進之投資可從事生產，但應屬「具有一定比例研發的資本與技術密集科學工業的投資」。也就是不只單純限定在研發。

這項意見被採納後，也成功提升了廠商進駐竹科的意願。例如第一家進駐竹科的外資廠商「王安電腦公司」，就是以「製造與研發相輔相成之科學工業」為定位。

值得一提的是，美國王安電腦對華人來說，有相當傳奇的色彩。它由哈佛大學應用物理學博士、華裔留學生王安在美國波士頓創辦，先從一個小小的電腦研究室，逐漸發展為美國第一流的電腦公司，人員曾逾三萬名，年營業額達三十億美元。王安個人一度在一九八六年名列美國第五大富豪，一九八九年入選「美國發明家殿堂」，與愛迪生等大發明家齊名，被授與「美國總統自由勳章」。惜因經營問題，後來逐漸沒落[10]。

王安電腦並不是進駐竹科時，才來臺灣投資設廠的。早在一九六八年，美國王安電腦投資的臺灣公司，便開始裝配整套電腦，是國內第一家製造電腦的公司[11]。消息釋出時，還刊上了報紙頭版。王安電腦一九六八年進入臺灣、一九八〇年進駐竹科，都是由理律協助的投資案。

第二，竹科原構想全面規劃「標準式廠房」，提供現成建物，但多數廠商都以「不符需求」反對，理律代為反映廠商的不同意見。政府也善意折衷採納，後來就彈性規定，由廠商自建廠房，但必須容留研發的空間。

這也是理律「橋梁」角色的另一個側影，協助政府和廠商之間「化異求同」、尋求共識，在達成國策與廠商追求利潤的二方目標下，尋求雙贏之道。類似故事，理律的資深同仁，幾乎信手拈來、俯拾皆是。

任志剛和張良吉還補充了一個故事。原來，美國迪吉多總公司為減少在美國當地的稅負，希望我國《獎勵投資條例》[12]的適用對象由「股份有限公司」（例如，外企在臺投資成立的子公司），能擴大包含「外國在臺分公司」。

理律將迪吉多的意見反映給政府，使外商在臺投資模式，多一項選擇。經多方努力

10 「王安電腦的興衰」，Jserv's blog，http://blog.linux.org.tw/~jserv/archives/001393.html，發表於2005-12-17，擷取時間：2015-06-12。

11 「臺灣王安電腦 積極擴大產銷」，經濟日報，1968-05-23，頭版。

12 《獎勵投資條例》，於一九六〇年實施，一九九一年廢止。

獲得採納，讓迪吉多公司因而在臺灣繼續擴充規模。這是外國在臺分公司，獲列入臺灣獎勵投資法律中的先例。

「這個案子改變了政府的邏輯，不管用什麼組織型態，只要雇用我們的員工、幫助我國產業發展；不管投資設立子公司或分公司型態，均無不可。」張良吉說。

最後，回頭再看竹科的故事，它的官方網頁上寫著：

「近幾年來竹科產值均達新臺幣一兆元以上，入區核准廠商家數已逾五百二十家以上，就業人數超過十五萬人，成功帶動國內經濟成長，並持續不斷引進國內外旗艦級創新公司，使臺灣半導體及光電產業均在世界上占有重要地位，如晶圓代工產值世界第一；IC設計業、薄膜電晶體液晶顯示器（TFT LCD）、矽晶太陽能電池等產品產值居世界第二；發光二極體（LED）、有機發光二極體（OLED）等產品產值居世界第三；並持續朝物聯網（IoT）、數位匯流、雲端、巨量資料和B4G無線寬頻等核心技術發展，使竹科成為臺灣高科技產業成功經營的典範，除培育出豐富的高素質人力並整合堅實的研發資源，建立臺灣科技產業發展的雄厚實力[13]。」

草擬創業投資法規

臺灣科技發展成就，有一項不能不談的重要法制配套。一九七九年，時任行政院長孫運璿頒訂「科技發展方案」，宣告臺灣進入科技立國的經濟發展新階段。這時的臺灣，正朝向技術密集的產業結構，企圖轉型升級為「風險大、報酬高」的高科技經濟產業，亟需資金投注；但尚不完備的金融體制，不足以提供一個科技發展所需要的環境。此外，我國在美國學有專長的留學生，至少四萬多人，其中七成在科技領域有傑出心得與成就，也有人建議政府思考建立鼓勵人才歸國創業的環境[14]。孫運璿內閣一九八二年核定「改善投資環境及促進投資方案」中，即指示政府籌組民營工業投資公司，以推動策略性工業之發展[15]。

創業投資（Venture Capital）早在二次世界大戰前，就在美國產業扮演重要角色，一九五八年國會立法，後來奠定了美國高科技產業優勢地位，對矽谷形成起到關鍵作

13 參新竹科學工業園區網站，http://www.sipa.gov.tw/，園區介紹，擷取時間：2015-06-12。

14 「國內成立創業投資公司，科技水準引進大有助益」，聯合報，1982-08-13

15 「民國七十二年國內經濟十大事件，政府實施風險性創業投資推動方案」，經濟日報，1984-01-03

用；美國的IBM、英特爾（Intel）、蘋果電腦、王安電腦，在創業初期都曾受創投支持。一九八三年，美國已有約六百家創投機構；這時的日本正放寬創投管道，歐洲也希望透過創業性資本融資，支援年輕的創業公司，藉以達成商業起飛，創造工作機會[16]。

在竹科管理局長何宜慈協助安排下，被稱為「臺灣創投之父」、時任政務委員的李國鼎先生赴美國矽谷考察時，引進創業投資概念。這外來詞彙當時在臺灣常翻譯為「風險性投資」；同年由財政部取「助人興業」意涵，成立「創業投資專案小組」來擘畫政策。

理律的徐小波、任志剛等人協助財政部草擬《創業投資事業管理規則》，並將創投業納入《獎勵投資條例》的優惠政策[17]；任志剛說：「目的在結合資本家、技術家、經營者三者，投資經營風險較高的創新事業。」這項在一九八三年底實施的政策法規，是當時孫運璿內閣八大財經政策之一，媒體列為年度國內經濟十大事件[18]。隔年，經特許成立第一家創投企業——宏大創投公司，後來陸續有美國、日本、歐洲等資金投注成立多家種子創投公司，行政院開發基金也跟進注資。

三十年來國內創業投資事業投資項目近一萬四千件。據統計，國內上市櫃企業中，三分之一曾接受創投資金協助；若只論科技產業的上市櫃企業，有約二分之一接受過支持或援助[19]。創投加速了臺灣發展技術密集的科技產業的形成，並不斷推動技術創新，臺灣多項產業能夠在世界居領先地位，創投功不可沒。

這一段臺灣電子與科技業從草創起步到開花結果的歷程，政府與產業、理律的心血與努力，交織交融。

---

16 「美國創業投資事業的發展經驗」，經濟日報，1983-11-14。「歐洲開始重視風險性投資」，經濟日報，1983-12-04。

17 「經營故事 科技創投一生緣」，經濟日報，2003-06-07，作者創投業者劉容西董事長：「曾想在臺灣成立創投公司，卻發現沒有如美國的創投機制，又沒有主管機關，因此公司沒有組成。後來理律法律事務所整理出有關法案及法規，經一番審議，我國有了創投法規。」

18 同注14。

19 參閱，中華民國創業投資商業同會公會，http://www.tvca.org.tw/tvc_condition.php，「臺灣創業投資事業現況」，擷取時間：2015-09-10。

曾更瑩

公司投資部　合夥人

專業從來冷靜理性，內心始終溫暖關懷，秉持法律思維，立足於行健不息的宇宙。

劉靜淳

公司投資部　顧問

理律五十歲了，我也陪理律走過三十個年頭，敦厚慷慨的老闆及和善的同事，營造了和諧的工作環境，也造就了我成為這個大家庭的理律寶寶，理律人法律專業毋庸置疑，理律人的愛心更不落人後，祝福及期許理律愈來愈好！

10 亞洲小龍——理律的藍海策略

一九八二年，負責商標業務，經常出國參與國際商標會議或拜訪客戶的王重石所長，幾乎把全部心力放在拓展理律業務的他，在一次出國訪問客戶的路程上，心臟病發過世。

「他本來就有心臟病，去新加坡出差在機場就倒下了。謙謙君子、法學素養很好，英文能力一流，脾氣少見的好、真的非常少見，至今我仍十分懷念，幾乎所有印象都是正面的。學問、做人、應對進退，都非常優秀。身高約一百七十公分，很帥、戴個眼鏡。總是西裝筆挺，非常敬業。」陳長文回憶道。

而那一段期間，汪應楠、鍾文森與殷之彝律師也相繼榮退，雖然王重石律師逝世，但他為理律留下了穩定的基礎。理律的決策群進入第二波世代交替的另一個局面，由徐小波、李光燾及陳長文律師三位共同發展業務，並由陳長文律師主持事務所。

從一九七三年王重石接下理律所長到一九八二年辭世，這九年間，理律就在整個臺灣拚經濟的強烈企圖心下快速的成長，員工突破百人。臺灣起飛的經濟，是理律最大的養分。比方說，現在許多人琅琅上口的「亞洲四小龍」，其實是來自於美國《財富》雜誌（*Fortune*）在一九八一年的一篇分析。這篇文章把臺灣、香港、新加坡、韓國稱為亞洲四小龍，盛讚其經濟比日本更具活力。

分析指出，「香港、臺灣、新加坡和南韓的人口總數和西德約略相等。四者的輸出總和從一九七六年到一九八〇年已增加了四倍，高達七百九十億美元。輸出項目主要為工業產品。上述輸出總值占全世界的百分之六[1]。」這反映的是一九七〇年代中期到一九八〇年代初，這四個經濟體快速成長的光輝時代。

臺灣不但是光輝熠熠的亞洲四小龍，其表現之亮眼，更一度被視為四小龍之首。一九七六年《華爾街日報》高度讚揚包括臺灣在內，遠東九個國家的經濟表現。「亞洲在經濟方面的成長之快令人刮目相看。從一九六九年以迄一九七四年，遠東九個國家和地區的生產總值幾乎為世界各工業國家的三倍，為美國的四倍。」

該報並統計，一九六九年到一九七四年這九個國家與地區的生產總值，去除通貨膨脹的影響，中華民國全國生產毛額成長之快為全亞洲之冠，超過最接近的新加坡幾乎一倍。遠東九國的表現分別為：「中華民國為百分之一百四十三、新加坡百分之七十二、韓國百分之六十三、香港百分之五十八、印尼百分之四十二、馬來西亞百分之四十一、日本百分之四十、泰國百分之三十七、菲律賓百分之三十四[2]。」

「在王重石任所長時，理律最驕傲、感到自身有所貢獻的，就是在臺灣經濟起飛時協助政府。李國鼎、趙耀東、王昭明、經濟部次長吳梅村、財政部次長王紹堉，投資業務處幾位政府的經濟首長，大家一起做外人投資。」李光燾說。

那時候，進入理律的人，會有一種開了眼界的感覺。因為會議桌上、辦公桌上攤開的卷宗文件，大部分都是跨國投資的大案子。「當時《財富》雜誌排世界百大企業，我每半年翻一次，過半是理律客戶，很不容易，也讓我覺得在理律工作與有榮焉。許多外人投資案，都是指名要找理律承辦。」李光燾說。

王重石律師和理律同仁也經常配合政府參加到世界各國的訪問團，協助政府招商，

1 「我與韓港及新加坡被稱為亞洲四條龍」，中央社，1981-09-05維也納電，聯合報1981-09-07頭版。

2 「我國經濟成長快速，遠超亞洲其他國家」，中央社，1976-04-12華盛頓電，聯合報1976，04-14頭版。

吸引外人投資來臺。當時政府的訪問團，很喜歡邀請理律加入，偌大的代表團，理律總是表現非常積極。

李光燾說：「一方面展現能力，包括法律專業與外語能力，另一方面，也有於公於私的兩股強大動機，不是訪問完回來寫個報告打發了事。這就是理律。」於公，是幫臺灣引入經濟成長最需要的動能：資金。於私，理律也開展了業務。而理律這些加倍的努力付出，也確實在方方面面看到許多成果。

主動出擊，開拓藍海

有人說：「理律跟政府關係好，才有這成就。」對於這樣的評價，李光燾說：「這話只說了一半。」理律當時與政府的關係密切，這一點是事實，但這樣的關係，主要也是因為理律的法律專業與服務態度，得到政府與廠商的信任之故。

在那個年代，國家意識很強烈，大家有一個信念上的公約數，就是幫助在國際空間上處處受打壓的臺灣，打開經濟上的活路，以經濟實力做為生存憑藉。政府官員和許多幫助政府研擬政策的民間專業人士，都是以這個信念為公約數。在互相尊重的信任基礎下，一起努力。

所謂「說了一半」的未說的一半，李光燾笑著說明：「除了陪政府出去招商外，另一種是自己出去開發客戶。」

雖然大部分客戶是先對臺灣的投資環境有了濃烈興趣，經過研究，肯定理律的專業能力，便委託理律處理投資申請案，但理律也不是完全被動的等著外資客戶上門。理律更有一套「藍海策略」，那就是很多外商公司，在臺灣註冊商標或申請專利，卻沒有來臺灣投資。理律會聯繫拜訪這些外商，向他們說明臺灣經濟發展的現況並介紹法令環境，以及臺灣位在東亞中心位置的優越地理條件，說服這些外商來臺投資。

「這種主動，李澤民律師的時代就開始做了。」李光燾說。這些努力，不但符合當時臺灣努力吸引投資的國策，也擴大了理律法律服務的範圍，是利己也利眾的多贏布局。更重要的是，當理律協助政府，努力把外國資金引進臺灣的同時，也同時引進人才、技術、管理思維與產業發展的新契機。

比方說，前面提到理律在一九六〇年代末期協助來臺投資的王安電腦，為了配合其投資案在臺發展業務，在來臺時，即宣布甄選國內年輕數理人才，送往美國總公司接受一至兩年的電腦設計訓練及實習，然後返臺從事實務工作。不只王安電腦如此，大部分來臺外商都有類似的幹部培訓計畫，為臺灣培育人才，充實其專業知識，送這些臺灣青年人才出國受訓，為臺灣培養了許多有國際視野的青年才俊[3]。

李光燾還從另一個故事，談及了經濟發展對當時國際處境極為不利的臺灣的重要意義——不僅是改善人民生活、安定國內，也讓臺灣人建立了自信、擁有了尊嚴。

李光燾憶及他第一次隨政府訪問團出訪的經驗。他說，他第一次訪問是去歐洲比利時，當時的臺灣在國際社會不被承認，對方對我們不太理會。訪問團進不了歐洲商務機構的大門，只能找一間餐廳談，出來對談的人位階也不高。

「當時的感覺非常不好，覺得很窩囊，臺灣又不差，怎麼會是這樣的待遇？」李光燾笑著說：「那時年輕，心裡真的很氣憤，現在想想，其實氣憤又怎樣？換成現在的自己，還是得摸摸鼻子走人。」但那次的經驗也讓李光燾深刻體認到，臺灣在國際現實、外交局勢上的困難處境，限縮了臺灣很多的機會。「理律也在那困難之中。」

那該怎麼辦呢？「正因為立足點不平等，我們，不管是臺灣或理律，都只能更努力！」但這種尊嚴感受到打擊的場景，隨著臺灣經濟成就的被肯定，很快的就煙消雲散了。

「後來臺灣經濟好了，而大陸經濟還沒起來，臺灣成為國際矚目的焦點。在這樣的經濟熱潮上，臺灣出發的訪問團極受重視，對方都非常熱誠、以禮相待，因為他們對臺灣都有著濃厚的高度興趣。」李光燾說。這也讓李光燾體會，一個國家的政治情勢與國際尊嚴，和經濟實力是多麼的密切相關。

3 「臺灣王安電腦，積極擴大產銷」，經濟日報，1968-05-23，頭版。

林恆鋒

公司投資部　合夥人

五十年歲月，將心比心的關懷、精思雄略的服務，造就今日獨特而卓越的理律！堅持核心價值，讓我們始終認清方向，在面對數位化時代的變動洪流時，勇於因勢利導做出回應社會需求的組織調整、創新專業發展。身為理律人，我既感恩也光榮！

羅淑文

公司投資部　初級合夥人

過去五十年，理律引領外資建設臺灣、發展臺灣；未來五十年，理律將帶領臺商走向世界、創造未來。

11 經濟轉型——春江水暖的先知鴨

陳長文、李光燾與徐小波，開始共同掌舵理律的一九八〇年代，是怎麼樣的一個年代？我想先做一些時代背景的速描，再進入這個年代裡，發生在理律的故事。

首先，在政治與國家體制面。一九八〇年代是臺灣從威權體制，進一步轉型為民主化與自由化的政治體制的轉型期。

政治及經濟的轉型挑戰

一九八五年故總統蔣經國開始思考解嚴，交付國民黨第十二屆三中全會研議相關政策；一九八七年七月十四日，蔣經國解除戒嚴，結束從一九四九年五月二十日開始，長達三十八年的戒嚴統治。他同時解除黨禁，但在解除黨禁前，民進黨已於前一年，即一九八六年九月二十八日成立。

這意謂著國民黨一黨獨大、專政的威權時代走入歷史。隔年一月，報禁解除，完成解嚴、解除黨禁與報禁後，蔣經國於一九八八年一月十三日去世，由時任副總統的李登輝繼任總統[1]。

接著，我們從經濟面速描臺灣。那是臺灣從經濟起飛期（1963～1985），轉向經濟自由化期（1986～1999）的經濟轉型期。經濟轉型和國際情勢變化有關，而經濟的轉型，也會帶來產業生態的改變，而這些改變也會發生在理律的業務上，兩者環環相扣。

「春江水暖鴨先知，理律常常都是那隻『先知鴨』！最先感受到改變的發生，因為許多重大的指標案件，常常都是理律經手的。」陳長文說。

經濟轉型的開始

一九七九年元旦中美斷交，同年第二次石油危機爆發，石油價格連續上漲兩倍，臺灣同時承受能源危機與中美斷交的雙重壓力，世界景氣復甦趨緩。在環境影響下，傳統出口產品優勢減少，投資意願也受到影響。此外，一九八〇年代初期，政府財政開始出現赤字，在公共投資上，要推動類似十大建設的大規模計畫的難度提高。

同時，新臺幣兌美元匯率也在一九八〇年代升值，讓實質工資與土地價格上漲，傳統勞力密集產業面臨出口報價拉升，人事與建廠成本提高的壓力，許多傳統產業開始南進到東南亞或西進到中國大陸投資設廠。

這些都是當時的挑戰。然而，在長達二十年快速的經濟起飛後，臺灣本身也厚植了相當雄厚的經濟實力與經濟基礎。以一九六三年到一九八五年這二十多年為例，投資占GDP的比重由一九六二年的百分之十二點七，提升到一九八五年的百分之二十一點二，超過百分之二十的國內生產毛額投入生產，讓經濟動能形成正循環，也帶動技術進步及產業的新陳代謝。經濟結構不斷改變，產業結構也大起變化，工業部門產占GDP比重由一九六二年百分之三十一點六，提升到一九八五年的百分之四十四點九，同期農業部門產值占GDP的比重則由百分之二十九點六，降為一九八五年的百分之六；就業人數也跟著改變，工業部門占總就業人數由一九六二年的百分之二十一，提升到一九八五年的百分之四十九點七，農業部門由百分之四十九點七，縮減為百分之十七點五。其比重幾乎恰恰對調。

1 「國家結構」，高永光，收錄於《中華民國發展史——政治與法制》（上冊），聯經出版，頁44-45。

此外，經濟起飛期也為臺灣培養了大批人才，以及有國際觀與成熟管理技能、產業知識的企業家和經理人，這些都為政府開始推動的經濟自由化、國際化與制度化提供了優勢的條件[2]。這就是一九八〇年代大致的時代速描。

參與經濟革新

為了因應新的經濟情勢，一九八五年行政院長俞國華決定成立「經濟革新委員會」，要以六個月時間，檢討當前面臨的各項經濟問題，提出對策供政府採行[3]。經革會召集人由趙耀東、蔣碩傑及韋振甫等人擔任。

「一九八〇年代開始，臺灣經濟開始出現警訊，國內投資意願下降，出口也開始有衰退跡象，這對習慣居於『亞洲四小龍』之首的臺灣，有相當大的心理衝擊。如何進一步升級工業並調整產業結構，尤其是在法規面更完備的建制，成為經革會關心的重要議題。」受邀擔任經革會委員的陳長文律師回憶道。

這是從宏觀的大脈絡來看，從微觀的具體事件來看，一九八五年經革會成立的那年，也是不太平順的一年。年初發生了十信事件動搖投資人的信心，除了十信，還有多家金融機構也岌岌可危，金融體系陷入動盪；此外，核三廠發生事故、毒玉米與餿水油等食安事件也動搖了消費者的信心。經濟成長率從一九八四年的百分之十點九，瞬降為一九八五年的百分之四點九，而失業率則從一九八四年的百分之二點一，遽升為一九八五年的百分之三[4]。

從宏觀與微觀兩個軸向來看一九八五年的臺灣經濟情勢，也就不難理解，為什麼當時政府要在內部已有的正式、純官方的「經濟建設委員會」之外，還要創設為時六個月、臨時性、官民合組的「經濟革新委員會」。

「這也可以算是另一種經濟的小型國是會議，除了廣納民間專家的建言外，也有安定民心的作用。」陳長文說。陳長文當時是經革會委員中「唯一專長法學事務者」，主要協助解決革新方案中有關法律方面的問題。其後並與侯家駒、王作榮、王昭明、蔣碩傑、李國鼎等人，一同被媒體票選為對經革會貢獻最大的六位委員[5]。

而陳長文以唯一一位執業律師，受邀參加當時救臺灣經濟於困境的救急組織——經

---

2 「民國38年以後的經濟發展」，周濟，收錄於《中華民國發展史——經濟發展》（上冊），聯經出版，頁93-95。

3 「解決當前困境 政府採取行動了 經濟革新委員會能否發揮作用大家拭目以待」，經濟日報，1985-04-26。

4 「去年，是豐收的一年」，于宗先，聯合報，1986-01-18。

5 「經革會最具革新意義方案 本報抽樣調查選出五項 六委員殫智竭慮貢獻最大」，聯合報，1985-10-23。

革會，主要原因是，要有效提振經濟，依當時的環境，外商與僑商的角色極為重要。理律和外商、僑商的接觸既深且廣，較了解他們的需要、困難及想法；加上長久以來，行政部門有法律疑義，也經常諮詢理律，互動頻繁，建立了深厚的信任，於是延攬陳長文參與經革會。

最終，經革會於一九八五年十一月五日召開最後一次委員會，結束六個月會期，通過包括國營事業經營範圍應予縮減、公共工程與公營事業採購應以公開招標為原則、勞動基準法若干條文的修改、雜項外匯支出審核的大幅放寬等五十六項改革方案[6]。

6 「結束半年會期・通過56項方案 經革會已為經濟興革確立方向」，聯合報，1985-11-06，頭版。

牛豫燕

公司投資部　合夥人

於理律之關懷下成長卓越，以卓越服務榮耀理律，以關懷服務回饋社會。

詹致瑋

公司投資部　初級合夥人

從截然不同的環境到理律五年多，比別人更能感受為何理律能卓越五十年。在理律我深刻領會了法律服務的精髓在服務而非法律，惟有真心關懷客戶及人群，才能體現法律服務的價值，才能造就我們的卓越！

12 自由之潮——麥當勞這一課

「我們的經濟必須走向自由化、國際化，自由化是尊重市場機能，政府不做不必要的干預；國際化是增進我們與國際經濟的合作關係，減少與國際經濟交流的障礙，並且在國際經濟的舞臺上扮演更活躍的角色。」

一九八四年六月一日，俞國華接任行政院長，在第一次記者會上宣布了國家經濟發展方向[1]。

經濟轉型，管制鬆綁

一九八五年的「經濟革新委員會」中，也把「自由化、國際化、制度化」列為經濟政策的最高指導原則，重點之一便是「解除經濟管制」，即政策上大幅放寬僑外投資範圍，並簡化僑外投資手續。除政府規定之特定產業外，一律取消外銷比率、自製率、外資合資比率及原料進口等限制。

這些政策宣示，反映了臺灣當時面臨的經濟課題。經過三十餘年經濟的迅速發展，原來落後國家普遍存在的問題，如資金不足、外匯短缺、外債高築、財政赤字、貿易入超及嚴重失業等現象已不復存在；而如美國等工業國家面臨的高失業率、高利率、巨額財政赤字與貿易入超等問題，在一九八〇年代的臺灣也還未發生。但一九八〇年代臺灣新面臨的是景氣中挫、貿易巨額出超與產業結構調整緩慢等挑戰。

政府與知識界也注意到，這些問題不論從短期或長期觀點，對臺灣進一步發展均有不利的影響。又由於管制，使原不具競爭力的產業，在保護之下不求進步，不僅延緩工業升級的速度，也使資源未能有效利用，阻礙新的投資[2]。另一方面，一九八〇年代美國對他國的貿易逆差持續擴大，與其他國家的貿易摩擦加劇，美國國內保護主義漸漸抬

1 「促使經濟自由化與國際化 政府將尊重市場功能 增進與國際合作關係 俞國華昨在就職首次記者會上宣布」，經濟日報，1984-06-02，頭版。

2 「經濟自由化是突破困局的利器——迎新年，開拓經濟新境之六」，經濟日報社論，1985-01-06。

頭，先是一九八〇年代初期和日本激烈的貿易爭執不斷[3]，到一九八〇年代的中後期，美國開始將矛頭指向對美有龐大貿易出超的臺灣。

這使得政府意識到在一九八〇年代前，臺灣為保護國內不具競爭力的工業而採取的許多保護措施，一方面不利於國內資源的有效分配，更加深臺灣和美國的貿易摩擦，成為美國對我出口產品採取抑制措施的重要藉口[4]。因此，政府對於僑外投資的態度，不再純以促進出口、賺取外匯為唯一目標。

在俞國華院長宣示自由化政策與經革會做出進一步「解除經濟管制」之前，理律在「引進麥當勞」一案上，為當時排斥外國連鎖餐飲業來臺的投資管制打開了一個窗口，成就了臺灣經濟發展上的另一個指標案例。

麥當勞登臺申請投資

早在一九七九年，麥當勞即計劃與我國業者合作投資設立「麥當勞快食連鎖店」，向經濟部投審會提出投資申請，並派該公司國際部經理來臺訪問[5]。但在一九八〇年代初期，政府的外人投資政策仍偏重於製造業及外銷為主的產業。加上國人擔憂麥當勞進入臺灣，將嚴重威脅我國餐飲業與速食食品業之生存，並將打擊本國農產品[6]，因此當麥當勞想進入臺灣市場而提出投資申請時，屢屢被政府核駁。

麥當勞向理律諮詢。徐小波表明必須要有突破窠臼的做法，否則難以成功引進臺灣，他向麥當勞分析：第一，麥當勞在國際間享有高知名度，應有其特殊原因，理律必須先瞭解，才能構思出一套完整策略。第二，麥當勞營運作業體系中，必有能助益臺灣產業之處，要加以強調，以減少阻力。第三，麥當勞必須先讓理律信服，理律才有信心向政府推介麥當勞投資案是有利於臺灣的。麥當勞同意全力配合，理律於是接受了這個挑戰。

一九七六年三月進入理律的葉明磊，一九八二年正在美國伊利諾大學香檳分校（UIUC）的法學院進修，他在學校接獲徐小波電話，受邀陪同前往芝加哥附近的麥當勞總部拜訪

3 一九八一年日本對美國及西歐的貿易順差分別達一百三十四億美元及一百零三億美元之鉅。「《世界經濟透視》保護貿易主義逐漸抬頭 各國摩擦日益激烈」，經濟日報，1982-05-02。

4 「中美兩國貿易差額問題的探討」，經濟日報社論，1986-06-07。

5 「僑外申請投資踴躍 五家美、日名廠正與當局洽商 產品包括電器、食品、音響、縫紉機等」，經濟日報，1979-03-05。

6 「麥當勞來臺設連鎖店 立委指將有不良影響 要求政府勿准設立」，經濟日報，1983-12-14。

一週。

在四月初這一週期間，訪談了麥當勞各部門主管十數人，瞭解了從農場、農產品及肉品加工場、配銷中心、冷凍／冷藏食品及餐飲供應等，從最前端到最後端一系列完整的產業鏈；以及人員養成和經營管理訓練、食品和設施安全衛生的管控、營運場所選擇、法律／會計支援服務、廣告設計、直接投資／授權（franchising，即日後大家所熟知的加盟）等全方位作業體系，同時參訪了各種設施，包括傳說中的麥當勞漢堡大學（McDonald's Hamburger University）。

「當時的我雖已有五年多的工作經驗，但仍不得不承認，這是一場深度學習之旅，讓我眼界大開，感謝老天及事務所給我這難得的機會。」葉明磊說。

葉明磊返回學校後，立即消化整理攜回的眾多資料，當發掘出新的問題，一週後再度前往麥當勞總部挖寶兩天。當時個人電腦不普及、國際郵寄也不如今天快捷，他將一大箱文件資料及摘要手稿，以陸空聯運寄回臺北。不久後，返臺承辦此案。

芝加哥參訪，讓理律相信麥當勞投資案對臺灣確有正面影響，理律團隊於是開始構思如何提呈本案，以及申請書應強調的重點。

首先，理律瞭解到麥當勞之所以成功，在於它完整周延的營運管理體系以及支援服務、連鎖體系，而非食物本身，過去被核駁的申請書中強調「餐飲速食」，顯然不足。

其次，麥當勞對周邊產業的開發扶植不遺餘力，且承諾使用臺灣農產品原料，舉凡農牧產品之選用、農牧業者之扶植，食品生產、儲備供應以及運銷設備廠商之開發，包裝宣傳材料供應商的開發等，都對國內市場有積極貢獻。再者，麥當勞對營運管理人才之訓練，餐飲供應設施的清潔明亮要求，以及對社區的服務及參與等，更可資國內業者借鏡。

換言之，理律分析，投資申請案可以在營運管理、衛星產業之開發扶植，及企業人才訓練和服務品質提昇等三方面著力，這也正是當時國內所缺乏而值得引進學習的。於是一本厚厚的申請書自初稿、增補、修改、定稿至麥當勞審閱核可，花費了數個月時間方完成並送件。

在申請書中，葉明磊為了避免失焦，不使用餐廳（Restaurants）一詞，而創新使用「食品供應中心」（Food Service Centers）一詞來取代，並主訴該投資案是引進連鎖、物流的管理新觀念。此外，當時在臺灣尚未普及使用的「Distribution Centers」、「Food Processing Centers」，就用「配銷中心」或「分銷中心」及「食品加工中心」來表述；「Franchise」則以「特許授權」。這些新的名詞與概念，也在此案中引進了臺灣。

為了讓政府相關單位釋懷，並能口頭補充說明各項可能的疑問，理律方面由徐小波、任志剛和葉明磊三人，分別拜訪各相關單位，並取得食品加工研究所的正面回應。

勇於創新、敢於接受挑戰的理律，經過數月的努力，麥當勞案終於一次過關。當時投審會主任委員、經濟部吳梅村次長在事後一次會面時說：「你們的申請書準備得太充分完整了，我們找不出任何理由反對。」

共創雙贏的四個因素

「經過麥當勞案的淬煉，我個人也領悟出一個道理，即只要用心再加上些許的創意，再困難的案子也是可以突破的。」葉明磊進一步分析本案申請獲准的其他因素：第一，是政府態度。當時的外國人投資申請案，雖然是逐案審查、逐案通過，但是政府各部門的態度是開放的，而且求好心切。因此理律才有機會與相關單位聯繫溝通，各單位首長也能夠同意並接受有正面意義的投資案。

第二，是預期刺激提升國內餐飲業水準與食品衛生。在麥當勞案成功後，政府為求一視同仁，全面開放了餐飲服務業的外人投資申請，促成國內速食業的快速發展，更刺激了國內餐飲業改善用餐環境與服務態度。

第三，是麥當勞的全面配合及支援。本案自始至終皆由麥當勞國際部總裁和法務長領軍，與理律密切配合，並毫無保留地提供資料，否則理律也不可能提呈如此一份詳盡完善的申請書。

第四則是理律的信譽和團隊合作。理律正派經營，政府各機關首長和承辦人員知道理律代表的客戶，多是世界頂尖的企業，願意來臺投資必有其對臺灣的貢獻，因此很願意聆聽理律的說明、接受申請。此外，每一件重大投資申請案，理律都成立工作小組，藉由團隊合作克竟其功。

這裡還有兩件外界不知道的插曲：一是麥當勞投資申請案獲得核准後第二年，韓國政府主管外人投資申請的機關派員來臺，向投審會徵詢我國政府核准的原因，及該案對臺灣市場的可能衝擊等。原來麥當勞在韓國投資申請也連續碰了幾年釘子，韓國政府就派人前來取經。投審會官員邀請理律出席說明，會後韓國官員滿意地離臺，不久後就核准了麥當勞在韓投資案。

另一個插曲則與譯名有關。臺灣第一家麥當勞一九八四年一月二十八日在民生東路口開幕，不僅打破了麥當勞公司在全球七千五百餘家連鎖店的一週最高營業額紀錄，也創下麥當勞創立二十八年來的營業額空前紀錄。臺灣媒體還因此感嘆地下了一個「中國人真會吃」的標題[7]。

在麥當勞高層一次餐聚中，與會十多人比賽猜測第一週的最暢銷產品。令人跌破眼鏡，竟然是「Cheese Burger」。其實，一九八〇年代的國人對起士（Cheese）是不怎麼感興趣的。那為何會點「Cheese Burger」呢？原來關鍵在中文譯名「吉士漢堡」，消費者為討吉利，也就不在意是否習慣「起士」的口味了。

「這又讓我上了一課，瞭解到為外商公司及其產品取中文譯名必須十分慎重，畢竟國內市場的消費主力還是國人。嗣後果真碰到一個外商客戶願意花費新臺幣一百萬元徵求公司中文名稱，漸漸地『命名』變成為了外商的必修課程。」葉明磊說[8]。

麥當勞非常重視臺灣市場，光是登陸臺灣前的市場調查和人員訓練，即所費不貲。標榜品質（Quality）、服務（Service）、清潔（Cleanliness）、價值（Value）等企業格言的麥當勞搶灘臺灣市場以後，強烈震撼國內食品業，引發「麥當勞旋風」。

進步帶來的淘汰，是好是壞？

麥當勞對我國服務業的影響深遠，與7-Eleven超商共同引進了連鎖經營的先進觀念與管理制度，喚醒了臺灣的流通產業[9]。臺灣現在遍布大街小巷的連鎖店，乃至於反攻國外市場的臺灣本土連鎖品牌，其連鎖管理的觀念與技術都受到很大的啟發，而且也為當時存在髒亂缺點的臺灣餐飲業，帶來震撼性的食品革命[10]。凡此種種，都大幅提升臺灣食的品質、食的衛生、食的口味多樣性，也為爾後臺灣獲得美食天堂的美譽打下了基礎。

然而，麥當勞等連鎖產業進入臺灣，也非全無負面聲音。全球各地都有對麥當勞產品提出「高熱量、營養不夠均衡」的質疑，產品原料或勞資問題仍時有狀況。而7-Eleven便利商店，更幾乎把原本存在全臺灣各角落的「柑仔店」（傳統雜貨店）淘汰了。

當時代的巨人往前走，它可能可以帶來環境品質、生活水平及經營管理知識的提升或進步，卻不是完全不需要付出代價的。例如麥當勞帶來的飲食革命，有一些餐飲因此被淘汰，但也有許多臺灣傳統餐廳，相應激發出更強韌的轉型升級力量。「柑仔店」雖

7 「麥當勞的業績 帶來痛苦刺激！銷售紀錄空前 中國人真會吃？」，聯合報，1984-03-06。

8 有關麥當勞投資申請案的故事，葉明磊先生非常重視，人在美國的他提供了非常詳盡的書面回憶錄，對本回故事的撰成，助益甚大。

9 「連鎖經營的新時代」，經濟日報，1984-10-28。

10 「麥當勞的『啟示』！髒亂惡習趕快改掉」，經濟日報，1984-03-23。

被認為是一個令人懷念與值得被保留的在地人情文化，但也經歷了普遍性的淘汰。有趣的是，深入臺灣角落的現代型便利超商，近年也積極借鏡「柑仔店」傳統角色，試著強化與社區的連結互動。

朱百強

公司投資部　合夥人

理律五十載，不覺十五年。仰前輩戮力之餘蔭，承關懷服務之宗旨，行卓越專業之正道，創永續不朽之偉業。以法為本經世濟民，以國為念利用厚生，集群英之智匡正扶弱，摒一己之私群策群力。環顧宇內，無有如理律者，任重道遠，亦復如斯。

蕭秀玲

公司投資部　初級合夥人

理律走過半世紀，受客戶託負，參與臺灣社會的成長與轉型。理律人秉持追求法律專業服務的卓越、回饋社會的公益理念，持續拓展視野、累積豐富實力。面對瞬息萬變的政經局勢，將以美好傳承為根基迎向未來挑戰。

13 先施百貨——百貨業升級的開端

一九八四年，麥當勞開張的這一年，理律也協助引進臺灣第一家僑外資百貨——香港先施百貨。

前面談到麥當勞進入臺灣，帶來了餐飲革命與連鎖革命。臺灣成為美食天堂，和擁有先進管理文化的外資餐飲進入臺灣，有極大關係。這些「舶來品」，把臺灣原有的美食從質地上升級，讓美食成為臺灣一大特色。

同樣的，自一九八〇年代起，理律陸續參與引進的僑外資百貨公司，也推動臺灣百貨業的升級及百貨商圈的興起，形成一種新的生活文化，提升了都會生活品質。炎炎夏日何處去?窗明几淨、風格各異、商品琳瑯滿目、美味餐廳雲集的百貨商圈也成為人們的首選，臺灣也成為購物樂園。

任何產業的成長，都必須經過外界新觀念與新方法的刺激，在競爭中激勵改變。理律參與引進了百貨業的競爭因子。我們先回顧一九八〇年代百貨業所處的時代背景。

隨著各國經濟發展與所得提高，高度大眾消費時代也隨之來臨。都市化使得鄉村人口迅速向城市集中，而城市中心人口則向城市周圍、郊外及鄰接地區遷移。新市鎮或新居住社區的開發，高速公路與新交通輸運系統的興設，汽車的普遍自有化，工作時間制度、家庭構成與家用設備的改變，以及消費者消費習慣與偏好的變化等因素，這些都造成了零售業經營方式的革命。

分布於都市中心的大型綜合百貨和中小型專門百貨、郊外的大量銷售型百貨，或是各種大型超級市場、中小型專門店、郵購商店、自動銷售等，各種新經營類型的零售業乃應運而生。而大型綜合購物中心，即是在各種新經營類型的零售業中，兼具多重功能，成為現代消費生活中心的一種成功型態[1]。

要讓臺灣走向這潮流，單靠本土百貨業力量是不夠的，必須引進外資百貨業，吸收其經驗，透過增加競爭，提升我國的百貨業品質。先施百貨來臺投資八百二十萬美元設

1 「如何籌建大型綜合購物中心」，經濟日報社論，1985-03-28。

立百貨，不僅是政府大力引進香港資金流向國內的績效之一，也是投審會為配合政府積極推動商業升級，建立公平競爭環境，而開放僑外投資服務業項目之政策性決定。

首開先例，政府態度轉向積極

早期臺灣不准外資經營零售業，香港先施百貨想在臺灣設百貨公司，一直未獲准。當時政府雖然開始鼓吹國際化與自由化，但觀念的轉彎一時仍不容易，先施百貨公司欲來臺投資，即被定義為：意在賺國人的錢，無助於經營管理的提升[2]。

早在一九六七年香港先施百貨總經理馬永漢即曾來臺考察，他看中臺灣安定的投資環境、繁榮的經濟及雄厚的購買力，認為設立一家國際水準的大型百貨，是臺灣當前極其需要的[3]。

但這想法在十七年後才實現。在理律參與溝通下，一九八四年九月，經行政院香港小組特別同意，經濟部投審會以「特例」准許先施來臺。一九八六年，理律又協助外資日商崇光株式會社（SOGO百貨）取得核准來臺設置百貨，這是我國吸引外人投資政策，朝自由化國際化邁進的另一指標。所以先施案可說是僑外資百貨來臺的「敲門磚」。理律協助讓政府理解，開放外資百貨對國家經濟有益無害。

本案的重要法制影響是，原先投審會規定外國人得投資之項目是以「正面表列」，後來逐漸改成「原則開放，例外不准」的「負面表列」。同時，核准先施百貨來臺後，經濟部還在一九八五年三月成立了大型綜合購物中心推動小組，目的是要透過建設大型綜合購物中心，積極促進臺灣商業的昇級與零售業的現代化，幫助我國服務業品質的提昇。經濟部還組織了一個十一人的可行性研究小組，成員包括香港先施百貨，儘速針對將來可能遭遇的各項資金籌措、投資建設與營運方式等問題提出研究報告[4]。後來陸續進入臺灣的大賣場，如一九八七年在臺灣設置亞洲第一個據點的家樂福，以及後來的萬客隆、COSTCO等「量販大賣場」，也改變臺灣零售業生態。

觀念之舵不轉則已，一轉即立刻揚帆加速。由此可見，開放先施來臺之後，政府部門對開放外資百貨與零售業來臺灣，已轉為正面積極態度。

二〇一〇年，臺北捷運南京復興站旁的先施百貨功成身退，二十四年的營業不長不短，但確實在臺灣百貨公司發展史上，記下重要的一筆。

2 「化口號為行動迎頭趕上！從制度化走向自由化與國際化系列專文(5)」，聯合報，1984-11-13。

3 「先施公司將回國投資 馬永漢探路．作考察報告」，經濟日報，1967-08-10。

4 「成立大型購物中心 經部研究可行性」，經濟日報，1985-03-27。

謝宜芬

公司投資部　資深顧問

五十年來世界變很快，對客戶法律服務的提供，從信件、傳真到電郵。理律這一重視員工、團隊的大家庭，做到了客戶對品質與速度的期待，也不忘關懷社會。未來，世界變更快，理律會更大，我們仍努力追求卓越，也有信心依舊領先。

李俊瑩

公司投資部　初級合夥人

欣見理律五十年，一步一印思從前。前賢篳路啟山林，眾志成城出頭天。

無為已然大有為，不爭笑談弭硝煙。歷創始見珍珠美，光彩彌新再百年。

14 理律之影——經濟突破的催生者

「翻閱理律的客戶名單，就像在翻閱臺灣的近代經濟史，理律依附著臺灣經濟而起伏而波動……。

翻開臺灣的近代經濟史，從開放外人投資到開放金融業、速食業以至於證券業，每一個小點都是臺灣經濟發展的關鍵時刻，而理律法律事務所的客戶群也正是這些關鍵時刻的代表個案：它第一個引進勝家、氰胺等外商；第一個帶進速食業——麥當勞；第一次引入外國證券業——美林證券。這許多的第一次，也更加說明了理律與臺灣經濟發展的緊密關係。」

這是《商業周刊》一九九三年三月十五日的一篇報導，畫龍點睛地描寫了理律與臺灣經濟脈絡的關聯。包括麥當勞帶來的餐飲革命及連鎖管理思維，先施啟動的百貨業升級，以及一九六四年被李國鼎稱為「為臺灣的電子業點火」的美國通用器材來臺投資創設的臺灣電子公司等等。

理律承接的僑外資引進案當然遠不止於此。一來反映當時經濟時空下的需要，並呈現臺灣經濟從農業到製造業，再到服務業的動能流向；二來，也帶來臺灣經濟、文化、環境、社會、教育，乃至政治的極大影響與改變。

每一個故事，都有豐富而精采的脈絡。但限於篇幅難以一一細論，我們就以彙總導覽的簡介，在不同的斷代間，回溯部分里程碑案件。

一、引進世界級三藥廠

在一九六〇年代以前，依當時行政院規定，臺灣藥品製造許可證的頒發應先辦理工廠登記許可，並經檢查合格者，始能申請查驗登記，亦即建廠完成後，經檢查合格才能申請「製藥許可證」。一些外資對此深感困擾，深怕來臺設廠後，可能無法及時領到製藥許可證，甚至領不到，延緩生產線啟動，導致資金鏈周轉形同凍結。因此，多家外資藥廠不斷向政府陳情，促成修訂〈臺灣省製藥工廠設廠標準〉。理律也陸續協助多家世界級藥廠來臺，例如輝瑞、禮來、百靈佳殷格翰。

（一）臺灣輝瑞大藥廠

由全球最大藥廠輝瑞（Pfizer）所投資，一九六二年設立之輝瑞臺灣大藥廠公司，是臺灣第一家百分之百外國私人投資創設的公司，總資本額七十五萬美元，折合新臺幣三千萬元。淡水藥廠占地九千五百三十七平方公尺，廠房建坪一千七百五十九平方公尺，擁有各種新穎的製藥及化驗機器設備，所生產藥品的品質及效能與美國總廠相同。開幕時，時任經濟部長楊繼曾、內政部長連震東、美援會秘書長兼投資小組召集人李國鼎、美國大使館參事高立夫等人先後致詞，咸認輝瑞來臺投資，是對臺灣經濟前途具有信心的一項明證。

在臺灣輝瑞設立以前，往昔臺灣的藥廠大多是「進口原料在臺分裝、供應內銷」。臺灣輝瑞藥廠之成立，讓臺灣製藥業邁入全新的成長階段，也跨入製造西藥原料和新產品之領域。

（二）臺灣禮來大藥廠

一九六七年設立的臺灣禮來藥廠，是由美國禮來大藥廠（Lilly）投資設立的世界第十八個分廠、亞洲的第一個分廠，位於龜山工業區。該廠是當時國內唯一經常保持一定溫度與濕度的製藥工廠——在任何天候之下均自動調節，溫度常在華氏七十六度（約攝氏二十四點四度），相對濕度維持在百分之二十八。因此，藥品的量產品質能保持一致。

（三）臺灣百靈佳殷格翰公司

繼美國藥廠紛紛來臺設廠後，當時的西德百靈佳殷格翰國際公司（Boehrringer Ingelheim Int. Inc.）先於一九七五年在臺成立分公司，在新竹工業區興建符合藥品優良製造規範的製藥工廠於一九八五年啟用，軟、硬體規格完全比照西德總公司要求，引進世界一流製藥技術，為臺灣製藥工業樹立典範。

二、引進外人投資汽車工業

一九七二年福特汽車來臺投資，刺激國內外對臺投資，並帶動我國汽車與零件衛星工業的發展。理律於一九七二年協助美商福特汽車公司投資六和汽車工業公司，製造裝配及銷售各種福特型車輛、引擎、組件及零件。

時任經濟部次長張光世，在核准該案舉行的臨時記者會上表示，這不但可提高國內汽車工業水準，並可帶動我國引擎製造技術達到國際標準，對促使我國汽車工業加速發展，深具意義。

這項投資，是我國一九七一年被迫退出聯合國後的另一宗大額投資，在民營企業投資中，創下我國外人投資金額紀錄，對刺激、吸引往後國內外的投資，意義重大。

一九八五年日產入股裕隆汽車，是外國人直接投資國內股票上市公司、參與經營並引進新高技術，提昇工業水準重要案例。日商日產株式會社（Nissan）投資裕隆汽車製造公司取得百分之二十之現有股份，並於投資獲准後，隨即按出資比例增資擴大產業規模，大幅提升新車型及產品水準。隔年再傳好消息，一九八六年裕隆「飛羚一〇一」上市，成為第一輛國人自行設計開發的新車，為「中華民國裝上自己的輪子」。

本案在當時開創首例。外國人投資我國上市公司取得股票，往昔是依照《華僑及外國人投資證券實施辦法》辦理，其規範重點及對象在於「以短期在市場買進賣出賺取價差之間接投資」為主，而不及於「參與經營之直接投資」。本案即屬於後者，該如何適用法規就產生疑義。

理律向政府陳述重大利弊得失，強調本案旨在參與經營、技術轉移及長期投資，與「短期賺差價」截然不同，經濟部於是專案核准。更因為本案巨量股票須於證券市場上交易完成，財政部於事後制訂《大量股票公開標購辦法》，規範巨額上市股票之購買取得，須以公開標購方式買入，讓一般小股東也得以有相同機會參與公開標購賣出，促使交易更趨於透明，並兼顧市場公開競價的投資特性。

這一模式的突破，也促成一九八六年同樣是「外商參與經營引進新高技術」的指標性投資案——華夏海灣塑膠公司，成功引進澳商投資。

三、在鼓勵外人投資、保護國內產業的兩難間，政府建立「應如何取得平衡」的審核標竿案——一九八三年美商寶鹼投資設立寶僑家品公司

美商寶鹼（Procter & Gamble）公司申請來臺投資兩千萬美元，與南僑公司合作生產香皂等六項日用品一案，在當時掀起各界對外資審議的關注。部分業者認為引進寶鹼公司，有助提升臺灣日用品生產水準；部分業者則認為國內日用品市場已飽和，政府不該再核准外資來臺生產日用品。

就在這時，美國雷根政府宣布一項政策聲明，主張國際投資的自由流通，並表示保留片面行動的權利。其間，美國貿易談判代表布羅克，曾列舉我國採取「百分之五十產出外銷」限制的實例；此事一經外電報導，我政府部門亦跟著緊張。

經理律代表寶鹼與主管機關溝通，歷經八個月折衝，寶鹼同意改變原投資計畫，限定內銷市場占有率，使國內廠商有兩年半緩衝期，而我方政府則同意核准該案，且不限制其外銷比例。

四、打造半導體大國——一九八四年美商摩托羅拉來臺投資設廠

摩托羅拉公司來臺投資四千八百萬美元，設立摩托羅拉電子公司，生產半導體裝置等高科技產品。當時，我國正積極打造半導體大國。

五、外商投資廣告等企管諮詢業先驅案——一九八五年臺灣奧美廣告設立

美商奧美集團（Ogilvy & Mather）鑒於臺灣廣告業務市場蓬勃興起，但離國際化仍有一段距離，決定來臺投資。其購得國內某廣告公司六成股份，本地管理階層持有四成股份。該公司更名奧美廣告，是第一家本外合資經營的廣告公司，執廣告界牛耳，帶動

許多著名國際廣告業者來臺投資設立據點，包括麥肯（McCann Ericson）、智威湯遜、收視率調查業者尼爾森（AC Nielson）等。

六、國際知名音樂品牌投資臺灣，推動華語流行樂國際化——一九九六年華納國際

美國時代華納（Warner）集團中，經營發展音樂產業之事業體美商WEA公司，在我國企業亟欲國際化之際，於一九九〇年代兩度併購取得我國飛碟唱片公司全部股份，深耕臺灣音樂市場，成功推動華語流行音樂國際化。嗣後飛碟更名「華納國際音樂公司」，持續市場領先地位。

有鑒於此，國際大廠EMI科藝百代集團，也隨後來臺投資設立EMI Taiwan科藝百代唱片公司，併購本地獨立唱片公司，以雙品牌經營，帶動國際知名音樂唱片公司來臺投資的熱潮。

七、「技術作價」典型成功範例——一九九七年臺灣神隆案

臺灣神隆（ScinoPharm Taiwan）是國際原料藥生產公司，於一九九七年在臺南

科學園區設立；投資者包括開發基金及統一集團，美國技術團隊不以現金出資，而全以「技術作價」入股取得百分之二十股份。當時法令規定「技術作價上限為百分之二十」，政府嚴審個案，常刪減技術作價比例；由理律承辦的本案合資合約及申請，主管機關同意全額認列百分之二十作價，准予投資。

八、電業自由化改革——民營電廠

基於電業民營化及自由化政策，且為因應臺灣地區電力需求與穩定供電目標，經濟部自一九九五年起，陸續頒布第一階段至第四階段開放民間設立發電廠方案，展開國內電業改革的新頁。

自第一階段開放發電作業要點後，理律即長期協助國內外投資人在臺籌設電廠，包括協助參與電價競比、申請設立、協商專案合約（如購售電合約、銀行聯貸合約、統包合約、營運及維護合約等）；或協助收購多家民營電廠股權，及處理與臺電間購售電合約紛爭及仲裁、訴訟等事宜。包括星能、森霸、星元、國光、新桃、嘉惠等電廠，均為理律客戶。

自二〇〇〇年後，因國內民營發電業者對於電廠興建與營運的經驗已臻成熟，理律協助業者赴海外（如菲律賓）投資設立發電廠，向外擴張我國電業版圖。

九、國際金融集團跨國結盟先例
——二〇〇〇年富邦花旗策略聯盟案

花旗集團與富邦集團於二〇〇〇年五月間宣布策略聯盟。在理律參與下，由花旗出資約新臺幣兩百三十億元，取得富邦旗下的產物保險、證券、銀行、人壽、投信五大公司各百分之十五股權、各一董事席次。

本案創下國際金融集團跨國結盟先例。該策略結盟帶動外資介入國內金融機構之經營，使國內金融機構面臨強大競爭，進而帶來金融版圖的劇烈變動。

此案在當時是臺灣歷來最大的外資單筆投資，也是花旗集團除日本以外，在亞洲地區的最大投資案。同時，做為花旗集團首次在美國境外對保險事業之投資，更是在全球第一次對金融集團的投資案。

十、第一家臺灣公司透過境外控股公司在美國上市
——二〇〇〇年和信超媒體NASDAQ上市案

在臺灣網路事業剛發展時，辜家集團成立之和信超媒體，在理律協助下完成組織改組及股東架構重組，以新加坡籍控股公司的型態於二〇〇〇年在美國NASDAQ上市，股價從IPO價格二十六美元急漲到逾九十一美元，廣受市場矚目。申請在美上市過程中，因涉及臺灣、新加坡及美國法律之遵循及投審會的嚴格審查，必須處理大量高度複雜的法律問題，幸最終如期完成海外上市案。其股價後來在「網路泡沫化」中也劇跌至一美元以下，面臨被迫下市。

從網路產業歷程來看，當年從全球興盛到泡沫化，進而轉型到現在以線上遊戲及網路平臺進行之線上交易，本案極具代表性。

十一、海峽兩岸航空業者首例合資經營航空業
——二〇〇五年華航與海航集團、海南航空合資經營揚子江快運

揚子江快運航空有限公司二〇〇二年於上海成立，經營從上海出發的國際與國內貨運航線，華航欲藉由本案布建兩岸航空貨運市場。

華航、陽明海運及旗下好好國際物流、萬海航運等臺灣企業，共同入股揚子江快運，原股東大陸海航集團取得百分之四十九股權；華航持股百分之二十五，為揚子江快運最大單一外資股東。

十二、整併本土有線電視系統臺，當時亞洲最大併購案
——二〇〇六年安博凱集團收購中嘉網路

中嘉網路（China Network Systems）旗下擁有十家有線電視系統，是臺灣最大的有線電視多系統經營者（MSO）。二〇〇六年十二月，安博凱私募基金（MBK Partners）與摩根史坦利私募基金收購中嘉網路及獨立有線電視系統經營者雙子星等，共十一家有線電視系統，價金逾新臺幣四百億元。安博凱入主後，積極進行有線電視數位化及各項網路基礎建設工程，將臺灣有線電視產業推向另一個里程碑。

理律協助賣方中嘉原股東出售持股。本案完成後，理律的專業獲買主安博凱基金肯認，再獲委任處理中嘉網路事宜。

十三、NCC開放外資經營有線電視的指標案
——二〇〇六年凱雷集團併購東森媒體

東森媒體科技公司係臺灣最大的有線電視系統業者，控有全臺十二家系統。資產規模逾一千七百億美元的私募基金凱雷集團（Carlyle），於二〇〇六年收購東森媒體的股份，進行組織整併，進而取得全部股權。

有線電視業向來受高度管制，營運需遵循較繁雜的法規，且主管機關，即當時剛改制的國家通訊傳播委員會（NCC）對於經營者有較高的審核標準，能夠核准凱雷以外資身分取得東森股份及經營權，具指標意義。

十四、首例私募基金收購我國上市公司
——二〇〇七年橡樹資本公司併購復盛公司

上市公司復盛公司於一九六四年成立，旗下的三大事業部為機械、運動器材及電子事業。其高爾夫球桿頭產能及銷售額居世界第一，壓縮機銷售額居全球前十名，財務健全，營運良好。

管理資產規模逾七百億美元，總部位於洛杉磯的對沖基金橡樹資本（Oaktree

Capital），二〇〇七年向復盛提出收購意向，並依法以公開收購進行。因復盛大股東有意繼續經營，故採管理階層併購（management buy out, MBO）型態。

本案為首例私募基金收購我國上市公司之成功案件，且管理階層併購型態亦為國內首例。理律協助橡樹資本與政府溝通及取得核准，屬公開收購的指標案，帶動後續私募基金收購國內上市公司、協助國內公司拓展海外業務。

十五、二〇〇七年CVC併購億豐工業

上市公司億豐綜合工業公司於一九七四年成立，為臺灣窗簾業龍頭，百葉窗年銷量世界第一。億豐經營團隊看上知名私募基金CVC在歐洲的通路和管理經驗，可以補強億豐「以美國為主戰場」的不足，接受CVC的收購提議，於二〇〇八年完成收購。

十六、首例全球大廠來臺發行TDR
——爾必達來臺募資、終止上市、被併購

時居全球第三大DRAM廠，爾必達存儲器公司（Elpida Memory Inc.）二〇一一年來臺發行臺灣存託憑證（TDR），由理律承辦，為首宗日本企業、首例全球大廠發行TDR。

二〇一二年二月爾必達向東京地方法院申請更生程序，次日從東京證交所終止上市，TDR亦自同年三月終止上市。理律協助爾必達處理「財團法人證券投資人及期貨交易人保護中心」（投保中心）對其求償案件、收購流通在外的TDR並與持有人達成和解，並註銷TDR。

美光科技（Micron）於更生程序中收購爾必達及瑞晶電子公司，理律也參與其中。該案獲臺灣併購與私募股權協會選為二〇一三年度五大最具代表性併購金鑫獎之一；收購完成後，美光躍升為全球第二大DRAM製造商。

十七、被收購的國內第一家上市F股公司——二〇一二年聯發科、晨星合併案

聯發科（MediaTek）、晨星（MStar Semiconductor）為臺灣IC設計的雙巨頭，也是亞洲主要的系統單晶片（SoC）業者；兩公司的研發資源投入重疊性極高。由於面臨國際大廠的挑戰，為整合資源、擴大規模提升經營績效與全球競爭力，二〇一二年決定合併。

交易分兩階段進行，以聯發科為存續公司，晨星為消滅公司。晨星當時在國內上市

僅一年多，是被收購的國內第一家上市F股公司，諸此均增添公開收購的難度。理律在此案中代表晨星。

毛立慧

公司投資部　合夥人

五十年來，理律人在理律成長，也陪伴著客戶成長；理律人在理律圓滿了人生許多重要的里程碑，也陪伴著客戶圓滿了人生或企業的里程碑，而我們還要一起攜手創造更多更多的圓滿。有此榮幸成為理律人，除了感恩，還是感恩。

張雨青

專利日本組　顧問

理律走過半世紀，以法律服務為本，累積了豐厚基礎與影響力。在快速變化的時代裡，我們帶世界走進臺灣，幫臺灣走向世界，並關懷社會。大家庭的每一份子都是理律的礎石，各自在不同的位置協力發揮著支撐的作用。

15 華航轉型──蔣經國的病榻懸念

二〇〇五年，中華航空事業發展基金會（簡稱航發會、華航最大股東）召開臨時董事會修改捐助章程，增列「投資國家重大建設」為目的，並隨即依交通部指示將航發會持有的華航股票設質予銀行，得款新臺幣四十五億元，用以投資臺灣高鐵公司。

陳長文從媒體獲悉後，投書批評此舉「如入無法之境」，並引黎巴嫩文豪紀伯倫的話：「你們樂於立法，更樂於破壞它們。如同海邊玩耍的孩子，不倦地搭建沙塔，再笑著將它們破壞。」認為，航發會違法修改章程，是「法治沙塔又一例，相關單位不應姑息」。

陳長文為何如此嚴肅看待此事？因為一九八八年成立的航發會，他正是推手之一，當時他以法律專業代表身分，出任首屆董事，瞭解航發會的緣起、宗旨與使命。在理律協助草擬的捐助章程中，第二條明揭以「協助中華民國航空事業發展、研究及有關活動之推展」為宗旨。因此，高鐵雖然對臺灣的公共建設意義重大，但投資高鐵，顯然不符航發會設立宗旨。

一九八八年航發會的成立，象徵著中華航空這家一九五九年成立，扮演中華民國空中運輸，乃至外交、軍事任務的老字號航空公司，一次重要的改造轉型。這個故事，要先從華航的成立說起。

中華航空的成立

一九五九年九月華航成立，當時擁有飛機五架，包括兩架PBY水陸兩用機，兩架C-46及一架DC-3。人員都是資深空軍退役軍官，對飛行與機械具有豐富技能和經驗[1]。

在一九四九年國民政府遷臺後、華航成立之前，臺灣的航空運輸幾乎完全仰賴中美合資的「民航空運公司」（Civil Air Transport Inc., CAT），其前身是美國陸軍第十四航空隊司令官陳納德（Claire Lee Chennault）及商人魏豪爾（Whiting Willauer）一九四六年合資成立的「民用航空運輸隊」。該隊隨國民政府來臺，由陳納德經營，不只經營在臺

1 「中華航空公司 今日開始營業」，聯合報，1959-12-16。

灣的國內外航線，也負擔美國中情局在亞洲的情報工作[2]，因此對臺灣而言，有必要成立由國人主導的航空公司。華航成立後，也為臺灣的航空事業加入了競爭的機制。

故總統蔣經國先生當時在「中華」、「華夏」、「中國」三個名稱中，選用了「中華航空公司」註冊[3]。華航除了擔負中華民國民航發展的使命外，也負責金馬前線的支援任務。在越戰期間，華航代行寮國戰地運補工作，並承包越南民主政府及駐越美軍的特種運輸任務。

隨著越戰趨緩與結束，華航更專注於航空本業的經營，並加速開闢各國際航線。但在一九八〇年代，華航開始面臨嚴峻的挑戰。

時任華航董事長的烏鉞，一九八六年召開記者會說明營運狀況，他表示，華航在近六年來，受到國際民航市場長期低迷不振影響，營運呈現虧損，財務結構嚴重不健全。華航財務出現赤字、事故連連，又有貨機駕駛駕機投奔大陸，這些都匯成要求華航改革的巨大壓力。

無論什麼組織，談到改造，總是困難重重。一九五九年華航成立之初，是由幾位退役空軍軍官冒險在寮越戰地擔任運補任務，更有飛機、機組員因此犧牲生命。

到了一九八八年，華航成立近三十年，當年胼手胝足創業的股東許多陸續過世，為了維持股份有限公司的型態，形成了名義（人頭）股東的特殊情況。「烏鉞先生稱那些股東為『老師』，因為他們大多是空軍的前輩，這群『老師』數十年來雖擁有股份，但僅有領取象徵性的車馬費，均未取股利，更不可能將股份據為私有。」陳長文說。「這些前輩本人或他們子女的高風亮節雖然毋庸置疑，然而畢竟法律關係名不符實，不但對國家有所不便，這些個人因為持股而承受了不少稅務等方面的麻煩，再受到輿論的誹議，無一不是困擾，終非長遠之計。」

華航自創始元老到後繼者，憑著對國家、對華航、對使命的忠誠，無一人對於「法律上持股」的利益有任何私念。因此，華航在回應外界時，一再表示「今日華航，實為過去全體員工血汗累積的成果」。

華航轉型的理律四策

在一九四九年國民政府遷臺的歷史背景下，非官非民的組織不只華航一例，幾乎每

2 「華航要飛入尋常百姓間」，楊羽雯，聯合報，1995-10-10。

3 同前注。

一個組織都有國家社會賦與的特殊使命，在那樣的非常時期，也都有許多個人無私地奉獻心力與資源。然而一九八七年中解嚴以後，這些機構面對法治的檢視，往往受到詬病。一九八七年底，當時華航董事長烏鉞代表全體董事拜訪陳長文，請他從法律角度協助研究既能確保華航永續經營，又可提升我國民航事業發展的制度與各種方案。

李永芬協助研議方案，想著如何用最簡單、和諧、尊崇華航既有股東，又一次轉型到位的方式，處理這個歷史長遠、公私牽絆、法律與感情必須兼顧的問題。「我還清楚記得，一九八七年十月十四日，陳先生和幾位同仁出差高雄，我在返程的華航班機上，向他報告以捐助成立財團法人華航基金會的方案構想，陳先生因為法律上能有如此簡潔的可行規劃，對於改變華航結構這個任務感到樂觀。」李永芬說。

陳長文向烏鉞分析了四策。一策是請股東把股票捐回政府，成為國營事業，這與華航期待民營型態、效率經營的方向不合；二策是請政府另指派新的股東接續，也不能解決問題；三策是股東出售股票，成為一般的民營航空公司；四策就是股東們捐出股份，成立「財團法人中華航空事業發展基金會」。

為維持退役空軍當初創辦華航不謀私利的優良傳統，陳長文傾向建議烏鉞先生等股東把將近四十億元的股份悉數捐出，向交通部申請設立「中華航空事業發展基金」，改以公益的財團法人做為華航的股東，華航仍維持股份有限公司的經營型態。如此一來，將來公司經營良窳、盈虧，華航經營者必須向「大股東」——基金會負責，基金會有權隨時撤換經營團隊，營運效率將因而提高。

烏鉞聽完陳長文的分析，心中已然有數。便將股東捐股成立「中華航空事業發展基金」的第四策，透過當時蔣經國總統辦公室主任王家驊轉達，請經國先生裁示。是時經國先生已經臥病，但仍關心當年他選名的華航發展，據烏鉞先生告知，經國先生同意了這個規劃。經國先生裁示後未久，於一九八八年一月十三日病逝。

另類的「轉型正義」

接下來，烏鉞請陳長文及理律準備具體的步驟。一九八八年二月十七日，華航股東齊聚一堂，不少自國外專程回國，召開捐助人會議，每一位股東為了發展中華航空事業的理想，無條件悉數捐出自己的股份成立財團法人[4]，將監督管理權交給社會。

陳長文對那一幕情境深為感動，至今仍印象深刻。近四十億元新臺幣的股份他們毫

4 「華航正名錦囊妙計 中華航空史 關鍵的時刻 成立基金會 股票不上市」，聯合報，1988-03-30。

無眷戀，「他們大多是一群空軍老將官，心中想的是怎麼樣對國家最好、對華航最好。他們是一群高貴的人。」陳長文說。

陳長文特別推崇當時華航董事長烏鉞的使命感與宏觀視見：「這位空軍老將軍展現了軍人的風骨與志節，令人敬佩！」時任交通部主任秘書的毛治國告訴陳長文，當他獲悉烏鉞等二十七位股東的決定時，當時的感覺是「他們大可找理由不必這樣做，但他們做了。這群前輩的情操和行止非常noble。」

嗣後交通部正式核准華航全體股東，以捐出華航股票方式設立「財團法人中華航空事業發展基金會」，由前總統府參軍長汪敬煦擔任董事長，受聘為基金會董事的包括中央銀行副總裁郭婉容、前農民銀行董事長林運祥、前民航局長劉德敏、臺大管理學院院長許士軍、成大航空太空研究所所長趙繼昌、律師陳長文，以及華航時任董事長烏鉞、總經理戚榮春，前副審計長汪成偉為監察人[5]。

這個藉著捐助成立財團法人而讓非官非民的機構轉型的模式，後來出現類似例子。例如一九九五年後，立法院陸續通過《中央通訊社設置條例》、《財團法人中央廣播電臺設置條例》，將國民黨於一九二〇年代的訓政時期創立，在內憂外患中向國際發聲，奠基中華民國新聞事業的中央社與中廣，透過「財團法人化」轉型為全民的國家公共媒體。對於那個年代背負著特殊使命的半官方組織而言，可以說是完成了「轉型正義」。

5 「華航組織經營大變革 今將成立事業基金會」，聯合報，1988-07-08。

周麗珠

訴訟及爭端處理部　資深顧問

達賴喇嘛名言：「根基堅強的大樹，才能夠抵擋狂風暴雨，但是大樹的根不是狂風暴雨來臨時才長出來。」五十年來，經由經驗傳承、同仁工作上吸收新知精進，讓理律日漸茁壯、根基堅強，得以迅速、正確處理客戶交辦事務，贏得客戶信賴。

王淑靜

專利暨科技部　顧問

我們皆以理法律身，衷心關懷世界、服務人群，追求一個更臻和諧、美滿的卓越社會。半世紀來，稍具成果，且賡續前行的腳步不曾停歇，唯一不變的是，薪火相傳以關懷和服務為本質，那永遠追求卓越的初心。

16 公平交易——超國界法的震撼教育

你還記得，什麼時候，製造商在商品上標示的「定價」改為「建議售價」呢？〈迎接公交法，各行各業上緊發條〉、〈因應公交法，統一售價宜改為建議售價，電腦業紛調整經銷合約〉、〈公交法實施影響，連鎖店購物也得貨比三家。原則不能『統一定價』，超商將出現『一物多價』情形，不吃虧就多跑幾家〉……這是《公平交易法》施行前的媒體報導。

歷經十年研擬草案，《公平交易法》一九九一年三讀完成立法，由於範圍廣、立法詳盡嚴格，勢必衝擊既有的商業行為模式，影響遍及各行業。隔年二月四日施行，留一年緩衝期讓產業調適；法案更為國營企業保留五年緩衝期。劉紹樑律師在施行前更預言「若能確實執行，將對我國產業造成革命性的衝擊」[1]。

經濟自由化，誕生公平法

這部市場競爭的基本法，被一些學者定位是「經濟憲法」，反映當時經濟環境與產業結構需求，涵括了反托拉斯的限制競爭行為（如獨占、事業結合規範、聯合行為、垂直限制競爭等）及不公平競爭行為（如仿冒、廣告不實、損害他人信譽、欺罔或顯失公平行為等）等規範。從中，也映照了臺灣的市場經濟發展進程。

一來，早期政府多採取公營事業與經濟管制政策，難謂真正的自由經濟。不過自一九七〇年代國家經濟起飛，轉型為現代工商業社會結構的同時，為呼應市場自由化聲浪，政府逐漸「抽手」，縮小介入私經濟活動範圍，逐步解除管制，把經濟發展交給「那隻看不見的手」回歸市場機制。步上現代化自由經濟社會的轉型之路後，政府漸漸意識到對新興問題的立法需求，以創造公平安全、透明競爭、有效率的經濟環境。

二來，各國貿易談判中，相互「開放市場」的同時，除了關稅等壁壘之外，還可能有各國不同的市場特性與不公平環境。經貿是臺灣的生命線，為了接軌國際主要市場，為了加入WTO，必須先調整經貿法制及市場新秩序。在經濟全球化急速發展下，國內外經濟環境丕變，我國產業亦快速轉型，高科技產業在全球市場占一席之地。產業發展帶來的事業經營策略改變，市場競爭比以往更多元且複雜，故我國競爭政策亦必須與時俱進，將外人投資、國際貿易、智慧財產等領域納入考量。《公平交易法》施行後也多次修法，以因應國內外經濟環境快速轉變。

一項重大影響是「價格」競爭白熱化，大幅改變「通路商」與「製造商」、「消費者」的關係。從一九四七年施行《獨占禁止法》、一九九一年從嚴取締的日本經驗來看，過去由生產廠家主導的價格，被迫改變定價方式，必須加入市場競爭者、消費者利益等層面的考慮。以低價吸引客戶的大型零售業者、量販店，也將面臨出貨調整、重訂價格的壓力，不再能獨斷定價，「一物多價」成為市場常態[2]。臺灣近二十年的變化也與日本經驗相近，尤其網路電子商務交易普及，更加劇變化。

公平法下的事業結合

維護市場公平競爭，源頭管理的其中之一，是管制「事業結合」，可避免市場出現獨占、寡頭。

1 「公交法不周延 施行易惹紛爭」，經濟日報，1991-05-22。

2 「日本市場愈來愈講究『公平』」，經濟日報／經濟雜誌週刊，1991-07-28。

面對全球化的競爭挑戰，併購、結盟常是臺灣中小企業的選項。為了回應當時活絡的企業併購需求，幫「重視時效」的併購減少障礙，理律也參與建言簡化程序，《公平交易法》二〇〇二年修正以配合「企業併購三法」修正改革，從「事前申請許可制度」改採「事前申報異議制」，大幅提昇效率、縮短時間。

在此新舊法法令轉換及過渡期間，伴隨著企業併購活動的日趨熱絡（尤其電信業），理律協助客戶處理併購案件時，也積極協辦《公平交易法》事業結合申報。其中有幾件事業結合案件，反映當時國內經濟及產業結構的變遷。

（二）二〇〇一年，怡星有線電視公司結合案

有線電視系統經營者，當時因受限於法定經營區域的限制，無法跨區經營，面臨難以擴大經濟規模的發展瓶頸，遂開始規劃集團組織改造，重組成立「多系統經營者」（MSO）之跨經營區域整合系統經營模式，期擴大經濟規模、降低成本。然而，業者於二〇〇〇年第一次申請遭公平會駁回。當時公平會總共核准逾五千件結合申請案，僅駁回了三件，都與有線電視產業有關。不過，在政府檢討有線電視產業政策後，理律協助怡星重提申請，於隔年獲公平會許可。

（二）二〇〇二年，玫瑰唱片、大眾唱片結合案

由於兩家唱片零售通路商結合後，市占率將逾百分之五十、取得獨占地位，屬於嚴格審查案件。但公平會認為，國內尚有多家連鎖唱片行、連鎖書店、量販店及便利商店等通路，本案不致於壟斷市場而同意核准。這其實反映當時音樂數位化、網路快速傳播衝擊下，傳統唱片通路面臨嚴峻考驗，不得不整合因應，本結合案其實是「事業求生存」所不得不然的轉型。

（三）二〇〇三年，遠傳、和信電訊結合案

本案規模大而深受矚目，因為併購架構的複雜性而成為併購實務經典案例，在《公平交易法》結合管制實務上也具重要意義。

提出結合申報當時，遠傳市占率約百分之十七點一，和信約百分之十四點一，分居當時國內六家業者的三、四位，結合後估計市占率將達百分之三十一點二，勢必使我國電信市場更趨集中，易形成少數集團寡占的市場結構，恐非競爭法主管機關所樂見。

有鑑於此，理律協助客戶延聘產業經濟學者出具專家意見，以競爭法界慣用之赫氏指數（HHI）分析各主要國家的電信市場集中狀況；發現本結合案雖會增加市場集中度，但相較於其他主要國家仍屬可容許之範圍。最終，公平會同意這項分析意見，決定核准；因為兩事業結合後市占率，仍低於臺灣大哥大及中華電信，且會將電信市場「兩大兩小」的不均分布，修正為「三家均等」平衡態勢，更有助於電信市場的效能競爭，故決定通過本件結合案。

從這些案例，都可看見產業政策、競爭分析之間的密切關連。

「想像不到的大災難」

《公平交易法》固然對國內市場帶來革命性影響，但實際上，臺灣多數企業，長期來對公平交易法的範疇及內容不甚清楚，尤其是聯合行為的禁制規定，也未投注應有的注意在公平法的法令遵循。直到我國「兩兆雙星」主力產業DRAM廠、LCD面板廠遭多國反托拉斯法主管機關調查，其中LCD案更是一堂舉國震撼教育的法律課。

「不論是LCD案或更早的DRAM案，雖然是美國司法部的調查及美國當地訴訟案件，但理律團隊都曾經在許多不同階段協助客戶處理。而這兩個反托拉斯法案件也分別對全球DRAM產業及LCD產業造成致命且難以回復的影響。」二〇〇〇年加入理律的吳志光說。

對LCD的這場調查開始於二〇〇六年十二月，美國、歐盟、日本、韓國的競爭法主管機關，先後向韓國三星、LG、日本夏普、NEC，以及臺灣的華映、奇美、友達及彩晶等共八家業者進行反托拉斯法調查。於美國司法部調查過程中，各面板業者意識到價格壟斷行為可能被判罰款和刑罰之嚴重性，自二〇〇八年十一月起，除友達之外的涉案業者陸續與美國認罪協商，不僅承擔巨額罰款，多位高階經理人更須赴美入監服刑，重創我面板業。

二〇一〇年四月，臺灣面板業第二大、全球第四大，有「幸福企業」美譽的奇美，六十一歲的前副董事長何昭陽與美方達成認罪協商，將入監服刑十四個月，消息震撼臺灣企業界。同年五月，理律、美國律師及何昭陽合開研討會，與社會分析這昂貴的一課。

「真是想像不到的大災難。我們忽略了國外的遊戲規則，結果產生意想不到的後果。」何昭陽眼眶泛紅的提醒與會者，他幾十年來把精力放在技術、經營和擴廠，不清楚美國《反托拉斯法》是怎麼回事，公司法務對美國法律重視的也是智慧財產權，沒注意到產品銷往美國市場竟會觸犯《反托拉斯法》。「臺灣的競爭力要建立在安全的法網之下，基礎才會扎實。」他呼籲業界和政府，必須重視「市場全球化」之下的法律問題[3]。

服刑一年返臺後，何昭陽提醒政府與業界要轉換思維，「東方人與西方人在做生意時，有不同的文化、環境以及習慣」，加上臺灣人不熟悉《反托拉斯法》，才無意中觸犯美國法。「現在是一個全球化的世界，臺灣在全球的產業中扮演著重要的地位與角色，臺灣的企業要改變思維、記取教訓，加強公司治理，不能再把自己當成是小公司，或是只當成品牌供應鏈的一環而已。」他建議企業自我提升至國際水準，在法律層面「過去多專注在智慧財產權的取得」很顯然是不足的，「應該要加強更多專業的法律素養」，包括國際法、商業法；並建議政府從「大學教育」加強學生法律素養，而公司治理也需從教育訓練著手[4]。陳長文律師在講授〈財經法律與企業經營〉課程時，十分肯定何副董事長以親身經歷對臺灣企業的警語。

「自LCD案後，競爭法已不再能從單純『國內』公平交易法予以理解，而必須以『超越國界的』競爭法規範來落實法令遵循作業。因為，為了嚴厲打擊國際卡特爾，各國競爭法主管機關莫不積極執行『競爭者間聯合行為』禁制規範，從積極採用寬恕政策、採行跨國合作同步搜索，到各國主管機關交換情報資訊等，企業必須具有國際性競爭法遵循的宏觀視野，才能真正達成法令遵循的目的。」吳志光說。

在LCD案震撼後，各國莫不積極查察非法聯合行為。我國公平會亦然，先後做成工業用紙案、連鎖便利商店現煮咖啡案、鮮奶案、光碟機案、民營電廠案等聯合行為裁罰案件；《公平交易法》自二〇一一年來數次修正，不僅提高罰鍰金額、引進寬恕政策，更明文允許以間接證據推論合意、設立基金及檢舉獎金等，更積極地執行查察聯合行為。

然而，公平會的上述裁罰案例，在實務上也引發不小爭議，尤其是採用「間接證據」推論「競爭者間合意」，被批評與OECD等國際競爭法的潮流背向而馳。吳志光提醒「不能忽略經濟理性，以免讓《公平交易法》反而成為扭曲市場效能競爭的『那一隻手』。」

全球案件在地化的挑戰

理律承辦的競爭法案件大多有涉外因素，常與外國律師跨國辦案，也獲國際肯定。例如多年來獲競爭法期刊 *Global Competition Review* 選為全球優秀競爭法事務所（GCR

3 「奇美電前總經理赴美坐牢前獨家告白 坐牢！何昭陽：真是想像不到的大災難」，財訊雙週刊，2010-05-12。

4 「何昭陽：東西文化大不同 臺廠不能再輕忽托拉斯議題」，電子時報，2011-08-29。

100），二〇一三年起獲推薦為臺灣的「菁英事務所」（Elite Law Firm），二〇一二年起，吳志光及陳民強等先後被列為全球知名競爭法律師[5]。

各國的競爭法基本原則雖大致相同，案件的競爭分析仍需依照當地市場狀況而有不同考量，甚至各國的執法方向有時也受該國產業或政治政策影響。是以「全球案件的在地化」——規劃同時符合客戶跨國發展策略與我國競爭法規之商業模式，是理律面對的挑戰。

---

5 由英國Law Business Research Ltd發行的國際知名法律刊物Who's Who Legal（有譯《法律名人榜》）的 The International Who's Who of Competition Lawyers & Economists所選列。

吳志光

公司投資部　合夥人

有幸參與理律十五年！參與企併法研究，體驗臺灣企業併購蓬勃發展，也目睹金融風暴後市場一片寂靜。隨陳長文先生赴北京授課多年，感受大陸經濟急速發展，更體認臺灣經濟日趨邊緣化。政治、社會、經濟不斷改變，不變的是，身為理律人的信仰與驕傲，以關懷為樂、以服務為榮、以追求卓越為己任！

林耀琳

新竹事務所　顧問

美國知名作家愛默生說：「有史以來，沒有任何一項偉大的事業不是因為熱忱而成功的」。走過半世紀的理律，因著一群肩負社會責任使命感的團隊而巍然屹立，對法律志業、栽培後進、深耕法學教育的熱忱滿盈，理律是因社會而成就。

17 築堤的人——全球經貿的法律海嘯

「一九八〇年代，加拿大、歐盟及美國等對臺灣及中國大陸的自行車業，進行反傾銷調查案。後來歐、美對大陸課予反傾銷重稅，慶幸臺灣不僅守住，且保有歐洲零稅率待遇，加上臺灣廠商不斷提升技術品質，才有今天根留臺灣。若當時沒守住，產業鏈幾乎將被迫全部出走。」二〇〇二年加入理律的林鳳律師，慶幸當時范鮫與理律前輩成功守住。那一波國貿法律海嘯襲向中臺灣，差點讓臺灣的驕傲產業滅頂外移。

這個故事留下了一個啟示：廠商努力投入創意、研發、應變固然相當重要，但法律的海嘯襲來卻沒有相應的充分準備，這些努力可能被消融打散。例如，臺灣原來極有優勢的手提包、屋頂釘產業等等，都在反傾銷大浪的壓力下，因此外移或衰弱。

國際貿易法與其他法律專業領域相較，是一相當特別的領域，因為不僅是國內法，同時也屬於國際法的一部分。受國貿法直接拘束的雖然是國家或政府，但由於規範內容非常廣泛，從關稅到非關稅貿易障礙、從貨品貿易到服務貿易，都深入到各國的經貿政策，因此，各種產業及廠商，乃至於數以百萬計的人口，都受到國貿法影響。相關案件，本質上為超國界、跨領域的案件，更充滿了挑戰性。

「這不知是否另一種臺灣的驕傲？據WTO統計，自一九九五年起迄二〇一四年六月底止，以目前各國使用最頻繁的反傾銷控訴調查為例，案件量被告的前三名是中國大陸、韓國、臺灣。但臺灣是一個相對小的經濟量體，如果我們產業出口或競爭力不強，是不會被告的。而國際貿易向來是我國經濟動脈，尤其可看到，貿易救濟制度，對我國出口、及經濟暨整體產業發展，角色極為重要。」林鳳說。

不過，臺灣也有當原告的時候。目前臺灣對進口品課徵反傾銷稅的五個案件中，有兩件就是林鳳律師經手的，包括二〇一一年我財政部向大陸卜特蘭水泥課徵百分之九十一點五八反傾銷稅、二〇一三年臺灣向中國大陸及南韓的不鏽鋼產品課徵百分之二十點一八至三十八點一一的反傾銷稅。

當國際景氣趨緩，法律服務市場理當隨之減少，但貿易救濟案件卻逆勢增長。主因是全球貿易競爭不斷擴大，而隨著各國經濟成長趨緩，加上區域經濟整合加劇了貿易競爭等因素，餅變小了，各國產品受到更大的市場競爭壓力，導致我國政府及廠商面臨愈來愈多的貿易救濟調查案件，進而嚴重衝擊我國出口貿易。

理律是國內少數有專業律師協助我國政府及廠商，處理貿易救濟調查案件之律師事務所之一，自一九八〇年代即承接此類案件，例如一九八一年、一九八五年、一九八九年陸續加入理律的吳綏宇、王仲、范鮫等多位律師都曾參與。為因應此類案件大增，在理律成立五十週年的二〇一五年，設置了國際貿易法案件的專業PG（practice group），希望能培養更多國貿法專業律師，以因應我國的專業需求。

而這看起來只是理律內部的業務調整，其反映的是國貿環境的大變遷。這要從國貿法體系的三大支柱談起。

國貿法體系的三大支柱

國際貨幣基金組織（IMF）、世界銀行（World Bank）、世界貿易組織（WTO），構成國際經貿規範的三大支柱，對於開發中國家的發展、國際貨幣金融制度、貿易自由化以及國際經貿治理，影響深遠。

二次大戰結束後，各國體會到更緊密的經濟整合及貿易合作，將能有效處理二戰後的國際經濟問題，也能避免戰爭、促進和平，遂於一九四四年召開布列敦森林會議，建立了掌管國際貨幣制度的「國際貨幣基金」（International Monetary Fund, IMF），以及職司國際借貸與國家發展的「國際復興開發銀行」（與其附屬組織合稱世界銀行，World Bank）。聯合國於一九四五年成立後，經濟社會理事會也逐漸展開多邊貿易談判協商，隔年決議成立「國際貿易組織」（International Trade Organization, ITO）。雖然ITO終因美國國會拒絕批准而宣告失敗，但是仍留下了一九四七年簽署通過的《關稅暨貿易總協定》（General Agreement on Tariffs and Trade, GATT）促進貿易自由化，成為往後四十七年間，主導貿易回合談判及國際經貿事務的主要國際規範。

直到世界貿易組織（World Trade Organization，WTO）於一九九五年成立、整併了GATT，國際經貿規範的密度及範圍更趨細緻完整，促使經濟全球化下的貨品、服務與人員的流動，得以在「不歧視原則」（non-discrimination）的基本精神下展開，並推廣「公平貿易」（fair trade）的市場規則、強化「爭端解決機制」（dispute settlement mechanism），使多邊貿易體系不僅持續在貿易自由化的進程中進展，更使國際經貿的發展進一步朝向法治化，逐漸擺脱國力決定一切的限制。

在這樣的背景下，各國政府不可避免地，可能經常要面臨國際貿易的爭訟，廠商亦可能經常遭受國外政府調查，而此調查及後續的爭端解決裁判結果，都使國際貿易法的執行、解釋與適用，至關重要。

貿易救濟三類型

「貿易救濟制度」（trade remedies）在爭端解決中占極重要角色，主要是為了維護跨國貿易的公平、減少干預，包含了三類型：「補貼暨平衡稅」（subsidies and countervailing duty）、「反傾銷」（anti-dumping）、以及「防衛措施」（safeguard measures）。補貼是指政府透過財務提供，使特定的廠商或產業受有利益，進而使這些被補貼的廠商或產業在國外的相關市場中具有不應有的市場競爭優勢地位。傾銷則是指廠商透過國內銷售價格與出口價格彼此落差的價格歧視行為，使出口產品在國外市場中因低廉的價格取得競爭優勢。補貼及傾銷皆因為扭曲國際貿易並造成其他會員國產業的損害，而被視為「不公平貿易行為」（unfair trade），進而使受到損害的進口國政府，得於被補貼的產品進口時，課徵平衡稅；或於傾銷的產品進口時，課徵反傾銷稅。反之，防衛措施則是在公平貿易（fair trade）的情況下，因不可預期的發展或大量出口造成進口國之產業受到嚴重損害時，賦予受損害之進口國政府的安全閥措施，使其得採取防衛措施，例如特別關稅、數量限制、關稅配額等方式，以保護國內產業。

參與臺灣加入WTO談判

會員國為履行前述規範，亦需制訂國內法規則，以符合協定的要求；我國原是GATT成員，理律在這方面也參與不少。

例如，自一九九〇年代起，理律即協助經濟部工業局參與WTO入會談判，包括通盤檢視《促進產業升級條例》等許多可能涉及「補貼」的政策及法規，並協助工業局研究在政府採購領域，主要法律如何保護國內產業，例如參考日本、歐洲、美國政府優先採購本國產品的規定，俾納入我國《政府採購法》，做為臺灣爭取加入WTO架構下《政府採購協定》的準備工作。

「我曾數次陪政府代表團參與國際談判，在那過程中，我們為了要爭取加入WTO，付出很大的努力，跨部會要做非常多協調，才能在二〇〇二年順利入會。」范鮫回憶。

骨牌效應，退無可退

不過，無論是GATT或是WTO，嚴格禁止各國以出口表現為條件提供出口補貼以及進口替代措施，卻「不完全禁止」不公平貿易行為，因此造就相當多關於不公平貿易行為的貿易爭端，例如反傾銷及反補貼調查。此外，由於防衛措施是在公平貿易的情況下，增加WTO會員的出口成本，措施實施前應行的調查以及應符合的程序相當繁雜，因此也經常引發貿易爭端。

貿易爭端中，反補貼、反傾銷及防衛措施的調查，都是針對出口國國內生產及銷售被調查產品的所有廠商，而非針對單一廠商，所以一個貿易救濟案件，不僅影響單一公司，也將影響整個出口國產業的興衰與沒落。如果又是國家的重要產業，則該調查案更將可能嚴重影響該國總體經濟。例如，美國近年來陸續對兩岸太陽能產品進行反傾銷及反補貼調查，理律並未受託處理該案，但很遺憾臺灣被美國課徵了反傾銷稅，廠商被迫紛紛尋求至第三國設廠，影響了我國綠能產業的發展規劃。

在全球供應鏈分工下，有些臺商會想，若臺灣某個產業被他國課反傾銷稅之後，既然是看「產地」來課稅，應變之道就是結束在臺灣的營業，遷廠到大陸、印尼繼續出貨，就不受反傾銷或反補貼的影響。但事實上不然，不能不認真因應每一次反傾銷的指控調查。

「因為你把同樣的經營模式放到另一國，不出三年就將引來原告提出新的控訴調查，有遞延效果、猶如『骨牌效應』，同樣的原告、同樣的產品先對中國大陸、臺灣，可能接下來是馬來西亞、印尼、越南，其實都影響到臺商。所以外國製造商非常清楚這一點，如果這一次不因應，恐怕將失去一個市場，輸掉一個致勝點的戰場，最後可能退無可退。」范鮫語重心長地說。而且，只要特定產業出口居世界領先地位，很可能是一波又一波持續性的防衛戰，不會因為擋住了這次海嘯，下一波就不會再來。

不過，「被告」也有正面效應。「公司明明賺錢，何以會被質疑傾銷？」為了辯護，迫使被告企業在調查過程中，重新自我檢視出口定價策略、成本結構，有些臺廠就在案件過程中，發現了自己的策略死角而進行修正，反而強化了產業體質。

國貿律師的執業挑戰

國內專業與經驗兼備的國際貿易法案件律師之所以並不普遍，是因為與一般法律案件相較，國貿法律師面臨一些特別的挑戰：首先，貿易救濟案件面對的調查機關及應適用的法令，不是臺灣的政府及法令，而是調查案件國家（即進口國）政府、其國內規定及WTO協定，因此，對臺灣律師來說，需要熟悉WTO協定等國際經貿法，亦須瞭解各國相關法規與調查程序等規定。

其次，在貿易救濟案件中，關於補貼的項目與金額計算、傾銷事實之認定與傾銷差額之計算，及進口國國內生產類似產品（Like Product）之產業是否受到進口品實質損害，或嚴重損害等要件的認定等，需同時具備財務、會計、經濟等不同領域的專業知識。這對於一向對文字相當敏感，卻較不擅長處理數字或經濟分析的律師而言，無疑構成極大的進入障礙。例如，首次處理國際貿易法案件的律師，通常面臨到的困難是，因為欠缺國際經貿法、財務、會計及經濟學專業知識，而完全聽不懂客戶提出的問題，並很快萌生退意。

再者，每一個調查案件及其調查結果，可能影響整個公司或部分生產線員工的生計，因為調查結果若不理想，公司可能必須減產、關廠或遷廠至第三國。因此，承辦律師所承受壓力，遠遠大於訴訟案或併購案。

「傾銷調查的巨大壓力在於：傾銷稅率一旦課徵之後，這個市場你根本進不去，就算幾年後沉冤得雪，可是你的合作夥伴都已跟別人合作，也不會再回頭了。這是不可逆的過程。有時候承辦案件，企業老闆和高階主管，都對員工及律師施加很大的心理壓力，握著你的手說『這件就靠你了，拜託！』」雙修會計、法律，二〇一三年加入理律的陳敬宏律師說。

例如二〇〇九年至二〇一〇年間，美國對臺灣及中國大陸的窄幅織帶進行反傾銷調查案，該產品的美國市場就占全球總消費量逾八成，理律代表國內廠商後，瞭解其若遭課徵高額反傾銷稅，只能被迫遷廠到第三國，感受到肩上重擔是一整個臺灣產業，及數百名員工及其家庭的壓力。所幸理律為客戶爭取到零稅率，但中國大陸卻遭美國課徵極高的反傾銷稅，因此，臺灣客戶不僅不需裁員關廠，還接收了原屬於中國大陸的訂單。

理律代理的另個案例，為螺絲產業，一直以來臺灣是全球最大的螺絲產品出口國，臺灣跟中國大陸一起被告，幸好臺灣被課徵很低的稅率，讓螺絲產業鏈及衛星工廠都在南臺灣留下來。

林鳳說，辦案過程中，難免覺得要扛下一家公司甚或整個產業的生存，壓力很大，但也獲得很大的成就感；深度瞭解客戶所屬產業，很容易與客戶形成一種類似戰友的夥伴關係，並學習到各國律師的優點強項。「法律人難免有些天真爛漫，希望能幫助需要幫助的人。多數來委託的客戶，如果沒有人幫忙辦案，可能連公司存續都出問題，所以，你真的覺得在幫助人。一家公司背後也許數十個員工家庭和一條產業鏈，想到這，就會支撐你，再辛苦都要把案件走下去。」

涂榆政

臺中事務所　合夥人

專業、效率及全方位的法律服務，是理律人對客戶的承諾、努力的信念。有幸成為理律大家庭一員，分享了理律成長過程所經歷的一切，見證了臺灣社會的蛻變成長，充滿了幸福與感恩。一句生日快樂，讓我們期待理律下一個精彩的五十年！

林鳳

公司投資部　初級合夥人

理律，國內最「大」的事務所，不僅在規模，更在其豐富、多元的專業與經驗。在此，總有「已辦過類似案件」的同事不吝分享經驗，讓我們具備提供客戶可靠建議的自信；更不乏「同中求異」的創新案件，讓我們享有挑戰未知及不斷精進的機會。

18 跨國稅務——全球化時代法律服務的新重點

集政治家、發明家、外交家諸多精采生涯的富蘭克林（Benjamin Franklin），除了他廣為人知的發明——避雷針——外，還有一句常被稅務研究者引用的名言：「世上只有兩件事你躲不過，那就是死亡和納稅。」（In this world nothing can be said to be certain, except death and taxes.）傳神道出了人類社會在開始有政府組織後，稅在人們生活裡扮演的重要角色。

稅不只重要，也非常複雜。以前常有一句調侃的話：「中華民國萬萬稅。」這除了是老百姓對稅賦負擔吐的苦水外，說的也是稅的複雜性。

然而，過去稅的發生場域，比較集中在內國領域，局限在內國的稅已經夠複雜且讓人頭痛了。時至今日，跨國越境的稅務問題，對許多人與企業來說，更讓這樣的複雜性，絞成了糾結難解的亂麻。全球化時代日新月異的商業活動，帶來超越國境複雜萬端的稅務問題，如何提供超國界、跨領域複雜的稅務法律服務，就成為現代法律事務所重要的課題。

從我國早期法令藉用優惠稅負吸引僑外投資，建構資本市場的年代，理律對稅務已有相當專業經驗，也常受政府邀請提供法案建言。有鑒於全球化挑戰，理律更於一九九〇年代後期積極延攬對內國跨國稅務學有專精的律師、會計師加入團隊，並正式成立理律的稅務專業群組，提供全方位的稅務法律服務。多年來協助客戶處理稅務行政救濟、一般稅務諮詢、併購稅務諮詢、優惠稅率申請、及移轉訂價分析等案件，頗獲好評。自二〇〇六年起，迭經國際稅務雜誌 *International Tax Review* 評選為臺灣最佳稅務事務所，二〇〇九年再獲 *Tax Directors Handbook* 評選為臺灣第一級稅務法律事務所。

理律對內部稅務專業團隊成員的要求，不僅要扎實的具備處理租稅問題所需各種稅法、行政法、民商法、會計、財務等專業知識，更要熟悉國際投資、併購、金融商品、技術授權、減免獎勵、移轉訂價與行政救濟爭訟等實務領域的發展脈動。

由於累積了豐富經驗，政府相關部會經常邀請理律參與重大稅法草案的研究及擬訂，諸多里程碑案件舉其要者例如：

一、參與制定《企業併購法》租稅專章

二〇〇一年理律受行政院經建會專案委託，就我國當時併購交易所遭遇的種種法規限制，研究相關法規所存在的各種障礙，並提出《企業併購法》草案。理律的稅務專業團隊即負責其中租稅專章的研究工作。除主要參酌美國內地稅法對於不同併購型態所訂定的租稅效果，以及其他國家的相關稅法規定，並考量我國稅法特有的證券交易所得免稅等問題，秉持租稅中立原則，排除租稅制度對企業併購之不當干擾，促成《企業併購法》租稅專章的立法。

二、參與研議最低稅負制

二〇〇五年時任財政部長林全，有感於我國相關稅法存在已久的種種稅制不公平，使得許多高所得者可以合法僅有極低稅負，甚至完全無需繳稅，乃成立「賦稅政策及法令諮詢委員會」積極研議修法或訂定新法，以期漸進導正。理律有幸成為國內受聘為該委員會諮詢委員的唯一法律事務所，由林恆鋒律師代表出席，與稅法權威學者、四大會計師事務所等諮詢委員，在幾個月內密集研議出《所得基本稅額條例》（即「最低稅負制」）所有條文的基本草案，理律也多次獲邀提供條文文字建議。二〇〇五年十二月完

成立法，理律獲財政部頒發財政獎章。

三、企業盈虧互抵年限修法，由五年延長為十年

依照我國舊《所得稅法》第三十九條之規定，營利事業盈虧互抵年限僅有五年。此一法規自一九八九年底修正以來，期間經過多次產業轉型，早已不合時宜。尤其對於許多營運初期需投入大量資本或研發成本，而在帳上產生巨額虧損，須等待長期經營後才能獲利之特定產業（如高科技業、網路、醫藥及保險等產業），礙於舊法年限規定，造成虧損無法扣除的不合理情況。這在全球金融海嘯後，對於當時受到影響而力求復甦的產業尤為莫大阻礙，也與國際潮流脫節，影響外資投資意願。

在實務第一線的理律稅務團隊，對這一規定的不合理深有所感，因此全程參與二〇〇八年《所得稅法》第三十九條修正案。理律除研擬草案外，也赴公聽會提供意見，促成年限由五年延長至十年，強化我國企業競爭力，優化投資環境。

四、獲選首屆臺灣年度最佳稅法判決

臺灣大學法律學院財稅法學研究中心與資誠教育基金會，於二〇一二年舉辦首屆

「臺灣年度最佳稅法判決評選」，由前財政部部長、稅法教授及稅法律師組成評審委員會，期許透過評選對納稅義務人權利、稅務行政救濟程序等，具有開創性意義及影響力的稅法判決，正面催化臺灣的稅法環境。

其中，由理律代表客戶提出爭訟的最高行政法院一〇〇年度判字第二二五四號判決，獲選為首例年度最佳稅法判決。理律稅務團隊於訴訟中所提法律意見，精闢而有創見，經法院採為判決理由，得到評委會青睞。

評委會肯定本件判決重要貢獻包括：指出原判決的九點缺失及判決理由之矛盾，例如只採認不利事實而罔顧有利事實等，對督促提升稅法判決品質的意義重大；釐清逃稅與避稅的區別，具高度開創性，澄清了長久來的稅法疑義；展現出「稅法為憲法的具體化」之意義，落實保障納稅義務人權利等，為稅法及司法改革的標竿判決。

五、參與經濟部九十三年度我國產業之租稅金融政策專案計畫

在一九八〇、九〇年代，製造業一向是支撐臺灣經濟發展的主要動能，不過進入二〇〇〇年後，臺灣產業的發展遭遇鄰近國家及區域的嚴厲挑戰，致產業外移、失業率攀升。

由於《促進產業升級條例》將於二〇〇九年底施行屆滿，經濟部工業局自二〇〇四年起委託中華經濟研究院，就我國產業之租稅金融政策進行專案研究，以確立我國產業之獎勵政策新方向，及所採行政策方法，能符合企業發展所需、順應世界趨勢，維持我國的國際競爭力。

理律也受邀參加專案，負責獎勵措施與即時性議題之研究。理律稅務團隊參酌我國主要競爭對手國（如日本、新加坡、韓國、中國大陸等）的獎勵政策（如金融措施、補助、行政輔導等），衡量國內產業發展情況，提出研究報告及政策建議。

六、立法院法制局專題研究，消除婚姻懲罰稅

「我們結婚了！」恭喜，但要繳更多稅！婚姻是人生步入另一階段的重大里程碑，只是很多人未曾想到，連個人要繳的所得稅也進入另一新階段。我國《所得稅法》採家戶制，以家戶為單位合併家戶所有成員的所得結算申報。由於《所得稅法》採累進稅率，因此合併申報結果將使「合併申報之稅額」較「夫或妻各自申報後之稅額加總」為高，因此被譏為婚姻懲罰稅。

為此財政部於一九八九年底修改《所得稅法》第十五條，允許夫妻「薪資所得」分

開計稅，但其餘所得仍應合併申報。由於未能完全消除「婚姻懲罰效果」，司法院大法官乃做出釋字第三一八號警告性解釋，要求主管機關仍應隨時依法律及經濟情況檢討改進。

果不其然，修法後施行結果，此一情況仍無法消除、狀況連連，理律稅務團隊亦多次發表文章，並在多場座談中指出，該條文有必要循釋字第三一八號解釋意旨再做修正。

二〇一二年一月，司法院大法官釋字第六九六號解釋中，更加突顯的明白指出這一不合理情形，對財政部關於「夫妻分居應如何分擔合併計稅之應納稅額令釋」，大法官認定違憲，要求財政部於兩年內修正。財政部因此於二〇一三年提出《所得稅法》第十五條修正草案。於立法院審議期間，立法院法制局邀請理律陳東良律師就草案提供建言，確認草案第十五條允許夫妻得選擇將其各類所得均分開計稅，符合第六九六號憲法解釋意旨，並建議支持修法內容。終於順利通過成為現行條文，真正消除了「婚姻懲罰稅」。

彭運鵾

公司投資部　資深顧問

十五年前，憑一股對「洛城法網」影集的著迷，和奇妙的際遇，我結束了執業多年的會計師事務所來到理律。朋友戲稱我是不知叢林可畏的小白兔，不看好存活率。出乎意料的，理律多元的熔爐文化，在法律與會計間的稅法領域，讓非法律人有所奉獻，也有所學習。從客戶服務到國家稅制建言，我深刻體驗到，理律的獨特與非凡成就了一件難以想像的事，原來法律是可以這麼貼近人性的被實踐。

余景仁

公司投資部　顧問

非常榮幸加入理律，也體驗到理律核心價值「關懷、服務、卓越」，這也成為我待人處世的座右銘，期許與理律一起共創大同世界。

19 先驅模式——資本市場開拓者

一九八〇年代，在政府「經濟自由化」總體政策導引下，金融自由化也成為重點改革項目。一則由於外在壓力使然，特別在一九八〇年代前，臺灣在出口擴張的總體經濟導引下，臺灣對外貿易維持在巨大順差、外匯存底不斷飆高，貿易對手國要求臺灣開放金融市場的壓力漸大，政府必須對此回應。

二則，在經濟發展步入新階段後，國內對金融自由化也湧現高度需求。經濟發展必然帶來對金融制度改進的需求，若金融革新的步伐未相應跟進，小則阻滯經濟發展的步伐，大則釀成金融危機。

首先，以金融機構組織的管制為例，以臺灣一九八〇年代前的傳統金融機構而言，由於都市化的進展，許多都市與鄉鎮的信用合作社及農漁會承擔了更多元的金融服務機能，本質上已非單純的合作社及農漁會，卻仍沿用同樣的法規，規範面顯然不夠。此外就新興金融機構的需要而言，處於經濟轉型期的臺灣，一方面民間財富大量累積，引出耐久消費財融資的需求，而潛在投資者對於中長期資金需求也開始增長。但「設立金融機構」的管制尚未解除，這類融資等金融服務需求，只好以未納入金融管制的分期付款公司、租賃公司、廠商存款等變通形式運作存在。

經濟起飛後，金融自由化

在法律規範未與時俱進下，儘管類似上述的變通做法，暫時滿足一些新興金融服務的需要，卻衍生了一些副作用——在平時有效率低、減少政府稅收的缺點，在危急時更恐成為金融危機與風暴的根源。這些副作用，還不全然只是理論上的推演，也成為現實問題，例如一九八二年發生的亞洲信託因財務結構惡化，引爆擠兌；一九八五年爆發更嚴重的十信事件，都重挫金融市場與民眾信心。

其次，以臺灣早期的外匯管制為例，當時政策背景是外匯短缺，但在臺灣經濟起飛後，外匯不但不再缺乏，過多的外匯甚至形成另一種問題。跟不上現實的僵化法規，給臺灣帶來麻煩，也影響了投資環境。例如一九八四年初，世界知名的半導體製造商美國英特爾（Intel）公司計劃來臺投資，要求將盈餘隨時匯回母國。儘管英特爾承諾，全年匯回金額合計不超過決算金額，但主管機關仍堅持必須在「決算經稅捐機關核定後」方准匯回，毫無通融餘地，致使英特爾轉往新加坡投資。這結果引發輿論批評當局，呼籲全面檢討放寬外匯管制[1]。

凡此種種，都顯示金融自由化等金融改革的必要性與迫切性，政府也難以再坐視金融制度僵化的不良影響[2]。從改革的範圍論，金融自由化的改革範圍很廣，諸如銀行與金融機構的開放設立、存放款利率的自由化、債券市場的自由化、證券市場的自由化等均包括在內。更廣義的說，外匯管制的逐步放寬與黃金的開放自由買賣，亦屬於金融自由化的範疇[3]。

從改革的斷代論，所謂金融自由化，也不能以一九八〇年代為一刀切的清楚斷點，只能說一九八〇年代是一個金融自由化呼聲陡升、改革開始加速的年代。事實上，金融

---

1 「經濟自由化是突破困局的利器」，經濟日報社論，1985-01-06。

2 「由亞信危機談金融制度的應有改革」，經濟日報，1982-08-20。

3 「利率自由化與金融自由化」，經濟日報，1983-05-24。

自由化從國民政府遷臺，即一直進行迄今，只是初始的範圍不大，速度不快，不同發展階段的因應策略，也不相同。

然而，不管從範圍論或斷代論，理律一直都是促進臺灣金融改革、健全臺灣資本市場的幕後推手之一。在金融改革與促進金融自由化的這條路上，理律是「跟著時代、跟著外人投資一起走過來」。一九七一年就進入理律銀行組（現為金融暨資本市場部）的林秀玲說。

一九六〇年代外銀來臺，升級臺灣金融產業

經常扮演為臺灣引進外資活水的理律，其實早自臺灣積極招引外資入臺初期，就已承接大部分外商銀行在臺設立分行的業務。

若從「源頭」說起，早在一九五〇年代，政府為配合對外貿易發展與互惠原則，就於一九五八年核准第一家外國銀行在臺北市設立分行，並於一九六四年公布施行〈外國銀行設立原則及業務範圍〉，正式開放外國銀行設立臺北分行。

其後因應銀行業務之國際化，政府放寬外國銀行在臺分行之設立據點，得以擴散在臺北市、高雄市、臺中市、新竹市或桃園市設立據點，並於業務範圍上，依關稅暨貿易

總協定（GATT）之國民待遇原則修訂管理規則，使外國銀行得與本國銀行立於同樣基礎而營運。

隨著僑外資在臺灣投資與擴大設廠，外商銀行即跟進於臺灣設點。理律先協助美商美國銀行於一九六四年三月五日設立臺北分行，嗣後又協助多家外國銀行設立在臺分行，包括德商德意志銀行臺北分行、新加坡商星展銀行臺北分行、法商法國巴黎銀行臺北分行、荷商荷蘭銀行臺北分行[4]、日商瑞穗銀行臺北分行及瑞士商瑞士信貸銀行臺北分行（於二〇一二年五月裁撤）等。

當時外商銀行在臺分行，對臺灣經濟發展扮演了非常重要的角色。外商銀行於協助臺灣企業成功拓展全球貿易市場、創造巨額外匯存底極有貢獻，並持續引進現代化金融概念與產品，徹底改變臺灣金融市場的面貌。另一方面，外商銀行在臺分行也培養出極多傑出的本土金融人才，在國內的產業及金融業、國際金融界發揮，對臺灣的產業及金融業的現代化及國際化，貢獻卓著。

理律一方面協助外商銀行在臺設立分行，另一方面為其提供多元法律服務，包括與

[4] 二〇一〇年四月十七日，由澳商澳洲紐西蘭銀行承受並更名為澳商澳盛銀行臺北分行。

行政及立法部門溝通協調、改善法制環境，推動制定新法令或修改現有法令等，協助外商銀行順利推展在臺營運及引進新金融商品。

可以說，外商銀行帶來了金融業的進步觀念，也為臺灣養成、造就了無數優秀的金融人才。「幾十年前，那時臺灣是公營銀行的天下，當時幾乎所有的外商銀行都是理律協助設立分行的。」林秀玲說。後來臺灣一九九一年開放設立民營銀行，這些私人本土銀行的人才很多都是從這「第一批外銀分行」培訓出來的。

林秀玲回憶當時協助外商拓展業務的經驗，她說：「當初外銀剛進臺灣時，好的金融案子都是臺灣公營銀行的天下，其他案子才是外商銀行拓展的機會。而接著，當時臺灣都還沒有證券市場或債券市場，理律就和國際投資銀行合作，協助客戶設計新產品在國際資本市場籌資。」

當年的理律，就像個金融界的拓荒者，協助外商銀行開發新的金融產品，為當時仍甚為保守的臺灣金融市場引進觀念活水。

這也形成第二層的播種效果。長期和外商銀行互動並參與新金融產品開發的理律同仁，也成為臺灣當時最瞭解金融資本市場運作的法律人才群。這對理律後來在協助臺灣法制升級、健全資本市場的工作上，提供了寶貴的知識基礎。

國證公司成立，加速健全證券市場

到了一九八〇年代，金融自由化的呼聲漸高，政府也相繼推出許多金融改革措施。理律在此期間，經常扮演「創新者」或「引路人」角色。例如，由理律在一九八三年協助政府立案成立的「國際證券投資信託股份有限公司」，即是臺灣第一家證券投資信託公司，為臺灣投信業務開啟先河，為健全臺灣證券市場吹起了改革號。

一九六二年二月九日，臺灣證券交易所正式營業。一九六八年四月，《證券交易法》公布實施，到了一九八二年，近二十年時間，臺灣證券市場上，股票上市發行公司僅一百多家，鄰近的韓國發展雖較我國為遲，但至少有三百四十家以上股票上市公司。加上國內投資意願不振，一九八二年時，多數上市股票價格已跌落至淨值的九折乃至八折以下，使得多數上市公司根本很難從證券市場籌措必需的資金。因此，政府亟思進一步吸引僑外資進入臺灣證券市場。

在這個背景下，一九八二年八月十一日，行政院經濟建設委員會通過財政部提案的「引進僑外資投資證券方案」，希望加強發揮臺灣的資本市場功能[5]，並進一步網羅國際

5 「業者談經濟：成長重於穩定」，聯合報，1982-08-14。

間著名證券投資機構引進與培植證券人才，以健全臺灣的證券市場並提高服務品質。

一九八三年八月，在理律的協助下，臺灣首家證券投資信託公司──「國際證券投資信託股份有限公司」（下稱「國證公司」）成立。由國內六家銀行投資，並引進國外深具證券投資信託專業經驗的基金投資機構。

制度的規劃尤為關鍵，財政部當時正為國內欠缺相關人才而煩惱不已。理律因此進一步協助財政部草擬《投資信託與基金管理辦法》，政府於「國證公司」成立的隔日發布，為投信基金之募集、發行、買賣與保管作業訂定規範。

先河一開，其他投資信託和投資顧問公司也陸續成立，到二〇一三年底，投信投顧公會登錄共有一百八十家會員，包括投信三十八家，投顧一百零三家，信託業二十八家，證券商八家，期貨商三家。

在「國證公司」正式營運後，為臺灣的證券市場與公司治理帶來大量正向影響。例如，獲國證公司膺聘為第一任總經理的英籍投資專家賀樂彬（Robin J. H. Hall），即在該公司發行第一期受益憑證（超過預期目標三千萬美元，達到四千一百萬美元）匯入臺灣後，即點出「上市公司財務報表可信度」的問題。他表示：「為降低因財務報表的偏差而發生投資風險，國證公司現正派人前往各上市公司收集有關的財務資料，並積極建立檔案，希望藉此降低投資風險。」這番談話雖讓當時期望甚高的投資人頗為失望，但也引起社會反思，媒體更重批——「臺灣股市上市公司一百一十餘家，據說財務報表具有可信度者不過十分之一；此種普遍作假的現象，實在令人驚奇！[6]」

此後國證公司也頻頻對我國《證券交易法》提出修法建議，凡此種種，都有助於臺灣加速健全證券市場[7]。

尋路海外募資，ECB臺灣第一案

另一個過程相當特別，也饒富意義的里程碑案件，是由理律為永豐餘承做，於一九八九年獲證管會核准的臺灣第一件「海外可轉換公司債」[8]（Euro-Convertible Bond, ECB），得以在歐洲市場募資。

一九八八年美商信孚銀行臺北分行引進一項新金融產品：協助永豐餘公司發行新臺幣十億元的「國內可交換公司債」，債券持有人得請求將該債券換為中華紙漿公司普通

6 「國際證券投資應有好影響」，經濟日報，1983-11-01。

7 「國際證券提出證交法建議」，經濟日報，1984-06-05。

股股票，以替代現金還本。這項新業務獲得財政部證管會的核准，以活絡債券市場[9]，是國內第一家發行可交換公司債的先例，讓國內企業多了一項募資工具，也讓投資者多了一項選擇。

一九八九年，在理律的協助下，永豐餘更進一步決定在歐洲發行一億美元的「永豐餘海外可轉換公司債」，並獲證管會核准。首創我國民營企業在海外籌募資金的新模式。

一九九〇年進入理律的張朝棟，為永豐餘案做了背景分析。一九八〇年代，臺灣的經濟正從高度管制漸漸要走向開放、解除管制。當時的政府又緊張又小心，認為金融仍需高度管制，不敢放手。臺灣在一九八〇年代前是資本輸入的國家，很多美國資金，比如杜邦化工、中美和石化、福特汽車等大型跨國企業，在臺灣都是直接投資（Foreign Direct Investment, FDI）。一九八〇年代後，臺灣本地廠商開始壯大，也需要外國資金，但每次都要跟央行換匯，讓銀行居中賺匯差，形成企業負擔，也增加本地公司的財務風險。這些臺灣本地公司開始問，為什麼不能直接到國外去募資？甚或，國外的錢何以不能直接進來臺灣？

上述背景與疑惑，導引了這一先驅案例，永豐餘不想接受外國公司的直接投資，「只要能到國外市場拿美金就好，最重要的是要把公司債的利率談到很低，甚至是零利率。」當時剛加入理律銀行組的張朝棟回憶。

在這樣的思路背景下，永豐餘希望以「可轉換公司債」去海外市場募資。

促成先驅案例誕生的助產士

理律承辦這一案件，就必須把這個在政府中，原本不存在的概念，向政府解釋說明，努力說服、爭取支持。

「當時要促成第一個可轉換公司債發行案，但臺灣沒有相關法規，政府機關會提出很多問題，於是很多時候，就是一邊跟政府機關溝通，一邊提出法規建議，政府看了覺得安全無虞才會促成這產品。」張朝棟說。

所以，當時理律常常扮演修法建議者的角色，向政府建議新的觀念與法規。接下來

8 可轉換公司債，是公司發行的公司債中的一種，可轉換成為股票。在國外除可轉換成轉投資公司的股票外，也可轉換成發行公司債公司本身的股票。因此，可轉換公司債吸引投資人的地方不在利率，而在將來投資人可視股市行情的好壞，自行決定是否轉換，因為在換為股票前，股票的配股權益，皆歸債券持有人所有。《新聞辭典》「可轉換公司債」，聯合報，韋長與，1987-12-10。

9 「證管會已經核准永豐餘 發行十億可轉換公司債」，經濟日報，1987-11-14。

政府機關進行內部研究，研究後覺得放心了，理律才協助客戶準備送件；在這過程中，促成許多新案例、新產品。

當時臺灣相關法規付之闕如，得要邊做邊修，等到政府公布新法規後才能夠做。因此理律投入大量溝通時間，並協助相關資料收集工作，到各國相關機構蒐集資料、法規與案例，再回頭和本國政府溝通，把外國較成熟的做法提供給臺灣主管機關參考，讓主管機關在制訂相關規定時比較放心。這就是理律經手助產的許多「先驅案例」的誕生模式。

以一九八九年永豐餘海外可轉換公司債為縮影，當時的臺灣，每當先驅案例一成功，很快就會帶來相關產業跟進。以永豐餘發行ECB為例，對證券市場總體而言，是一舉四得：

一得，是創造了一個很好的投資工具。以前一般公司債還本都是用現金還本，而可轉換公司債的還本方法除了現金之外，還加上一個「選擇」，讓投資者可以多一個選項。如果股票價格更好的時候，持有ECB債券的投資者可要求換為永豐餘的股票。

二得，擴大了證券市場的籌碼，同時因為它具有債券與股票的可轉換性，因此發揮了證券市場的平衡作用，

三得，對投資者而言，它是一種頗佳的避險工具。

四得，對發行公司來說，也是一項籌措資金的上好方法[10]。

由於永豐餘接連在國內與海外發行可交換公司債、可轉讓公司債，均獲得極大成功，促使許多臺灣企業跟進發行。例如太平洋電線電纜、華新麗華電線電纜兩家兄弟公司，也繼永豐餘後陸續推出海外公司債，使臺灣企業在取得長期資金、節約募資成本方面，又走出一條新途徑[11]。

小檔案：

理律公司投資部、金融暨資本市場部沿革

一九七四年十二月，因應外人投資業務的辦理，正式設置「投資組」及「銀行組」。

一九八六年一月，當時是「公司投資組」、「銀行融資組」。

一九九一年一月，更名「公司投資部」、「銀行融資部」。

一九九七年一月迄今，「公司投資部」不變，「銀行融資部」更名「金融暨資本市場部」。

10 「國內首家發行可轉換公司債 永豐餘分析是極佳投資工具」，經濟日報，1988-01-30。

11 「上市公司發行海外公司債 已成籌集長期資金新管道」，經濟日報，1989-12-28。

劉瑞霖
金融暨資本市場部　資深顧問

關懷、服務、卓越，是理律信念。在同仁實踐中，「分享」已內化為文化。知識上，從內部的傳承延伸到以理律學堂向外分享；資源上，轉為跨部門、跨兩岸策略聯盟的合作，以及社會公益。未來，一定會看到理律分享文化更擴散，繼續受人尊重！

陸敬華
金融暨資本市場部　顧問

相較五十年前，法律市場與規範已複雜而多元。對此，理律人不僅應具備法律專業，面對多元的議題，更應要有宏觀的氣概與引領變革的企圖心，體認跨領域團隊合作在現代法律市場的關鍵性，才能繼續創造期許的共享價值。

20 民營化——火星人的地球衣

從理律在金融及資本市場的業務發展歷程，可以隱約看到臺灣資本市場的起伏脈絡。進入一九九〇年後，金融自由化、開放資本市場的腳步與進程又較一九八〇年代更往前推進。但有趣的是，經濟並不是一間間被厚牆隔開的獨立實驗室，所謂的金融自由化或資本市場開放，不僅僅是「目的」本身，其實又與其他經濟部門有著深厚連結，也是為其他經濟部門厚植根基、方便募資、增加效率的「工具」。

其中一例，是一九九〇年代開始加速進行的公營事業民營化，理律也在其中扮演了重要角色。臺灣的公營事業民營化，在一九八九年七月成立「行政院公營事業民營化推動專案小組」之前，可概分為兩個時期：

一、一九五三年政府為推動「耕者有其田」，將臺灣水泥、臺灣紙業、臺灣農林、臺灣工礦等四家國營公司移轉民營。將政府持有的四家事業股權，大量換取地主的土地，並發放給農民耕種。但這次的釋股目的不在民營化，而是為了土地改革。

二、一九七〇年代國營事業民營化的討論漸多，政府也開始關注，一九七七年孫運璿任經濟部長時宣示，經營績效良好的國營公司，將促使其股票公開發行上市[1]。但一九七九年爆發第二次能源危機[2]、國際經濟衰退，民營化方案多遭擱置[3]。

英國鐵娘子柴契爾夫人的民營化旋風，席捲全球

國內民營化進程不順，其他國家卻掀起民營化旋風。

一九七九年領導保守黨勝選並出任英國首相的柴契爾夫人（Margaret Hilda Thatcher），力推國營事業民營化，以扭轉國際競爭力日益下降的情勢，並減少公帑的浪費。英國國營事業向有「花錢蟲」之稱，營運效率不彰，其中尤以英國鐵路、英國煤炭及英國造船三家公司為最。英國政府為了支持國營事業免於倒閉，每年耗費巨額補助金，形成財政重大負擔。在柴契爾政府成立之初，國營企業至少上百家，數量在西方各國首屈一指。她出售政府所持有的部分國營事業股票，將虧損部門分離切割，同時替國營事業培植競爭對手，以強化競爭性[4]。

柴契爾的大刀闊斧震撼了歐洲，在國際間形成風潮[5]，德國、法國、義大利與日本等多國相繼跟進。加以一九八四年，美國面臨嚴重的貿易逆差，通過《一九八四年貿易關稅法》，強調貿易上「互惠主義」，要求貿易對手國放棄「保護性產業政策」，提供美國產品公平銷售與競爭管道，否則即施予報復措施。因此，包括我國在內的世界多國，許多公營事業原有的產業保護措施，都必須逐步取消。

除了外部因素，內部因素則是國營事業本身的問題，屢屢引發質疑，諸如缺乏經營自主權、多重營運目標、人事採購法令束縛、投資計畫失當、缺乏獲利動機、組織不健

1 「國營事業績效良好者 股票將公開發行上市」，經濟日報，1977-10-15。

2 亦稱「石油危機」，一九七三年第一次能源危機，肇因以阿戰爭致區域不安，原油價格暴漲致全球經濟衰退，臺灣一九七四年消費者物價指數CPI年增率達百分之四十七點四五。一九七九年第二次石油危機，肇因伊朗伊斯蘭革命、兩伊戰爭，原油減產、價漲，臺灣一九八〇年CPI年增率高達百分之十九點一。整理自網路資料。

3 「十四家國營事業除臺電以外 決定暫緩考慮股票上市 亦不可能此時開放民營 去年七月迄今總盈餘達一七六億元」，聯合報，1981-04-17；「國營事業民營化談了十五、六年 問題在決策官員缺乏魄力與眼光」，經濟日報，1987-04-25。

4 「開源節流‧淘汰國營事業 施政方針‧可圈可點」，經濟日報，1983-06-05。

5 「歐洲國營事業盛行民營化」，經濟日報，1985-01-18。

全、管理制度鬆弛、所有權分散、消極工作誘因、財務結構不健全等[6]。這些內外因素交加，都讓公營事業面臨強大的民營化壓力，政府必須採取具體行動。

一九八九年七月，行政院採用一九八五年經濟革新委員會「儘量縮小公營事業範圍，落實自由化政策」的建議，在行政院長李煥指示下，成立「行政院公營事業民營化推動專案小組」，由經建會主委錢復擔任召集人。該小組雖隸屬經建會，但組成成員包括財、經、交通首長、省主席及行政院主計長、秘書長，為一跨部會組織。在第一次小組會議中[7]，設定了五大任務：一、擬定「公營事業民營化推動方案」；二、推動修訂或訂定民營化有關法規；三、研提解決公營事業民營化問題之途徑；四、審議公營事業民營化之執行方案；五、其他重大相關事宜。自此，我國公營事業民營化進入了新階段。

中鋼民營化案

理律受多個政府部門委託，辦理多起民營化案件。為落實民營化所欲達成的多重目標，理律以多種釋股方式，包括資產作價、事業分割、洽特定人購股等不同型態，為不同性質的公營事業，量身訂做各種不同的民營化路徑。

理律承辦的第一個案件，是一九九二年代表經濟部國營事業委員會，辦理中國鋼鐵公司民營化。理律協助經濟部以多次釋股配合海外發行及全民釋股等方式完成中鋼的民營化。二〇〇〇年的中華電信民營化，理律代表國外證券承銷商協助中華電信公司海外釋股，並協助以「在美國證券市場上市掛牌」方式，發行美國存託憑證（American Depositary Receipts, ADR）。

除了參與個案，理律也深入研究民營化所衍生的法律議題，例如公股釋出、公營事業管理、員工權益補償等，輔以許多實務操作經驗，向政府提出多項法制面建言，積極參與民營化相關法規的研究及修正建議等工作。

以理律承辦的中鋼案，分三層次來觀察，其上是「公營事業民營化」的大脈絡，其中則是中鋼自身民營化的中脈絡，其下則另為有趣而特別的小脈絡，反映理律在法律服務中經常扮演的「創造性角色」。在理律的協助下，一九九二年五月，中鋼成為國內第

6 「臺灣公營事業民營化之研究」，《商學學報》14期（二〇〇六年七月），謝明振，頁190-193。

7 「推動公營事業民營化邁開腳步 確定五大任務七項要點」，經濟日報，1989-07-26。

一家獲證管會核准發行「海外存託憑證」（Global Depository Receipts, GDR）的公司[8]，發行額度三億九千萬美元[9]。這個首例，讓臺灣企業多了一個向海外募資的管道。

在過程中有個特別插曲，發生在理律和政府交涉法規的過程中。「以存託憑證為例，臺灣當時不允許外國人直接投資臺灣公司的上市股票。當時臺灣證券市場尚未允許外資的直接投資，主要以本地資金的角度來思考。」張朝棟說。

要准許臺灣公司發行海外存託憑證，前提是相應的法規必須能夠配合銜接。但「海外存託憑證」在臺灣是一個很新的概念，臺灣的法律有許多無法配合銜接之處，如何讓主管機關瞭解及接受，便成為第一要務。

理律再度擔綱「法制溝通」與「法制建言」的角色。「我記得當初在制訂存託憑證（Depository Receipts, DR）的法規時，主管機關邀集不同事務所，理律是其中之一。與會的法律專業人士和主管機關討論到一個『技術問題』：這些存託憑證發行後，股東名簿上，到底要登記誰的名字？」張朝棟說。

存託憑證在國外上市及交易，證管會問與會者，股東的名字如何登記？依臺灣當時《公司法》規定，公司對於股份權利人之認定，是以股東名簿為主；但當一名海外存託憑證的持有人要主張權利時，名字卻未登載在股東名簿，該如何行使權利？

有人提議修訂《公司法》，但緩不濟急。在討論中，大家想到一個辦法，從《公司法》找到了第一六〇條：「股份為數人共有者，其共有人應推定一人行使股東之權利。」

於是，在不修法的前提下，大家建議主管機關用這條規定，做為海外存託憑證登記的配套。操作上，購買中鋼海外存託憑證的海外投資人，只要在國外簽訂一份存託合約，讓所有購買者，都同意推派在臺灣的存託銀行當共同代表人持有股票，就可解決問題。

8 GDR是Global Depository Receipts，即全球存託憑證，為存託憑證的一種，國內上市上櫃公司把公司股票交給國外存託機構，機構再以股票憑證出售給海外投資人。當公司發行存託憑證時，必須提交同等數量的公司股票信託，才能在海外發行相同數量的存託憑證。海外投資人購買存託憑證，等於間接持有這家公司的股票，權利義務與國內普通股股東相同。存託憑證在美國發行稱為ADR（American Depository Receipts），在歐洲倫敦、盧森堡、德國發行稱為EDR（European Depository Receipts），全球發行的則稱GDR。持有存託憑證可換取國內公司的股票，等同買公司股票，等閉鎖期到期後，投資人便可用當初取得的存託憑證換取股票，賣出股票賺取差價；也可選擇持有股票，賺取公司每年派發的股票股利或現金股利。參閱《全民財經檢定》，http://geft.edn.udn.com/files/15-1000-303,c93-1.php 擷取日期：二〇一五年六月二十六日。

9 「中鋼海外存託憑證 證管會核准發行」，聯合晚報，1992-05-14。

主管機關聽了覺得有道理，便予採納。結果，這變成臺灣在全球非常獨特的做法；存託銀行為了可以當共同代表人，在發行存託憑證時，就必須持有一股。這個折衷的方案找到後，某外國銀行的國外總部覺得很疑惑，為什麼外銀要持有該公司的一股股票？經過溝通，他們也接受了。現在只要有發存託憑證的公司，如果有存託銀行，開戶的戶名就會很長，譬如「存託銀行某某銀行依據西元幾年幾月幾日存託合約代表持有股票」。

這些都是在「第一個案子」才會發生的曲折背景。當時參與法規溝通的一位前輩律師打了一個比方：「這些被創造出來的規則，就好像火星人到地球，你叫火星人穿地球人的衣服，火星人一定沒法穿。於是我們特別為火星人做一件火星人能穿的『地球衣』。」這個「長長的戶名」與設計出來的存託憑證程序，就是當時為了讓一個對臺灣公司募資有利的重大政策儘早上路，法律人在法規解釋上用創意，特別為火星人設計的地球衣。

張朝棟回憶說：「臺灣資本市場開始開放外國資金直接投入，即起源於理律自一九八九年承辦國內首宗海外公司債案件（永豐餘），在這之後陸續有其他海外發行案件跟進，例如：海外存託憑證、美國存託憑證，以及各種海外轉換／交換公司債等的發行。」

臺灣資本市場，在開放「外資可以直接投資臺灣證券市場[10]、國內企業可以在臺灣直接募得海外資金」之前的年代，對多數國內公司而言，到海外發行「海外存託憑證」與「海外可轉換公司債」，是一九八〇年代後期向國際資本市場募集海外資金的重要管道，這也為後來開放臺灣資本市場，累積了健全而寶貴的國際經驗。

理律在這些案件中，除就中華民國法律提供客戶所需之法律服務外，也與國外證券承銷商、國際投資銀行及國外各大法律事務所之間，建立良好的溝通及分工合作關係。這些經驗也反饋在國內相關法制修正的建議上，協助政府在制定規範時，得以和國際市場接軌並更臻周延。

---

10 臺灣的證券市場以往對外國投資人也設了許多限制。政府在開放外國人投資方面，係採取了循序漸進的審慎態度，先在一九八三年核准本國投資信託公司在海外募集資金投資國內證券市場；接著在一九九一年開放外國專業投資機構（QFII）直接投資臺灣證券市場；到了一九九六年始開放一般外國法人及自然人直接投資。臺灣證券交易所網站，僑外投資簡介，http://www.twse.com.tw/ch/investor/foreign_invest/OCFID_01.php 擷取日期 2015-07-23

趙美璇

金融暨資本市場部　資深顧問

理律璀璨五十年，以華人法律界的標竿典範為職志，成就非凡。感恩前人基業，感恩客戶與社會肯認。身為理律人，與有榮焉。

展望未來，盼理律人共心合作，開創突破，精益求精，持續引領風騷，實現小我成就大我，理律永續長存。

黃政傑

金融暨資本市場部　初級合夥人

現代國家有如巨型的複雜機器，要確保能以符合法制的方式正確有效率運作，彼此間妥善連結合作，並且當發生缺陷時，也能及早偵測、示警並自我完善；那麼，優秀的法律服務業應是不可或缺的。這應該就是理律過去及未來所期許做到的。

21 東隆五金——教科書級重整案例

東隆五金重整案，是理律在臺灣資本市場這條經濟生命線所扮演的角色中，另一個非常有故事性的指標案例。

在臺灣，談到企業重整，談到下市後被成功救回的案例，一定不會忘掉「東隆五金重整案」。它創下臺灣股市有史以來，重整成功重返資本市場的首例，是個被列為「教科書級」的企業重整案例。

進加護病房輸血搶救的老企業

一九九八年九月，東隆五金公司爆發新臺幣八十八億元掏空案，成為一九九七年亞洲金融風暴後臺灣第一個地雷股，影響東隆五金上千名員工和其家庭。二〇〇〇年一月法院裁定重整計畫，同年十月，主要債權人香港滙豐集團的代表陳伯昌協調國內外法人，募集二十二億元資金，成為持有百分之七十六股權的最大股東，穩定股權與經營結構，重整計畫才展開。

東隆五金在爆發掏空案後的景況，從後來出任董事長、扮演救火隊的中鋼前董事長王鍾渝在二〇〇四年的一段談話，可以看出其轉危為安的險峻情勢：「東隆五金二〇〇三年十月以前，就像從加護病房搶救出來的病人，經過緊急輸血、猛灌補藥，總算活起來了[1]！」

在發生掏空案前，東隆五金曾是臺灣最大、全球第五大製鎖公司，旗下「LUCK」和「EZSET」等品牌鎖遍天下無敵手，平均獲利率三成。創辦歷史可溯及一九五四年，許多老員工是早年和創辦人范耀鑫三兄弟一起打拚起家的師傅級製鎖專家。

一九九四年股票上市時，資本額新臺幣九億兩千萬元，是亞洲最大鎖廠，國內第三百六十大製造業，獲利率排名第二十一。但在掏空案後，以一九九九年公司財報來看，對銀行淨負債五十九點三九億元，公司淨值負三十一點九九億元，情況非常糟。

滙豐集團旗下的「香港上海滙豐銀行臺北分行」，是東隆五金的無擔保債權人，債權金額三點一三億元，占全部無擔債權百分之七點六八，是第二大債權人。滙豐亞洲直接投資公司董事陳伯昌，在東隆五金爆發掏空及陷入財務困境後，率領團隊對東隆五金進行徹底詳盡地評估，最後確認仍有挹注資金重整價值，爭取重整機會[2]。

陳伯昌看了亞洲與美國的製鎖公司，發現當時美國鎖的市場每年成長百分之五到六，有競爭力的廠商大約四、五家，中國大陸只有一家；臺灣除東隆五金之外，也只有一家。

陳伯昌認為，製鎖是一個成熟而穩定的市場。製鎖的獲利不錯，從產業面與技術面評估，東隆五金要賺錢並不難，是一家值得投資的公司。關鍵在於匯豐要以什麼模式投資；最後，匯豐銀行以「外商身分」，收購東隆五金近百分之七十五股權。

雙管齊下搶救生機

然而，這中間卻也面臨不少法令問題。重整過程中許多環節都是臺灣空前的第一次，花了不少時間和精力溝通和解釋；加上亞洲金融風暴過後，許多企業市值低迷，

1 「股票由燙手芋變搶手貨」，經濟日報，2004-03-30。

2 「從亞洲金融風暴再站起的勇者 東隆五金 王陳共治挽狂瀾」，經濟日報，2005-05-16。

不少銀行以「蛇吞象」方式收購企業，被視為「禿鷹」，這是影響滙豐收購東隆五金的「非經濟因素」。這些都有賴專業與耐心的溝通去化解阻力[3]。

一九七一年進入理律，爾後力扛此案的林秀玲描述當時的情況：「大部分手中握有擔保品的國內銀行，都希望東隆五金不要進入重整，最好直接宣告破產，以便進入清算程序，好拿回出借的資金。」

「我們實在不忍心看到東隆五金一千多個家庭、近五千人面臨生活壓力，才會接手這件重整案。」林秀玲和理律同仁在了解東隆五金實況並接手重建計畫後，隨即採取「向法院聲請重整」與「協調債權人」兩途徑雙管齊下，避免一旦債權人談判破裂，東隆就得進入破產清算的程序。同時，理律透過臺証證券，引入包括券商、財務顧問、管理顧問和法律顧問等跨領域專業人士幫助協商[4]，搶救公司生機。

二〇〇〇年順利得到企業重整的法院許可後，理律要求債權人必須依法先申報債權，但許多債權人卻沒有如期申報，「債權光是這樣就少掉二十幾億元。」林秀玲說。

雖然東隆五金的研發團隊一度走掉近兩百人，但經過專業評估，東隆五金還保有上百項世界製鎖專利，仍大有可為。林秀玲遂百般央請時任中鋼董事長，在國際鋼鐵市場著有聲譽，了解業界生態的王鍾渝出任重整監督人。臨危授命的重整團隊，在法令不完備及其他種種困難的情況下，成功引進外資和新的經營團隊[5]。

極富挑戰的債權人協商

由於債權人間彼此利益衝突，對東隆五金是否要重整各有立場，想要協調重整計畫，談何容易。林秀玲把本案視為她法律職涯上難度最高的挑戰！「某個颱風天放假在家，一整天下來，我接了三十八通電話，黑白兩道都有。」林秀玲強調企業重整關鍵是「協調」，需要一位高EQ、有公信力、願意做義工的人，否則光是接電話都會接到手軟，何況要面對來自各方的壓力。

法律服務雖奠基在法律專業，但處理的往往不只是法律問題，必須花大量心力在溝通、協調等「人」的問題上。

一開始，東隆五金內外的情況均極其嚴峻，陳伯昌認為攘外必先安內，以王鍾渝成

3 「匯豐銀介入 揭開重整序幕」，經濟日報，2004-04-02。

4 「匯豐銀介入 揭開重整序幕」，經濟日報，2004-04-02。

5 「東隆五金案例 創造三贏」，經濟日報，2003-02-21。

功的企業管理經驗以及聲望，必能安定軍心。在陳伯昌再三邀請下，二〇〇一年五月卸任中鋼董事長的王鍾渝同意由重整監督人改任董事長。在王鍾渝、陳伯昌與林秀玲合組的團隊合作下，數年間讓東隆浴火重生，被媒體形容是「東隆五金重整的三大護法」[6]。

公司重整史的一頁傳奇

東隆五金在一九九八年的掏空案中，股價從逾五十元跌到一元；二〇〇〇年時，由債權銀行之一的匯豐銀行找各方金主增資收購，獲得法院許可重整，更邀來王鍾渝坐鎮，三年之內就把六十多億元負債打到剩下四分之一。二〇〇五年每股盈餘超過五元，隔年東隆重新掛牌、風光上市，當年底就獲得特力集團以四十二點八五元的價格入股六成以上；二〇一二年又被美國史丹利百得集團併購，風光下市，是臺灣證券史上首家上市公司重整成功重新掛牌，最後圓滿收場的案例[7]，也成為公司重整的一頁傳奇。

林秀玲對本案做了總結——東隆五金是國內少數幾家企業重整成功的個案，企業重整是讓債權人拿回債權、股東拿回投資、企業獲得重生的三贏做法。但她也強調，這只適用於短期資金周轉困難的企業，無法套用在景氣已經走向夕陽的產業[8]。

6 「東隆五金東山再起 王鍾渝陳伯昌奠基石」，中央社，2006-03-14。

7 「下市股票敗部復活案例」，自由時報，2014-12-15。

8 「東隆五金案例 創造三贏」，經濟日報，2003-02-21。

林秀玲

金融暨資本市場部　特約顧問

我退休時許多人問我：「如何能在同一個機構工作四十二年？」我開始思考「理律」在我人生中的角色。是單純的job？或是career？其實位階遠超過此。因為長期透過理律平臺和理律的客戶及同仁一起成長，亦即與臺灣經濟一起成長。我在這見證世間百態，理律打開我的視界，讓我一生非常精彩，不虛此行。

張淑芬

金融暨資本市場部　初級合夥人

有人說「法律是條不歸路」，理律呼應了這說法。理律陪著臺灣走了半個世紀，堅持提供最好的專業服務，不論是客戶服務、抑或公益服務。理律人一定會堅持信念——關懷、服務、卓越。過去如此、現在如此、未來也一定繼續。加油！

22 天下第一案——臺灣資本市場發展速覽

很多具有里程碑意義的「天下第一案」，都在理律的手上催生。背景多是因為經濟型態的變化，刺激市場出現新需求，但國內當時卻無處理新需求的前例，同時相關法制規範也不足。為了完善國內法制環境並接軌國際，以及滿足客戶對市場的合理需求，理律就努力「把辦法想出來」。

在此彙總整理了十八個指標案例，從中也可看到二〇〇〇年後，臺灣資本市場的發展軌跡。

一、協助臺灣上市櫃公司發行多檔美國存託憑證（ADR）、全球存託憑證（GDR）、海外可轉換公司債（ECB）、海外可交換公司債（EEB）（一九八九年迄今）

理律自一九九〇年代起，即協助眾多臺灣上市、上櫃公司到海外發行美國存託憑證、全球存託憑證、海外可轉換公司債、海外可交換公司債等案件，例如國內首件美國存託憑證、全球存託憑證、及海外可轉換公司債／可交換公司債發行案等。理律也跟主管機關合作，推動資本市場法令的改革與發展、資本市場產品的創新。

理律承辦的海外資本市場發行案，指標性案件包括台積電、日月光、矽品、旺宏、中華電信（併同民營化）的美國存託憑證案件；國泰金控、玉山金控、綠能、凱基證券、鴻海、宏碁、可成、群創、茂迪、宏達電、遠紡、亞泥、中鋼、昱晶等全球存託憑證案件；亞泥、永豐餘造紙等海外可交換公司債；臻鼎、TPK、臺灣高鐵、遠傳、宏達電、台達電、台塑四寶的海外可轉換及可交換公司債；南亞科、鴻海、台新金控、玉山金控、開發金控、新竹商銀等海外可轉換公司債案。

其中永豐餘在一九八九年於歐洲發行一億美元的「海外可轉換公司債」，這是第一件國內上市公司發行海外可轉換公司債案件。接下來，台積電以國內首件美國存託憑證於一九九七年十月在美國紐約證券交易所上市；中華電信在二〇〇三年七月，以美國存託憑證，在美國紐約證券交易所上市（並於二〇〇五年八月再度赴美發行美國存託憑證，併同國內盤後交易，完成民營化）；而台塑四寶於二〇〇四年六月共同發行海外可轉換公司債與交換債，更是國內公司海外發行之創舉，並奪得國際知名《International Financial Law Review》二〇〇五年度 debt and equity-linked deal of the year 大獎（債券及股權相關有價證券最佳發行案獎）。理律見證了臺灣科技、傳統產業及金融業的發展，也協助這些企業走出臺灣、立足國際市場。

二、臺灣高鐵三次聯貸案（二〇〇〇年至二〇一〇年）

臺灣高速鐵路是我國唯一的高速鐵路系統，亦為迄今臺灣最大規模的BOT案例，也是我國BOT的先驅。

高鐵自二〇〇〇年開始興建，總建設經費高達新臺幣數千億元，由於本案涉及公共建設，影響民生至鉅，且所需貸款金額十分龐大，備受社會矚目。理律自興建初期，即協助聯貸銀行團與臺灣高速鐵路公司和交通部協商融資模式，順利簽訂相關合約，完成提供臺灣高鐵高達新臺幣三千二百三十三億元之第一聯合授信案。嗣於二〇〇六年協助另一批聯貸銀行團完成向臺灣高鐵提供貸款之第二聯合授信案，使臺灣高鐵能順利興建完成並開始營運；之後，又於二〇一〇年協助聯貸銀行團辦理第三聯合授信案，使臺灣高鐵得透過再融資清償其對第一與第二聯合授信案銀行團的債務，並改善其財務狀況。

三、協助外商資產管理集團，收購我國境內之證券投資信託公司（二〇〇〇年至今）

在政府主導下，理律於一九八三年，參與立案成立臺灣第一家證券投資信託公司「國際證券投資信託股份有限公司」，並得以在海外募集資金，讓外人間接投資臺灣的證券市場，不僅開啟臺灣投信業務先河，也為一九八〇年代健全臺灣證券市場吹響了前進號角。但比起歐、美、日等先進國家，國內的共同基金投資起步較晚。一九八五年，當時的證券主管機關財政部證管會又陸續核准光華、建弘、中華三家投信設立。

由於此為特許事業，證管會得視國內經濟及金融情形、證券投資信託及證券市場之情況，限制投信業的設立。因此投信市場維持相當長一段時間，由「四家老投信」寡頭壟斷的局面。

直到一九九一年九月修訂的《證券投資信託事業管理規則》出爐，證管會開始接受申設新投信，擴大開放，總共有元大、中信等十一家投信獲准設立，被稱為「新投信」。其基金於一九九三年一月進場，掀起第二波投信設立熱潮，國內基金市場自此進入戰國時代。一九九六年三月政府頒布新投信管理規則後，帶動「第三波」投信成立熱潮，群益、金鼎、法華理農、大發等陸續獲准設立。此外，外國資產管理公司也開始陸續在臺設立或併購投信公司，尤其自二〇〇〇年起，每年均有對臺灣投信的併購案。

協助成立臺灣第一家老投信「國際證券投資信託公司」的理律，在二〇〇〇年後，也協助處理例如美商保德信集團收購臺灣元富投信、花旗投信與富邦投信合併、中華開發及其他外資股東出售中華投信予匯豐集團、荷銀集團出售荷銀投信予安泰集團、施羅德集團收購玉山投信、全球最大之資產管理集團貝萊德集團收購犇華投信等案。

這些跨國集團在臺收購、設立據點，也進一步把國際性集團的「內控內稽制度、基金之管理與作業方式」帶進臺灣，為國內投信業的管理注入新氣象。影響所及，也促使主管機關更進一步採行與國際接軌之監管措施。

四、處理各大金融機構出售不良債權案件及問題金融機構全行標售（二〇〇〇年至今）

一九八〇年代，臺灣歷經十信、國泰信託、亞洲信託、華僑信託等違規放款，產生大量的逾期放款、呆帳等不良債權（Non-Performing Loan, NPL），衝擊金融秩序，打擊存戶信心，並進一步影響社會經濟安定。自此，如何處理不良債權與問題金融機構，即成為持續受關注的金融革新重點。

二〇〇〇年底，《金融機構合併法》施行後，金融機構出售不良債權予資產管理公司（Asset Management Corporation, AMC），在我國獲得正式法源依據。

金融機構經由出售不良債權予資產管理公司，可儘早回收不良債權之剩餘合理價值，同時減輕其催收管理不良債權的成本；資產管理公司亦可經由處理專業與彈性，獲得利潤，達成雙贏。

理律在該法施行後幾個月，即承辦我國第一件不良債權標售案，由第一商業銀行主辦，並接續辦理數十件不良債權交易案件，委託者包括第一銀行、臺灣銀行、兆豐銀行、土地銀行、臺灣中小企銀、合作金庫、臺中銀行、新光人壽、日盛銀行、慶豐銀行、星展銀行、荷蘭銀行、奇異資融（GE capital）、澳盛銀行、南非標準銀行、國泰世華銀行、上海商銀等多家金融機構及多家資產管理公司。

另外，中央存款保險股份有限公司受主管機關委託，接管慶豐銀行、臺東企銀、花蓮企銀、中華銀行、中聯信託等「問題金融機構」後，理律亦受政府委託，協助處理其持有的不良債權，並進一步協助處理其全行資產、負債及營業之標售。協助國內金融機構改善其資產品質，解決問題金融機構退場之法律難題。

五、協助設立臺灣第一家金融控股公司（二〇〇一年）

臺灣於二〇〇一年十一月施行《金融控股公司法》，引進金融機構跨業經營的新組織型態。

當時政府為推動金融業升級及擴大金融業規模以強化金融業競爭力，欲藉此提供跨業行銷、稅務連結優惠以鼓勵銀行、證券及保險業整合成為金融控股公司，並透過後續的金融併購汰弱存強，以逐漸改善金融業過度競爭的困局。在立法過程中，理律即積極提供建言。

該法施行後，讓臺灣的金融市場進入戰國時代，至二〇〇二年五月底止，臺灣成立十四家金融控股公司，迄今十六家。理律受託多家設立案，包括二〇〇一年十二月設立之國泰金控及中華開發金控；二〇〇二年一月設立的第一金控，同年二月設立的兆豐金控，以及同年五月設立之中信金控、建華金控（後並於二〇〇五年協助臺北商銀納入建華金控，於次年改名永豐金控）。此外，理律也參與諸多金融業併購案，參與見證臺灣現代金融版圖的建構。

六、參與證券化法律立法，協助多檔指標性證券化案件（二〇〇一年至二〇〇六年）

資產證券化是金融市場的重要發展，具有結合間接金融與直接金融的特性，提昇企業資產運用的效率。我國於二〇〇一年起積極推動證券化相關法律的立法，理律於二〇〇三年參與協助政府草擬《不動產證券化條例》，其後協助金融機構辦理多檔證券化案件，指標性案件包括：第一件金融資產證券化案件（臺灣工業銀行企業貸款債權證券化，二〇〇三年）、第一件現金卡證券化及跨國發行案件（萬泰銀行George & Mary現金卡債權證券化，二〇〇三年）、第一件汽車貸款債權證券化（日盛國際商業銀行汽車貸款證券化，二〇〇四年）、第一件債券債權證券化（群益證券2005-1債券資產證券化，二〇〇五年），及新光一號不動產投資信託基金（二〇〇五年）等多件不動產投資信託基金（REIT）及不動產資產信託案件。

七、協助發行臺灣第一檔指數股票型基金（ETF）（二〇〇三年）

指數股票型基金（Exchange Traded Funds, ETF）全稱「指數股票型證券投資信託基金」，是將「指數證券化」，投資人不直接投資特定的多檔股票，而是透過持有表彰「指數成分股票」之受益憑證，進行間接投資。

指數股票型基金ETF自一九九〇年代開發後，成長速度驚人。因為它同時具備了開放式基金（能申購、贖回）及封閉式基金的雙重交易特性，被認為是過去十幾年中最偉大的金融創新之一。由於其價值反映大盤指數走勢，只要買入ETF即可達到投資市場組合的效果，可節省大量的金錢與時間。

最早的ETF是一九九三年美國道富銀行（State Street）發行「追蹤標準普爾五〇〇指數」的ETF，其後歐美各國陸續推出追蹤各種指數的ETF。香港一九九九年率先在亞洲推出追蹤恆生指數之ETF，日本二〇〇一年發行上市ETF，新加坡、韓國二〇〇二年發行。

臺灣證交所與寶來投信公司合作，於二〇〇三年由證交所與英國富時國際有限公司合編臺灣五十指數，由寶來投信發行了臺灣第一檔ETF，追蹤臺灣五十指數。

新產品由於臺灣五十指數股票型基金採實物申購／買回方式，與一般傳統的證券投信基金甚為不同，所需申請文件也與傳統之基金不同。因此，在申請過程中，寶來投信特別委請理律協助撰擬相關之信託契約、參與契約、公開說明書等向主管機關申請核准的文件。嗣後國內ETF發行申請案，以理律協助寶來投信所發行的第一檔ETF的文件為藍本，成為普遍的現象。

八、民營電廠專案融資

一九七〇及八〇年代初期是臺灣經濟發展最高速時期，年用電成長率約百分之十。

至一九八〇年代後期，由於反核與環保意識興起，使得臺電興建電廠遭遇強大的民間阻力，也間接造成一九九一至九六年間，電力供給趕不上經濟成長與用電需求，短短六年間多達四十次限電，衝擊經濟與民生。有鑑於此，政府決定開放部分國營發電權，盼透過引進民間資金與力量，突破供電的壓力，民營電廠即應運而生。自一九九三年迄今進入商轉的九家民營電廠中，其中七家融資案，均由理律協助完成。

由於興建電廠所需資金十分龐大，除了業者自行出資的部分外，約有七成資金仰賴銀行團融資挹注，故專案融資的授信金額動輒達新臺幣上百億元，期間長達十餘年。專案融資首重風險評估與管理，銀行端固然需要透過專業，精密估算電廠商轉後電費收益對融資案的支撐度，以及電廠興建的多方參與者間之權利義務歸屬，也需要律師在相關契約做出妥善及繁複的安排、配套和監督機制，理律的角色，因此極為吃重。

九、協助日月光中壢廠處理火災保險理賠（二〇〇五年）

二〇〇五年五月，全球最大IC封裝測試廠日月光中壢廠發生大火，損失金額龐大，且該事件牽涉的保險公司及再保險公司家數最多，幾乎國內的產險公司及在臺外商再保險公司都有參與，而其再保的安排也很複雜，包括以對內共保方式分散責任，或採比例、非比例方式安排再保。

理律於該事故發生後即協助日月光向共保公司申請保險理賠，並持續協助日月光與保險公司及保險公證人進行協商及理算作業，直至二〇〇六年六月與保險公司達成共識，淨賠款額為新臺幣八十億六千八百萬元，創下臺灣當時單一保單賠償最高金額的紀錄。

十、協助中國信託商業銀行於海外發行五億美元無到期日累積次順位債券（二〇〇五年）

二〇〇三年十二月，金管會修正《銀行資本適足性管理辦法》，允許銀行發行「無到期日累積次順位債券」，藉此讓本國銀行得以用較低廉成本，在國際資本市場取得長期營運資金，有利增加本國銀行的國際知名度，亦有助日後跨國併購以拓展營運版圖。

由理律協助的臺灣第一案，是二〇〇五年三月，中國信託商業銀行由其香港分行在海外發行、銷售五億美元的上述債券，做為該銀行的第二類資本。此外，理律也協助國泰世華商銀在二〇〇五年十月，於海外發行五億美元之長期次順位債券。

十一、協助金融重建基金及中央存款保險公司處理經營不善銀行（二〇〇五年至二〇〇七年）

一九九〇年代末期先受亞洲金融風暴衝擊，二〇〇〇年末期再受全球金融海嘯影響，導致臺灣的部分銀行營運面臨困難，當時亟需重建國內金融秩序。理律協助多家國內及國際金融機構收購經營不善的本國銀行，協助落實政府兼顧存款人、客戶及員工利益的政策，有助穩定恢復金融秩序。

政府於二〇〇一年至二〇〇八年間指定中央存款保險公司為接管人，接管九間經營不善銀行，並依金融重建基金之賠付機制，採取分別公開標售處理的策略，將經營不善銀行之資產、負債及營業（Good Bank）概括讓與合格金融機構，將不良債權（Bad Bank）讓與合格資產管理公司，解決我國金融市場潛在金融危機。

資產、負債及營業方面，包括二〇〇五年高雄企銀讓與玉山銀行案、二〇〇七年臺東企銀讓與荷商荷蘭銀行案、花蓮企銀讓與中國信託商銀案、中華銀行讓與匯豐銀行案、中聯信託讓與國泰世華銀行案、二〇〇七年慶豐銀行分別讓與元大銀行／遠東銀行／台新銀行／臺北富邦銀行案。此外，亞洲信託被接管後概括讓與其資產負債及營業予渣打銀行，理律在此案中協助買方渣打銀行處理本交易相關事宜。

理律還參與了上開銀行的不良債權公開標售，累計協助金融重建基金及中央存款保險公司處理了六間經營不善銀行。

十二、渣打銀行公開收購新竹商銀案（二〇〇六年）

這是臺灣首件外國銀行百分之百收購本地銀行、掌握絕對經營權之案例。公開收購是國際併購常用的工具，因其牽涉的法律層面極廣且操作上極為複雜，需要有專業的法律團隊參與早期規劃及執行，才能確保公開收購順利成功。由於理律已累積豐富的公開收購經驗，順利協助完成本案及其後多項金融業公開收購案件。

十三、協助外國企業及臺商來臺上市上櫃（二〇〇八年至今）

二〇〇八年起，政府為壯大臺灣資本市場規模、邁向國際化，臺灣證交所、櫃買中心積極鼓勵臺商及外國企業來臺申請上市／上櫃。

理律配合主管機關參與國內外的來臺上市／上櫃說明會及研討會，並提出法律建言，提升募資環境。理律代表的客戶主要營運地遍及新加坡、泰國、馬來西亞、越南、美國及中國大陸各地。

十四、臺灣存託憑證（Taiwan Depositary Receipts）發行案件（二〇〇九年至二〇一〇年）

二〇〇八年三月五日，行政院通過「推動海外企業來臺掛牌一二三計畫」，希望促進臺灣資本市場之競爭力與國際化、增加投資人可投資之產品，以達到臺灣市場與國際企業緊密連結。

為吸引優質外國企業，特別是臺資企業返鄉回臺掛牌上市，臺灣證交所與證買中心和臺灣證券主管機關合作，促進法規鬆綁，並積極至國外推廣臺灣存託憑證的發行業務。自二〇〇九年起，陸續有旺旺、巨騰、超級咖啡、爾必達等共三十六家在香港、新加坡、泰國及日本證券交易所上市的公司，來臺申請發行臺灣存託憑證。

理律參與了法規鬆綁後第一檔來臺申請掛牌的旺旺TDR發行案，並協助發行人與承銷商釐清法規與實務疑義，有利日後其他TDR掛牌上市。理律也與臺灣證交所、證買中心積極合作，協助海外推廣TDR。二〇〇九年、二〇一〇年TDR發行熱絡期間，共有十一家外國企業經由理律協助完成來臺掛牌申請、成功上市櫃。

十五、澳商澳盛銀行承受荷商荷蘭銀行在臺分行案（二〇一〇年）

於我國原有二十家分行的荷商荷蘭銀行，二〇〇七年被蘇格蘭皇家銀行集團（Royal Bank of Scotland）收購；二〇〇九年再被轉售給澳商澳洲紐西蘭銀行（ANZ）。

理律協助蘇格蘭皇家銀行集團，出售其持有之荷商荷蘭銀行在臺分行，與澳商澳洲紐西蘭銀行在臺分行。

十六、協助全球人壽概括承受國華人壽案（二〇一二年至二〇一三年）

本案於二〇一二年十一月，確定由全球人壽保險公司以「保險安定基金彌補八百八十三點六八億元」的價格得標。這是臺灣保險史近四十多年來首家壽險公司退場，也創下臺灣金融史上彌補金額最大的退場案。

在概括承受國華人壽一百四十萬保戶與兩百萬張保單後，全球人壽總資產超過六千兩百億元，躍升為臺灣前七大壽險公司。

理律協助全球人壽進行法律盡職調查（Due Diligence），並於全球人壽得標後，協助辦理概括移轉。

十七、協助陸資四大銀行首次來臺發行寶島債（二〇一三年）

臺灣主管機關為推動「以人民幣計價的國際債券」（即寶島債）市場的業務商機，自二〇一三年底開放符合一定資格之中國大陸地區註冊法人，得在我國境內募集與發行人民幣計價普通公司債。第一件，是中國大陸四家公營行庫：交通銀行、農業銀行、中國銀行及中國建設銀行，委由理律同時辦理，於二〇一三年十二月同步來臺發行第一檔寶島債，於櫃買中心掛牌交易，籌資金額總計人民幣六十七億元。

十八、協助AT&T Inc.來臺發行國際債券（二〇一四年／二〇一五年）

美國知名大型固網電話服務供應商美國電話電報公司（AT&T Inc.），於二〇一四年十一月首次來臺發行以美元計價的國際債券，於櫃買中心掛牌交易，籌資金額高達十二點九五億美元，發行年期三十年；並於二〇一五年二月，再次發行金額二六點一九億美元的國際債券，發行年期三十年。連續創下二〇〇八年建立臺灣國際債券市場以來，單筆發行量最高金額。

王雅嫻

金融暨資本市場部　合夥人

理律像撫育我們長大的大家庭，許多人年輕時入所，經歷人生重要階段——結婚、生子，直到退休。在這學習到工作知識技能，培養了良好的職業道德與習慣。「關懷、服務、卓越」一直是我工作及生活上的座右銘，時時激勵、警惕我！

蘇詠筑

金融暨資本市場部　初級合夥人

理律人有熱情的心，用心體會客戶的法律服務需求；有冷靜靈活的頭腦，智慧提供客戶可行的法律建議、高品質服務。在大環境洪流中，始終堅守誠信正直的執業原則，何其可貴。面對未來挑戰，期許秉持初心，開創新局。

23 九個指標——宏觀資本市場生命線

前面的故事加總起來，就如同臺灣資本市場發展的一部小歷史；串接起來，就是一條資本市場的生命線。接下來，我們可以從前幾回的「個案故事」串成一個宏觀脈絡，來看一九八〇年代之後，臺灣的資本市場發展，特別是籌資模式的九個重要指標點。

臺灣資本市場生命線的發展

第一個指標點，是理律承做的「可轉換公司債」（Convertible Bond）。第一個案例，是一九八九年理律協助永豐餘，獲證管會核准「海外可轉換公司債」，在歐洲募資。

第二個指標點，是理律承做的「存託憑證」（Depository Receipt, DR）。理律協助政府建立發行海外存託憑證的管道，花了非常多時間跟主管機關溝通，促成資本市場的建構向前邁開大步。

第三個指標點，是「期貨市場」，因應市場需要資金槓桿。

第四個指標點，是「證券化市場」。債券市場、證券市場出來後，理律又協助政府把能產生現金收益的資產包裝後發行證券（securities），例如「不動產證券化」、「金融資產證券化」，讓臺灣的證券化市場得以建立。

第五個指標點，是二〇〇八年金融海嘯時的連動債風暴，理律代理臺灣的銀行向雷曼兄弟控股公司（Lehman Brothers Holding Inc.）求償。金融自由化不是全無風險，全球金融市場在一九九七年先發生了亞洲金融風暴，接著是二〇〇八年規模更大的全球金融海嘯，雷曼兄弟公司倒閉引爆全球性金融恐慌。當時大多國內銀行都販售雷曼連動債券給國內投資人，理律代表臺灣二十餘家銀行向雷曼求償。理律也扮演協助私募股權基金在臺灣併購的角色。

第六個指標點，是私募股權基金（Private Equity Fund, PE FUND）來投資臺灣市場，併購國內企業、或併購後再行分拆。

第七個指標點，是收購不良債權的資產管理公司（Asset Management Companies,

AMC）。理律承辦臺灣第一個資產管理公司收購不良債權的案件，在資產管理公司的法律服務市場居領導地位。理律全程參與，以臺灣房地產市場為例，資產管理公司進來後，以競標方式買下債權人手上的「不良債權」，取得債務人的房地產資產，經過資產管理公司整理之後再另行出售。

第八個指標點：因為臺灣產業邊緣化，許多企業與投資人轉投資中國大陸市場，臺灣的證券市場和資本市場都面臨危機；反之，大陸資本市場近年承作案件，規模與金額都十分巨大、速度很快。雖然臺灣資本市場案件數量開始下滑，但理律因為保有許多專業經驗的「眉角」，還是繼續承辦許多臺灣資本市場的指標性案件。

第九個指標點，則是臺灣資本市場下滑，理律開始協助證交所，到海外招募外國公司及臺商來臺上市。理律協助臺灣證券交易所或櫃買中心出訪至各國招商，迎接全球企業和投資人來臺灣股市做首次公開募股上市（Initial Public Offerings, IPO）或臺灣存託憑證（TDR）上市，包括東南亞、馬來西亞、泰國、新加坡、中國大陸等地公司。

資本市場之路，臺灣的學習之路

回顧這條資本市場的生命線，理律一路伴隨經濟發展領導市場、創新產品，從不鬆懈。理律自身也在這一路持續創新中學習與成長，不管在企業併購市場或資本市場等，理律都扮演重要的角色。在大型資本的移動中，例如證券化、不良債權收購等，理律都居市場領導地位。透過引進外商來臺投資、創新各種募資模式、健全資本市場，為臺灣帶入重要的經濟動能，理律也都深度參與其中。

在這過程中，理律最大的滿足與成就，不在於接到案子，而是理律參與及協助建立了「這些市場」。讓臺灣企業透過「多元募資新工具」擴大發展，而不再只有向銀行借錢一條路，而可透過資本市場向國外、公眾募集更多資金，增加很多募資途徑，對企業、對投資人、對臺灣總體，都是一個學習過程。而理律人最大的學習，其實就是從客戶學習。

理律扮演的就是一個橋梁的角色，讓政府知道客戶有新需求。例如，理律第一次做存託憑證時，跟中央銀行、投審會等部門去溝通，花了很多時間最後終於做起來了。

「只要人活著，金融就不會消滅」

總結未來理律在臺灣資本市場裡的定位與對臺灣資本市場的觀察，張朝棟闡述了一個核心概念：「生活脫離不了金融，你只要有財產，你只要有儲蓄，金融就是一直繞著我們。只要人活著，金融就不會消滅，只是金融的態樣會一直變。」

比方說，近年來「第三方支付」、「比特幣」等概念陸續出世，意謂著新興金融產品會不斷湧現。這一方面會為金融市場帶來新的可能性，另一方面也會衝擊過去的金融體制，帶來新的金融風險。這些都將成為資本市場這條生命線前進的過程中，一波又一波的養分、能量，甚或考驗、風暴。

「金融就是市場、效率、風險的分擔，跟我們每天生活息息相關，因為金流就是生活模式，支付是每天生活的動作。當行為與生活模式變遷，銀行要參與新的趨勢才能存活，銀行必須永遠跟著客戶需求而前進。臺灣因為藏富於民，這是非常大的優勢，臺灣投資人對金融服務需求也非常高。另外，因為市場高度競爭的結果，仍然有銀行家數過多（overbanking）的疑慮，但也因此，臺灣消費者享用的金融服務品質提高了，而服務費用則相對較低。」從中我們也看得到臺灣銀行業的靈活與競爭力。一九九八年加入理律、曾參與起草《金融控股公司法》等多項立法與修法的張宏賓說[1]。

然而，二〇〇八年全球金融海嘯後，少數金融業者的不當行為，激起全球民眾對金融資本主義的普遍反感。但曾準確預言二〇〇〇年網路泡沫、二〇〇八年次貸金融海嘯，二〇一三年諾貝爾經濟學獎得主羅伯·席勒（Robert J. Shiller）仍大力辯護：金融機構與民眾之間的連結，對社會十分重要。有它才能控管風險，讓社會將創意轉化成重要的產品和服務，包括改良的手術計畫和先進的製造技術，精進的科學研究企業，以及整體的公眾福利體系。「金融如何能夠促進自由、繁榮、平等和經濟安全？我們如何能夠使金融民主化，使它進一步造福全人類[2]？」

從金融事業端來看，消費者意識不斷提升，讓金融事業必須更加重視服務與效率。金融業必須不斷有新發想、新創意，去創造更有競爭力的金融商品。但與此同時，風險的管理與分擔也更加重要。這些新發想、新創意與新的金融工具，每一樣都意謂著風險。二〇〇八年金融海嘯後，各國強化管制力度，法律遵循尤其成為顯學，美國網站eFinancial Careers於二〇一五年四月報導，華爾街最熱門的十一種職務，法令遵循主管（Compliance Analyst）居第四位。這個職務負責檢視金融機構是否依循政府法規行事，以確保企業合乎規範與健全發展、掌握客戶風險等[3]。「因為每一個銀行被罰都是幾億

1 「理律法律事務所律師張宏賓，三十歲的律師，搞出一部金控法」，商業周刊，2001-07-09。

2 「有『德』才能走向民主化金融創新之路」，吳惠林推薦序，《金融與美好社會》，羅伯·席勒著，天下文化出版，2014-12-25。

美金在罰，幾年都賺不回來。」張朝棟說。

從政府端來說，政策也變得更關鍵。金融或資本市場的產品，不管是銀行、證券、保險公司，都是高度管制行業，因為一旦出錯，危害很大，所以合理管制是必要措施，但政府仍需要讓市場有彈性跟創新空間。優質產品要怎樣存續下去，業者要努力，主管機關態度也須開放。比方說，政府現在積極推動「金融業打亞洲盃」的政策，主要就是資金沒有國界，當臺灣的金融產業都在做跨國經營的準備，政府的心態必須更開放。如果只是把金融機構鎖在臺灣，一方面會讓金融業流失競爭力，二方面也將失去發揮跨國影響力的機會。

也許如同席勒所樂觀認為，必須採取的變革應擴大範圍，而不是著眼於限制金融資本主義的創新能力。「金融的民主化與人性化密切相關。金融離不開人性，我們對人類心理的了解愈透澈，金融會將這種知識納入體系、模式和預測中。」

而理律，做為這一條生命線上的共同體與參與者，也必須相應以更大的創意與彈性，去協助法律因應在新時代下，更加快速變遷的金融新環境與人性挑戰。

---

3 「二〇一五年華爾街最熱門的十一種職業」，大紀元時報，2015-04-06

徐心蘭

金融暨資本市場部　合夥人

短短十幾年執業生涯中，科技進步與社會變遷，大幅改變金融併購法規與律師執業的樣貌與方式，惟經過網路泡沫、金融危機、市場與企業的起起落落，個人深信誠信、專業、公義、利人仍是變動中法律工作者不變的價值。

吳心儀

金融暨資本市場部　初級合夥人

在理律的日子，心，從來不曾迷失。總有許多前輩引領我該走的方向；總有身邊伙伴支持我挺過困難障礙。幸運身為一份子，因為大家堅持核心價值，在任何爭議，我們總能有己見，不隨波逐流，在公益也不落人後。歷經風雨的理律，屹立依然。

24 流動剪影——商標浮現的光陰故事

「一九四九年政府遷臺，當時的商標主管機關中央標準局資料庫的重建，還多所借助李澤民律師當時客戶案件資料。」一九八二年加入理律的楊適賓說。

商標、專利、著作權，是理律早期主體業務，李澤民律師自一九三〇年代起在上海執業，即代理諸多國際品牌商標在華註冊，如Coca Cola、Philip Morris、米高梅、奇異GE等。到臺灣後，王重石、鍾文森、陸長元、李光燾的相繼加入，為理律的商標專業領域奠定了堅實基礎。

商標，流動的臺灣剪影

理律代理一個又一個各種型態的商標，不管是圖案、動態、聲音商標等等，每個商標都承載著一群人的故事、連結和信任。這讓我想起臺灣巷弄中的特色商店，往往擺掛著擁有幾十年歷史的手繪商標或斑駁海報，身在其中，沉澱著體會背後光陰的故事。

檢視理律五十年來所代理的數十萬個商標，就像拉開一段長逾半世紀的電影膠捲紀錄片，臺灣的生活與產業百態一幕一幕快速在眼前流過。從不同時期商標的變化，可以看到不同產業的興衰與演進，以及領導業者的消長，也能看出大眾消費者的生活型態。

一九七一年加入理律，目前已退休的陳若愚說：「我在理律從事商標服務近三十年，從中見證了臺灣經濟發展從製造業走向服務業的過程。在那個製造業精進的年代，許多優秀的臺灣製造廠被外商選為合作夥伴，理律承辦的技術合作案及商標授權案因而大增，顯見臺灣製造能力廣受國際認同。其後，臺灣經濟漸入佳境、消費力提升，成為受矚目的潛力市場；一九八〇年代西方飲食文化麥當勞是餐飲服務登臺先驅、精品零售業者先施百貨、大賣場家樂福陸續向臺灣叩關，成為政府決定開放外商服務業進入臺灣市場的轉捩點。在金融服務業最大宗的『信用卡服務標章』授權案核准後，更顛覆了臺灣人的消費模式，累積形成先享受後付款的卡債風暴。7-Eleven超商服務標章授權，也注定了柑仔店的轉型與沒落。之後又有外國廣告業開放，對臺灣的廣告及文創產業有很大的啟發效果。」

麥克唐納氏 McDONALD'S （一九七〇年）	Corporate Logo （一九七八年）	麥當勞（一九八三年）
CHEVRON（1958年）	PHILIPS（一九六〇年）	EXXON（一九六八年）
EVEREADY （永備1973年）	3M（一九七五年）	勞力士（一九八〇年）
NBA（一九九一年）	柯達（二〇〇〇年）	全家便利商店顏色組合 商標（二〇〇五年）

與時俱進的商標型態

要到任何地方製造、銷售，企業首先得註冊商標，小小一個商標，承載企業的承諾以及消費者的信賴。「登記」是商標的初始業務，也是重心，早期登記商標數量相對不多，在智慧財產權觀念尚混淆不清的年代，登記相對單純直接，但理律仍獨占鰲頭。理律協助外商申請投資，也同時辦理公司登記、商標登記及專利申請。

五十年來，人類的溝通方式與載具不斷地變化，也不斷地進化，這一點當然也體現在產業與市場，並折射在商標型態上。商標漸漸超越視覺平面，而為人類的五感體驗量身打造。

「早期只有文字、圖形、記號等型態之商標，後來商業活動發展日新月異，傳統商標型態已不敷市場所需，一方面也為了配合加入WTO，《商標法》發展出『特殊型態商標』。理律就代理過不少先驅案件，例如第一件證明標章及動態商標。」一九七八年加入理律，目前已退休的楊淑婷說。

當時臺灣社會受國際資訊刺激相對不深，第一線服務外商的理律，常扮演橋梁角色，引進新觀念，提供主管機關實務與法制國際化的建言。例如標章種類的增加（服務標章、防護標章、聯合標章、證明標章、團體標章等）、非傳統性商標的承認（立體、顏色組合、單一顏色、聲音、延伸圖案商標等）、第二層意義觀念的引進、擴大著名商標的保護、商標優先權的承認、抑制仿冒的商標侵權刑責加重等。

其中也曾發生不少現在看來讓人莞爾的事。一九九〇年代開始風行全球的微軟視窗作業系統（Windows），很難想像，它一九九二年在臺申請註冊「WINDOWS」商標時會慘遭滑鐵盧。當時中央標準局認定那不算商標，只是「指定商品的說明文字」，因而駁回申請，經行政訴訟都遭駁回。

一九九四年《商標法》修正，理律再協助申請，經過先後八次書面說明，補充國內外行銷、文宣廣告、各國註冊資料及立法例、法學論述及判例，甚至包括核准註冊對相關產業影響分析。經過幾年努力，才在一九九八年獲准註冊。

另一個例子，是日商「株式會社良品計劃」，曾於一九八八年及一九九三年兩度申請「無印良品」商標，也被認定是「說明性文字」而遭核駁，大意是：「『無印』就是沒有商標，『良品』就是好產品。」「無印良品」意思是「沒有商標的好產品」，這只是一種說明，所以不能當商標。

一九九八年第三次申請，日商改為委託理律處理，理律向主管機關探詢不准註冊的原因，原來，審查員所熟悉的「無印良品」是走紅東南亞，一九九五年在臺灣發片的歌

第一件：註冊第00000001號 （臺灣精品標誌） 一九九五年	第一件：註冊01641755號 （「撒隆巴斯」冷敷貼布電視廣告 動態圖像）

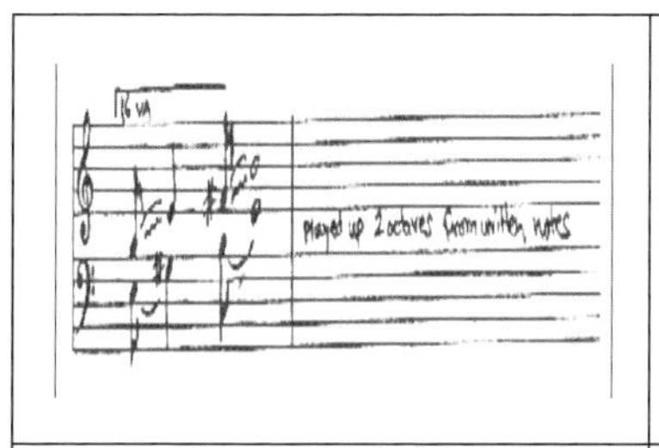	
Windows Vista Sound Brand聲音商標 （二〇〇八年）	曼秀雷敦小護士聲音商標 （二〇〇九年）

TIFFANY藍色包裝盒立體商標 （二〇一一年）	美極調味品瓶身外型立體商標 （二〇〇五年）	SMART汽車立體商標 （二〇〇五年）

手組合光良、品冠，並不清楚這商標是「由日本公司首創」。

後來理律請日商提供上百頁備忘錄，舉證創造商標的過程，也比對光良品冠的唱片發行時間晚於日商，主管機關終於接受而核准「無印良品」註冊。

商標業務的新挑戰

隨著經濟起飛，進口「舶來品」在臺廣泛流通，抄襲外國商標的仿冒歪風隨之盛行。理律的商標工作也由過去以單純登記為大宗，轉變增加了高複雜性的爭議處理；打擊仿冒以保護商標及著作權，成為重中之重。理律也從協助辦理商標登記，更進一步站上反仿冒的前線，於一九八四年成立「反仿冒小組」，協助廠商查緝仿冒，保障權益，為反仿冒三十年戰爭拉起了序幕。

隨著法規及實務見解國際化，使臺灣商標保護環境接軌國際，登記規則清楚明瞭，不再難懂。「抄襲商標」的撤銷管道多元、門檻也大為降低，但內行與外行的界線逐漸模糊。這是法制普及的正向發展，但商標業務也因此進入嶄新而充滿挑戰的新年代。

丁靜玟

商標著作權部　資深顧問

參與理律近三十年。回顧過往，只有感謝。何其榮幸能和各方專業優秀的理律人合作、學習、互相扶持，藉由對客戶提供卓越服務，達成對社會關懷的終極目標。

沈吉玉

商標著作權部　顧問

何其有幸能參與理律的三十年。除了感恩還是感恩，感謝理律給一個肢體障礙者工作機會，使其學有所用，在社會立足，進而成立自己家庭，並對社會小小貢獻。期許關懷社會、服務客戶，延續理律卓越成就。

25 頭號敵人——反仿冒三十年戰爭

一九七〇年代的臺灣是全球雨傘代工基地，而臺製雨傘在一九八七年的美國電影《致命的吸引力》中，可是那劇情轉折的重要橋段。男主角麥克・道格拉斯在雨中的街頭，彎腰拚了老命開傘，但卻一直卡住，女主角葛倫・克蘿絲發現後在一旁笑看，撐著傘優雅地走近狼狽至極的他問：「是臺灣製造的嗎？」當男主角終於打開傘時骨架卻當下折斷，「這種東西還不好找呢！」他說。男主角無奈地把傘丟進垃圾桶，兩人拿著「一支小雨傘」走進故事。

一九九八年電影《世界末日》中，鐵漢布魯斯・威利決定犧牲自己，在一分鐘後引爆飛向地球的隕石以拯救全人類，但載著其他伙伴，準備從隕石飛返地球的太空梭，卻發生引擎故障。太空任務在分秒間決定生死，沒有出錯的空間，更何況在拯救世界存亡之際。只有一分鐘，美國人面對著引擎卻不知從何修起，俄國太空人說：「不管美國零件、俄國零件，都是Made in Taiwan！」這時仍未修好引擎的美國人，被氣得失去理智的俄國人用力推開，他拿起扳手猛敲引擎說：「我都是這樣修理俄國太空站！」沒想到，引擎竟啟動了……

臺灣製造，在近年已成為品質保證，深獲世人肯定，但從這幾部早年的美國好萊塢電影可以發現，當時的「臺灣製造」可不總都讓人滿意，更給西方人一種「品質不良」的刻版印象。然而，除了品質還不夠成熟外，還有一個飽受批評的史大問題，那就是「仿冒」。

仿冒王國惡名遠播

一九八〇年代，臺灣因為日趨嚴重的製造業仿冒問題，面臨強大的國際壓力，一度被國際社會稱為「仿冒王國」，甚至被調侃臺灣最著名的商標就是「仿冒」。

以智慧財產權及公司投資業務起家的理律，在當時代表許多正牌廠商維護品牌權益，站上反仿冒的前線。在進入故事前，讓我們先大致了解，臺灣在反仿冒問題上的始末與時代背景。

臺灣的仿冒問題並非起自一九八〇年代，嚴格來說，是從國民政府遷臺，在經濟高速起飛發展三十多年後所伴隨的現象。只是到一九八〇年代，臺灣製造廣銷世界，仿冒產品更趨於白熱化，各國責難齊至，迫使官民必須正面回應國際壓力。理律也在一九八四年七月，成立了「反仿冒小組」。

一九八〇年代的壓力主因是：第一、往昔生產技術差，仿造品極易分辨，不致影響正牌產品銷路，但隨著臺灣代工及製造能力提升，仿造品幾可亂真，嚴重威脅原真品的銷售；第二、往昔臺灣的仿冒品主要供應國內市場，在一九八〇年代前後，仿冒品隨臺灣中小企業蓬勃開發的經貿網絡大量行銷全球，侵蝕原廠牌的國際市場，廠商極為憂心而強烈反彈，並亟思反制之道；第三、以往仿冒品多以消費品為主，但此時的仿冒廠商已可仿製生產設備與工業零件，甚至公然赴國際參加商展，高調張揚。

於是，一九八〇年代臺灣嚴重而日趨張揚的仿冒問題，終於讓被仿冒的各國廠商達到不滿的臨界點，強烈質疑臺灣政府查緝仿冒、維護智慧財產權及市場公平競爭原則的決心，也對臺灣智慧財產法規不夠健全提出嚴厲批判。

臺灣仿冒的嚴重程度，可以從以下幾個場景看見一隅：

第一，國際反仿冒聯盟（The International AntiCounterfeiting Coalition, IACC）把我

國廠商列為「頭號敵人」，並在一九八一年成立「臺灣特別小組」，專門處理商標仿冒與專利侵權相關案件，並經常派遣代表與我國有關單位聯絡，敦促我國儘早制訂有關法律。

第二，一九八二年九月美僑商會在記者會上，陳列由美商所收集的臺灣廠商製造的部分仿冒品，電池、手錶、書籍、運動鞋、化粧品、底片、電器製品及汽車零件等等，「真假難辨」、「物美價廉」、「應有盡有」。藉此要求臺灣展現打擊仿冒的決心[1]。

第三，臺灣當時的仿冒品質很好，連專程來臺灣抗議的正牌廠商都感到驚奇。一位名牌鋼筆企業的負責人還對臺灣財經高階官員感嘆說，臺灣仿造他們品牌的鋼筆，連他都辨別不出真偽，不論從外觀或各種零配件，若非由技術人員用精密儀器詳加檢驗，很不容易發現破綻。他對臺灣廠商能生產這麼好的產品，卻不願意經營自己的商標品牌以建立信譽、打開市場，更是百思不解[2]。

嚴重的仿冒問題，不僅影響臺灣的國際聲譽，也危及臺灣賴以生存的經貿生命線，因為長期抗議而漸失耐心的各國，警告將施以嚴厲的貿易制裁。

1 「臺灣『仿冒商標』成了世界名牌」，陳啟明，經濟日報，1982-11-08。

2 「仿冒商品問題嚴重了！英美德比等國醞釀抵制行動 如不有效制止影響外貿發展」，聯合報，1981-03-14。

一九八一年初，包括英、美、西德及比利時的著名廠商，對於臺灣廠商大量仿冒甚感氣憤，一面來臺布局取締，一面醞釀抵制、限制臺灣產品輸入其母國市場。英國國會在年度對外貿易檢討會議中，即對臺廠的仿冒商標行為，公開表達強烈不滿，並計劃採取嚴厲措施[3]。

政府嚴查維護貿易信譽

鑒於臺灣仿冒問題日益嚴重，政府為宣示查緝決心、紓解國際壓力，並導正仿冒猖獗亂象，在一九八一年三月十二日成立「經濟部查禁仿冒商品小組」，由經濟部次長汪彝定任召集人，檢驗局副局長石永昌為執行秘書，商業司副司長白先道為副執行秘書，委員包括經濟部國貿局、工業局、檢驗局、中央標準局、法務部、內政部警政署、財政部關務署、臺灣省建設廳、省市建設局、中華民國消費者文化基金會、臺北市消費者保護協會等單位。

禁仿小組每個月定期開會，加強取締仿冒商品，並協調海關等有關單位嚴格管制仿冒品進出口內外銷。第一次會議就討論英、法、西德、美等國家對我國仿冒產品外銷嚴重抗議案，並建議法務部修改《刑法》二百五十三條及二百五十五條、促請司法單位確實對仿冒商標案件「從重量刑」；以及討論對「仿冒商標」和「偽標產地標示」的出口貨品採取事前管理制度，加強出口檢驗及通關的查驗方式[4]。

一九八二年十一月十七日，時任經濟部國貿局長的蕭萬長，在中國國民黨中常會剴切陳詞：「我國外銷商品，仿冒國外商標幾可亂真，顯示技術水準日益提高，但我國出口廠商均屬中小企業，不重視研發，無力在國際市場建立自己品牌及知名度，再加上我國又非『防止仿冒國際機構』會員國，國際間甚不諒解，曾多次向我國嚴重抗議與關切，若未能加以遏止，勢必對我國出口商譽有莫大損害，甚至影響今後技術移轉工作[5]。」

當時兼任黨主席的總統蔣經國聽取報告後立刻裁示：「應特別注意少數廠商仿冒商標的不良行為，積極予以嚴查處分，以重國貿信譽，維護國家形象[6]。」

這些訊號顯示，政府對仿冒睜一隻眼、閉一隻眼的時代過去，臺灣的「仿冒假期」結束，政府在國際壓力下，對反仿冒已沒有消極無為的空間。

3 「仿冒商品引起國際杯葛 美英德比等著名廠商 醞釀抵制我商品進口」，聯合報，1981-03-13。

4 「查禁仿冒商品小組 今天正式成立」，聯合報，1981-03-12。

5 「重新樹立我國對外貿易新形象」，經濟日報，1982-11-20。

6 「蔣主席要求維護國貿信譽 仿冒商標不良行為 應予積極嚴查處分」，聯合報，1982-11-18，頭版。

而這一場反仿冒戰，從一九八〇年代趨於白熱化，臺灣從一九八九年被列入「特別三〇一條款觀察名單[7]」，一直到二〇〇九年從美國特別三〇一名單中除名，進行了將近三十年，可謂反仿冒的「三十年戰爭」。近年來，被我國海關查獲的出口仿冒品幾乎等於零，可謂大功告成。

美國貿易代表署在二〇〇九年一月十六日，將臺灣從特別三〇一觀察名單中除名時，該署發言人西恩．史拜瑟（Sean Spicer）說：「在二〇〇一年的時候，貿易代表署還稱臺灣為『盜版之家』，如今臺灣已強化法律與執法，並展現成為『創新與創意之家』的承諾[8]。」

理律對反仿冒法制建言

對於仿冒問題對國家商譽的重大打擊，理律亦多次呼籲政府重視。

針對國際反仿冒聯盟考慮對臺採取「限貿」或其他報復性措施的警訊，一九八二年六月理律以事務所名義接受媒體訪問時表示：「或者有人認為仿冒商標行為是發展中國家必經的過程，不足為奇，但此種行為的本身仍是一種詐欺舉動，輕者使消費者受騙上當，正牌廠商損失應得利益，而重者則影響國家商譽，永遠無法在技術上和產品上創新，使臺灣永遠處於受經濟大國支配的局面。」

理律當時分析仿冒商標者的心態認為，固然有少部分係出於業者無心，致誤蹈法網，但大部分仿冒案件卻是惡意仿冒，不是完全抄襲他人商標，就是僅在英文商標上變換一、兩個字母，以達其矇混消費者推銷仿冒品的目的。[9]

仿冒嚴重，除了導源於企業紀律敗壞、不肖商人抱持著「撈一票」與「打帶跑」的心態，只圖眼前暴利，不思長線經營的投機心理外；司法機關的觀念不能與時俱進也是原因之一。一九七四年進入理律的程寧生，當時受媒體專訪時舉了一例，「有些汽車喇叭、皮帶環扣、鎖等部刻上外國名牌商標，商標權人控告到法院，請求燒毀或沒收仿冒

7 301條款，是美國《一九七四年貿易法》第301條的簡稱。美國貿易代表署（USTR）每年向國會提交「各國貿易障礙報告」，指認未能對美國智慧財產權利人及業者提供足夠與有效智慧財產權保護措施，或拒絕提供公平市場進入機會的貿易伙伴，並根據這份報告在一個月內列出「特別301條款」國家與「306條款監督國家」。中央社，2004-05-04

8 臺灣因保護智慧財產權不力，被美國長期關切後，自一九八九年開始列名特別301觀察名單，其間除了在一九九六、一九九七兩年自觀察名單中除名外，至二〇〇八年一直都在優先觀察或一般觀察國家的名單間徘徊。「十一年來首度 臺灣自特別301除名」，聯合報，2009-01-18。

9 「仿冒外國商標嚴重影響我國商譽 國際反仿冒聯盟擬採集體杯葛 業者應速自創商標建立知名度」，經濟日報，1982-06-12。

品，法院卻認為，只有刻上去的『商標』違法，判決被告應將其磨去[10]。」於是「磨去商標」的仿冒品，仍可流入市面。

此外，鑒於當時法院對仿冒案件多以「易科罰金」輕判，理律建議政府提高刑責為五年以下有期徒刑，理律強調，如此一來「仿冒者將不得因被判處六個月以下有期徒刑而有機會易科罰金，可使仿冒者有所警惕；以後業者無論是自製自銷，或接獲國外買主訂單外銷時，都必需重視商標問題，對構成仿冒商標與否，自不可不慎，否則一經查獲與他人商標相同或近似，構成侵害時，就不再是罰金所能解決了。」這項意見，後來被納為經濟部（奉時任行政院長孫運璿指示）研商杜絕仿冒的十點結論之中：凡經查禁仿冒小組查獲之仿冒或偽標產地之產品，一律禁止出口及儘速修正商標法及專利法，並將商標法罰則提高，避免易科罰金等[11]。

除了在總體面、法制面提出呼籲與建言，在臺灣這場反仿冒三十年戰爭中，理律在許多個案的查緝，也扮演了前鋒角色。這些，都是下一個故事。

---

10 「查禁仿冒商標雷厲風行 商標法本身有死角 未註冊者難獲保護」，經濟日報，1982-09-20。

11 在一九三五年制訂的舊《刑法》第四十一條，規定「犯最重本刑為三年以下有期徒刑以下之刑之罪，而受六月以下有期徒刑或拘役之宣告者」得易科罰金；但刑法該條文已在二〇〇一年修正，從「三年以下」放寬為「五年以下」。

李文傑

商標著作權部　合夥人

加入十五年來，深刻體會理律人不僅傑出活躍於各法律專業領域，更親身體認理律人充滿愛心關懷社會。當社會重大變故時發揮愛心，有關公眾權益時則振臂高呼，平時投注心力持續關懷弱勢族群。身為最優秀公益事務所一員，與有榮焉。

黃麗倩

商標著作權部　顧問

關懷服務卓越是理律核心價值，亦是理律人銘記於心的目標。我們手上承辦的每個案件，都是重要案件。對每一客戶我們皆誠心相待，我們皆是全力以赴。法律服務是做長久而非一時的，客戶是長久朋友而非短暫過客。一路走來莫忘本心。

26 ET風潮——捉拿外星人

談起一九八〇年代風靡全球的好萊塢著名電影，絕不能漏掉史蒂芬·史匹柏執導的「E.T.」。

這部一九八二年在美國首映的科幻電影，講述一名意外留在地球上的外星人，被一位小男孩發現並收留，彼此建立了深厚情誼。外星人在小男孩的幫助下化險為夷，渡過重重難關，終於和其母星球取得聯繫，最終回到故鄉。

這部電影留下許多經典畫面，例如當小男孩騎著腳踏車、載著個子嬌小的外星人逃避特工追捕，外星人用超能力讓腳踏車騰空飛起，他們的身影劃過了在樹梢頂上的巨大明月。這畫面成了一幅傳世的映象，被稱為電影史上最神奇的時刻，許多人都無法忘記。

從臺灣輻射世界的外星人大戰

然而，這個溫馨的外星人故事，在臺灣卻變成了另類的「外星人大追捕」。「E.T.」轟動上演後，主角外星人受到瘋狂的歡迎，成為全世界最具知名度的「明星」，這股旋風不但橫掃美國，也襲捲全球，周邊商品熱銷，創造了龐大商機。

臺灣在這一波熱潮中，迅速變成了「外星人大軍」的生產重鎮。貼紙、鑰匙圈、墊板、髮夾、填充布娃娃、吹氣玩具、塑膠玩具等各式周邊商品相繼上市，消費者爭相搶購，市場供不應求。各國進口商遂向臺灣密集下訂，寄來圖片請臺灣廠商開模生產，一時之間「ET」成為臺灣外銷的新寵兒。

一九八二年八月，臺灣產製的「ET玩偶」正式外銷美國，初期數量不大，一筆訂單數量約在三至五萬個左右。在FOB交易條件下[1]，每個單價約一美元（以六點五吋玩偶為例），當時國內生產這類產品的工廠約有二十家。到了九月底，出口數量達最高峰，一筆訂單動輒三、四十萬個。

這類仿冒產品成本極低，利潤卻非常豐厚；外銷初期利潤高達六成，後期利潤仍有

1 FOB，Free on Board，船上交貨價、或稱離岸價格，是國際貿易條規的一種常用貿易條件。

三成左右。許多小型塑膠工廠接連投入生產，不到三個月，生產的工廠已超過一百家[2]。

這當然引來環球影業公司授權製造的美國廠商的嚴重關切，便委託理律展開調查。於是上演了「正版ET」與「仿冒ET」的權利大戰。理律先向國內的仿冒廠商提醒，美國環球影業公司在美國及世界各主要國家擁有「ET」商標、造型的註冊專用權，並包括著作權。該公司並授權MCA（Merchandising Corporation of America Inc.）使用生產，MCA已再授權五十家公司承製有關產品。此外美國公司Kamar International Co.取得「ET」填充玩具的產銷權，未取得授權的公司其產品不得於市場銷售。

但這一示警，並未讓仿冒的熱潮止歇。除了直接的仿冒外，這一場「ET大戰」，也延伸到了「商標註冊」。在環球影業公司意識到臺灣的仿冒問題前，許多本地廠商就已紛紛搶在環球影業之先，在臺灣向經濟部中央標準局以不同種類商品申請註冊商標。美國環球影業公司後來才委託理律提出商標申請。由於「ET」已風行全球，已屬世界著名商標，因此標準局相當審慎，避免造成商標糾紛。

一九七四年進入理律商標組（一九九一年更名商標著作權部迄今）服務的章毓群，先是透過媒體苦口婆心勸導國內廠商停止製售仿冒品，然而情況並未改善，便採取一連串法律行動。

章毓群說：「國內已有許多廠商大量仿冒產品銷美，理律根據國外提供的具體資料和證據後，從一九八二年十月起已開始在臺灣查扣仿冒品，即使這邊有『漏網之魚』，貨運到美國也多數會被美國海關查扣。等到一九八二年十一月，「E.T.」電影在歐洲上映後，仿冒品的市場已由美國轉移到歐洲，理律又查獲國內廠商製造的仿冒產品擬銷往丹麥，即向經濟部查禁仿冒產品小組提出申訴，要求政府有關機關協助取締。」

值此同時，經濟部禁仿小組也開始調查此案，並希望理律提供證據以便處理[3]。道德勸說無效後，已在臺登記外星人玩偶著作權的美國環球影業公司，便委託理律採取進一步的法律行動，第一波是報請警方於臺北市取締仿冒製造商，當場「捕獲」兩萬多個「ET」。這是美方首度對國內仿冒「ET玩偶」的廠商採取法律行動[4]。

接著，理律便在全臺灣，會同檢察官、警方，查禁仿冒產品與盜錄電影錄影帶。

---

2 「外星人玩具成寵兒 銷美訂單紛至沓來 『明星』有主．無產銷權莫叩關」，經濟日報，1982-11-26。

3 「玩具外星人 仿冒新寵兒 許多廠商申請註冊 慎重審核避免糾紛」，聯合報，1983-01-21。

4 「捉拿外星人 捕獲兩萬多 美商採取法律行動 警方取締仿冒ET」，聯合報，1983-02-10。

米老鼠送愛心，壞事變好事

不只是ET仿冒案，其他許多重大仿冒案如《讀者文摘》、IBM電腦、勞力士手錶、史奴比、加菲貓等等，在當時都引起極大矚目。理律常是知名廠商委託處理仿冒問題的首選。

還有一件引起高度關注的迪士尼米老鼠仿冒案，過程中有個溫馨插曲。美商華德迪士尼公司精心製作的米老鼠、唐老鴨等卡通人物造型，已有數十年歷史，在臺灣家喻戶曉，但在一九八〇年代，社會大眾與企業對著作權的觀念薄弱，仿冒米老鼠的事件時有所聞。

歐美對保護智慧財產權及工業財產權的呼聲愈來愈高，迪士尼便委託理律處理，查獲若干廠商未經授權，即冒用米老鼠等造型於生產故事書及運動衫。這些被查獲的仿冒者，不乏高知名度廠商，產品上也標明其商標及公司名稱。

迪士尼公司與仿冒廠商私下和解後撤回刑事告訴，並將沒收的仿冒品委請理律銷毀，但當時理律卻給了迪士尼一個建議：臺灣兒童非常喜歡迪士尼卡通人物，不妨捐贈給臺灣的育幼院，將仿冒的憾事轉變成愛心公益的美事，同時藉此教育及建立國人對智慧財產權的認識與尊重。這項建議獲得迪士尼公司採納實施。

於是，工業總會全國工商反仿冒委員會、理律法律事務所與美商華德迪士尼公司臺灣授權總代理寬達公司，共同舉行仿冒品剪毀儀式，象徵性地剪毀仿冒的卡通故事書及運動衫等，其餘仿冒品則委託理律捐贈給育幼院[5]。

反仿冒第一線場景

理律之所以會成為重大仿冒案的受託事務所，一九九四年進入理律並加入理律反仿冒小組的劉騰遠律師分析，因為理律在我國法律服務的專業與知名度，許多外商公司來臺就是先找到理律，將商標、專利事務請理律一併處理。等到公司或其商品進入臺灣市場後，發生各種法律問題時，也順理成章請理律協助，反仿冒問題自在其中。

與引進投資、申請商標及專利等法律服務不同，「反仿冒」是一項衝突性相當高的業務，風險也高。從一九八〇年代到二〇〇〇年之間，「仿冒問題」經常占據媒體版面，常成為臺美貿易摩擦交鋒議題，讓臺灣貿易時時受到美國特別三〇一乃至超級三〇一條款威脅。因此，參與「反仿冒小組」的理律同仁都有非常多甘苦記憶。

5 「米老鼠不容侵犯！冒用造型要吃官司 廠商對智慧財產權認識待加強」，經濟日報，1985-01-19。

劉騰遠回憶他的工作印象。「小組有十幾個人。當時沒日沒夜在做，跟保安警察隊巡邏，配合掃蕩夜市的仿冒品、盜版品以及仿冒工廠。絕大部分案件主要是仿冒精品，LV、Chanel、Rolex這三個品牌就占了七、八成，還有各種名牌手錶與汽車零件。當時還有街頭掮客，會帶觀光客到『巷子密室』買仿冒品，以躲避警方查緝。」

反仿冒小組業務之重，也可從劉騰遠「沒日沒夜」的工作情形看出端倪。在仿冒案的高峰期，大量侵權案發生在中南部，劉騰遠律師當時登錄「臺中、彰化、雲林」三個法院執業，雲林的上訴二審案件管轄又在「臺南」高分院，甚至還得常到「花蓮」。當時臺灣還沒有高鐵，他都搭螺旋槳小飛機到各地處理案件。

「一早六、七點去松山趕飛機到臺中水湳機場，九點在臺中法院開庭；再轉車到彰化辦案，最後搭車回臺中轉乘飛機回臺北。」一週搭飛機二至四趟，一年逾兩百趟（四百架次），也因此認識許多空姐與地勤人員，成為數十年好朋友，「他們結婚還邀請我觀禮呢！」劉騰遠說。

此外，掃盪仿冒品時，為了「攻其不備」，警方有時會選擇「深夜出擊」，律師也得配合。「保安警察掃蕩各夜市，許多同仁配合一次『逛』很多夜市，還搭警車去找客戶方（被侵權者）的『指定鑑定人』住家敲門，請鑑定人一起搭警車到警局做筆錄，鑑定結果認定侵權，就移送法辦。」

這些，都是仿冒盜版問題猖獗年代，反仿冒工作第一線的鮮活場景。

蔡瑞森

商標著作權部　合夥人

默默耕耘的理律人造就了光輝燦爛的理律五十年；理律人「無為」、「不爭」、「歸樸」、「自然」之心中實典，實為理律萬年百世之基石。

陳惠靜

商標著作權部　顧問

理律五十，前三十年我來不及參加，後二十年躬逢其盛，在工作上體現了「關懷、服務、卓越」精神，見證了理律從服務客戶出發，進而作育英才，到關懷社會服務大眾的卓越表現，祝福理律迎接更多更美好的五十年！

27 功成不退——反仿冒小組的足跡

反仿冒的工作，有許多「衝突面」與「風險面」，參與反仿冒小組的理律同仁都點滴經歷。

早期的反仿冒故事，多與勞力士（Rolex）名錶有關。在美國史上最暢銷、全球累積銷售量逾八千萬冊的小說《達文西密碼》中有個橋段，銀行總裁假借卡車司機身分開車，偷渡兩位主角出城，一時大意忘了取下手上昂貴的勞力士名錶，警察起疑問：「你們司機都戴勞力士嗎？」銀行總裁於是騙警察：「你說的是這塊廢鐵？這是我在地攤上跟一個臺灣人買的，二十歐元。你出四十元我就賣。」誰能想到，竟是「臺灣仿冒，以假亂真」的刻板印象，幫助男主角度過生死難關。臺灣製造，在電影或小說中，一次次在關鍵轉折點發揮作用，由此可見，臺灣「登峰造極」的「仿冒能力」，是如何「深植人心」。

「下次，就是這個跟你說話」

一九八八年加入理律、曾參與反仿冒小組業務的李家慶律師，有一次和一對兄弟談判，對方因仿冒勞力士金錶被抓。談到一半，對方忽然說：「李律師，你再追我，小心有人挑了你的腳筋！」

「抓仿冒，在當時的產業結構下，我們代表的常常是外商，有時抓的對象是社會最底層的人，其實心裡面衝擊很大。這案件讓我印象深刻，他們這對兄弟，是大陳義胞[1]。」李家慶回憶。

理律做了假扣押，兄弟兩人來談和解。這對兄弟是從社會最底層一路靠仿冒起家的，就在市場賣仿冒錶。「從小長大的眷村裡有好多浙江大陳義胞，所以我對大陳人是有感情的。」當時李家慶向對方說：「你們既然已被假扣押，就和解吧！」儘管兩兄弟想辦法試圖壓低和解金額，但客戶權利人已決定金額下限。講到後來沒共識，就威脅要挑李的腳筋。

但當彼此氣氛稍緩和後，李家慶告訴對方，自己同為浙江人出身，對大陳人有共同的情感，勸說對方：「你認了吧！」對方回答：「那是我生活的依靠，不可能不做啦！我還要生活，怎麼可能不做？」但最後，兩兄弟態度軟化，還是照外商要求的金額和解了。

和解後，也許因為感謝李家慶苦口婆心的善意相勸，這對做仿冒金錶生意的兄弟，竟去刻了一個金質律師章送給李家慶。李家慶當然不能收，並回報主管。但對方說：「名字都刻上去了」，李家慶堅持不收，還說：「就把它磨掉吧！」

不久後，這對兄弟又因為其他案件被捕。這時李家慶對同事說：「這對兄弟的案子我不好再做，找其他人做吧！」

一九八四年進入理律的李念祖律師，也說了另一個故事。理律某位同事，在事務所會議室和一對兄弟談判，坐下來就要和解，講了一個金額數字還沒談攏，哥哥當場落淚。弟弟怒氣沖沖地說：「我哥哥行走江湖多少年，叱吒風雲，我從來沒有看過他在別人面前掉眼淚求人，人家還不理他的，那下次就是這個（拍胸口側邊，暗示有槍）跟你說話！」兩人走了以後，這位同事出來就問李念祖：「他有這個（拍胸口側邊），我們

1 指於一九五五年，在一江山戰役後，在美國第七艦隊協助下，從浙江大陳島撤來臺灣一萬八千位大陳民眾。

如何處理？」李念祖說：「類似這種挑腳筋的威脅，很多律師都碰過。」

反仿冒的兩難情境

「洋人幫辦、賣國賊。」當時理律承辦反仿冒業務的同仁，常常接到電話，接起來，另一頭就傳來一陣破口大罵。「我還被罵過小漢奸！」張良吉說。

有一次，新聞局一位科長去剪非法的第四臺線路，竟在路上被暗算。李光燾緊張地不斷耳提面命，提醒同仁注意安全，更全面提高同仁的保險。這之間確實存在心境上的兩難。

劉騰遠對此也有體會，他說：「很多製造生產的廠商其實不是弱勢，理律的重心是去抓出仿冒源頭。」雖然都是反仿冒業務，但不同年代、不同時期，仿冒品的態樣還是有所不同。劉騰遠提到臺灣三大仿冒類型：

一是精品：現在比較少。一方面現在市場改做「平價精品」；另一方面「暴發戶心態」在臺灣已過時，精品仿冒也相應減少，進而轉往中國大陸。

二是運動商品：球鞋、運動衣等，但現在也較少了。

三是汽車零件：至今一直都有，但案件量不大。

但近十多年，興起另一種仿冒態樣，就是偽藥，被仿冒最多的是壯陽、減肥與安眠藥。劉騰遠說了他查仿冒偽藥的一些經驗。

「這些偽藥被告，喜歡在法院批評理律是『八國聯軍』，帶外商來打臺灣，但製造偽藥對國民健康的傷害很大！製藥不分本國商、外商，不應該先畫出國籍對立，主要是為『品質』把關，只是外商常來找理律，這跟弱不弱勢無關，況且，偽藥製造商常常也不是弱勢。」

有一次，理律取締偽藥工廠，現場查獲生鏽骯髒、用來生產偽藥的機器，所拍攝照片還被美國《商業週刊》（*Business Week*）刊登出來。「現場看到仿冒藥品工廠，原料、賦形劑、膠囊分粒篩選機、成捆成捆的原物料及成品，當時看到很驚訝，臺灣的仿冒工廠可以做到這程度！」劉騰遠說，這些都和「弱勢」攀不上關係。

然而，偶爾還是會碰到一些社會底層的弱勢者，如一些小本經營的攤商。「這些底層的攤商被告，有七、八成人請不起律師，對法律的瞭解也很少，被抓到時，理律同仁也許是他們第一次碰到法律爭議中，所遇到的第一位法律專業人員。因此，當理律執行反仿冒業務時，尤其是遇到底層弱勢，我常提醒同仁向被告要好言清楚說明將承擔的違法責任及代價，無形中降低了衝突性，扮演好客戶與底層弱勢、檢警、法院間的潤滑與橋梁。我們是要幫客戶解決仿冒現象，同時維護公平市場，而不是激化衝突，製造其他新問題。」劉騰遠說。

當然，要做到這一點，並不容易。李家慶分析了執行反仿冒業務的兩難心情：「我們大多代表外商、代表資方，在很多案子的處理過程中，有很多人認為我們是買辦，有很多人認為我們是幫助有錢的人。但是在經濟發展的過程當中，怎樣引導臺灣走向健全的觀念、建立制度，形成一個能夠永續成長的環境與習慣，也很重要。」

這中間，一面是部分仿冒者可能處於弱勢情境，另一面是建立法治觀念、保護合法廠商權益、掃除仿冒王國惡名、避免臺灣被貿易制裁。當尊重智慧財產權的概念生根了，才能在全球「知識經濟」的新型態下發展，臺灣的本地產業才能跟著升級與轉型，並走向國際。仿冒，能夠嘗到短期非法甜頭，卻是這些進步與提升的最大障礙。

「反仿冒的觀念現在回頭看，目前臺灣社會都已認為智慧財產權的保護是理所當然。尤其當臺商在中國大陸發展，或者臺灣品牌的精品銷往大陸，大家忽然發現，中國大陸的仿冒問題對今天的臺灣來說是多麼頭痛。角色已轉變，態度已不同。」李家慶說。

但在理律參與的反仿冒三十年戰爭期間，臺灣社會的心態與視角尚未轉變，理律無可避免地會承受一些不理解的批評。「像郭台銘到了中國大陸，他的產品被仿冒，他會覺得大陸應該要改善對智慧財產權的保護；同樣地，今天臺灣有很多產業，包括作家瓊瑤的著作權在北京被侵害，臺灣社會都認為反仿冒理所當然。但是反過來說，當初臺灣在仿冒別人的時候，當理律代表外商的時候，很多人對理律有很多責難。其實理律是在為臺灣帶進這些新觀念，但同仁們心裡的情感衝突是很大的。」李家慶說。

臺灣拓展經貿生命線的必要之路

回顧一九八〇年代到二〇〇〇年，反仿冒是當時臺灣要繼續在國際社會立足、發展經濟、拓展外貿所不得不執行的國家政策，而且政策執行必須是「玩真的」。

當時的國際壓力有多大？美國是臺灣當時最大貿易夥伴，一九八四年二月美國國際貿易委員會（USITC）一項調查報告指出，國外廠商的商品仿冒行為，僅就一九八一年這一年，就讓美國工業損失六十至八十億美元的內、外銷生意。臺灣、香港、韓國、日本、新加坡、印尼、泰國與菲律賓，則是從事仿冒活動的主要國家或地區。

這份厚逾兩百頁的報告指出，僅臺灣一地，就占所有被仿冒產品項目的六成以上；由於他國廠商採取仿冒商標、侵害專利與著作權等不法行為對美國產業的負面影響，導致一九八二年美國的工業部門約十三萬美國工人失業[2]。

如果將心比心去看這份報告，就能理解美國、歐洲等國家何以會排山倒海地在一九八〇年代之後，宣稱考慮對臺灣祭出貿易制裁手段；何以美國頻頻以特別三〇一乃至超級三〇一條款，要求臺灣打擊仿冒、保護智慧財產權。因為他們也有照顧本國廠商與民眾就業的龐大民意壓力。

如果當時的臺灣不願、不能交出實質的反仿冒成績單，將進一步嚴重衝擊臺灣的國際貿易，傷及經濟根本。從中長期角度看，產業也無法在全球「知識經濟」中成長競爭，惡性循環下，今天的臺灣會是如何？

回顧當時理律執行的反仿冒業務，對政府落實反仿冒政策也有相當助益。因為承辦大量侵權案件，理律的口碑是一針一線扎實織出來的，更連續多年獲選「最佳智慧財產權事務所」。由於理律提供的證據資料較為嚴謹完整，某種程度上，警察、調查局、法院會比較認真對待理律的案件。

「當接獲反仿冒案委託，看到一個『仿冒樣品』，我們會思考『如何幫客戶解決問題』，而不只是告訴客戶『法條內容、判刑多重』。我們需要思考諸如如何蒐證？找出上游工廠？要找徵信社、警方、調查局？該在哪個時點提供充分資料給警調單位、向法院申請搜索票……等等」劉騰遠説。

公私機構來徵詢理律的意見，理律也樂意提供協助。就算未涉及理律的業務，也會適當提供辦案方向參考。「我們把檢察官、警察、調查單位都當成客戶在服務，或者説為提升法治實踐盡一份心力，而不小看『沒拿到錢的服務』。例如當警察發現網路拍賣網站有疑似仿冒侵權案，有時會詢問理律，經驗豐富的理律，會協助查出商標權人，提供警察後續追查的線索。這些無心之舉，都在無形中累積『整體服務網路』的印象，並建立信譽。」劉騰遠説。

「當年臺灣時尚名牌仿冒品猖獗，在製造販賣仿冒品現場所見，被仿冒品牌的九成大概都是理律的客戶。當抓到了仿冒者，仿冒商標犯罪雖是公訴罪，但警調單位在辦案實務上，仍希望商標權人提出告訴，提出權利相關文件、並出具仿冒品鑑定書以方便辦案。當時警調單位很喜歡跟理律配合查緝仿冒，因為有理律參與，就等於與大多數被仿冒品牌廠商取得聯繫。一方面理律所往來的客戶，很多是大型跨國企業，經常是仿冒案件的受害人，二方面警調對理律處理的案件具有信任感。」一九九四年進入理律的黃章

2 「仿冒美國主要產品 我占六成以上 美國貿委會發表調查報告指出」，經濟日報，1984-02-07。

典律師，描述與公部門合作的印象。

「當年，『真品平行輸入』[3]還是法律上灰色地帶，警方也要避免麻煩爭議，他們希望確定東西是仿冒品，尤其若牽涉像電腦等專利，他們也希望有人幫忙，對於公權力來講，誰提供他路徑有助解決事情，他當然很樂意跟它配合。」黃章典補充道。

知識經濟下的化敵為友，反仿冒轉型授權管理

反仿冒的三十年戰爭，隨著智慧財產權法制的完善、國人觀念的進步、本地產業的研發能力提高，以及「知識經濟」型態漸趨成熟，侵權仿冒雖然不會完全絕跡，但已不構成對臺灣經濟的嚴重困擾，也不致於惹來貿易對手的強烈壓力。

不斷接觸各國最新經濟法制動態的理律，也從經濟系統的宏觀面參與協助臺灣接軌全球知識經濟，希望幫助臺灣百業的無形智慧礦藏，得以法制化為具財產價值的權利，進一步投入產業活化。諸如果農優秀的接枝栽培研發，製造業的專利布局，文化產業的活絡等，因此，徐小波律師及理律團隊積極協助政府推動「知識經濟法制」及產業調整，其中包括共同促成《科學技術基本法》立法，以利技術移轉授權，並推動修正競爭法制、《智慧財產權法》、《公司法》、勞動法制、健全創業機制及資本市場等等。

美國前總統林肯曾說：「把敵人化為朋友，就沒有敵人」。仿冒意味著「需求」，理律反仿冒小組也快速轉型，輔導廠商授權管理智慧財產權。

「在一九七〇、一九八〇年代，臺灣經濟剛起來，很多外商產品在臺灣被仿冒，案件非常多，徐小波先生就成立了一個『反仿冒小組』。但是到後來，臺灣經濟發展到仿冒案件不那麼多了，本地廠商的產品已做得很好，反仿冒案件就慢慢減少。小組自一九九七年轉型，改組為『智財權管理暨執行部』，處理授權業務。後來又發現這業務可再慢慢整併，所以反仿冒小組現在就不在了。」李念祖律師說。

李念祖說：「隨著經濟發展，部門的組織架構在調整，但業務在不在？業務還在，但也許案件量沒有到相當規模，就覺得組織上不需要變成大的組織，小組（Practice Group, PG）就好了。所以現在是「公司投資部」、「金融暨資本市場部」、「訴訟及爭端處理部」、「商標著作權部」、「專利暨科技部」，五個部門下各有不同小組，現在有

3 真品平行輸入，亦稱平行進口（parallel import），俗稱「水貨」，是未經由總公司或被授權的區域代理商所進口的原裝真品。相對於經正式代理商進口者則俗稱「行貨」、「公司貨」。水貨的「製造合法」但「輸入非法」，被稱為「灰色市場（gray market）」，各國規範不同。在我國，《著作權法》禁止之，但不違反《商標法》，專利權人可依《專利法》主張被侵權。

二十五個小組吧！」

雖然反仿冒小組不再是理律的主要部門，但在臺灣這三十年的反仿冒戰中，理律的「反仿冒小組」卻是足跡斑斑，處處可見努力身影。

小檔案：

理律反仿冒小組沿革

一九八四年七月——成立「反仿冒小組」，辦理智慧財產權侵權仿冒案件。

一九九一年一月——更名「智慧財產權計畫執行部」。

一九九七年一月——更名「智財權管理暨執行部」。

二〇〇四年七月——「智財權管理暨執行部」與「政府契約暨公共工程部」併入「訴訟與爭端處理部」。

二〇〇六年——實施專業分工小組（Practice Group, PG）與跨PG之特別分工小組（Special Task Force, STF）制度。反仿冒涉及著作權爭端、醫藥食品、商標爭端、專利等相關PG。

商標著作權部、專利暨科技部沿革

一九六五年——理律成立，以辦理商標、專利、投資及工商登記業務為主。

一九七二年——正式設立「商標組」、「專利組」。

一九八六年——當時有「商標著作權組」、「專利組」。

一九九一年一月——更名「商標著作權部」、「專利部」。

一九九七年一月——「專利部」更名「專利暨科技部」。

劉騰遠

訴訟及爭端處理部　合夥人

我因仰望而加入理律，為理律傳承而堅持努力。理律伴你我萌芽，你我更使理律成長茁壯。理律五十年來秉持信念關懷社會、服務客戶、成就卓越。冀望理律未來，有你有我，世世代代，維護法治正義，創造不朽價值！

郭家佑

專利日本組　顧問

理律五十年來努力與付出，以提供客戶最卓越服務，也不斷成長茁壯。迎向下個五十年，面臨挑戰與機會，理律將站在累積的智慧與經驗上，更加勵精更始、砥礪琢磨，持續關懷社會，共同創造更進步的未來。

28 專利起家——從臺灣起飛到全球化挑戰

一九九四年某一個早晨，當人們還在家裡梳洗享用早餐時，理律的團隊已風塵僕僕地在辦公室，完成了所有資料整理、內部討論及任務分配，準備與各國律師和專利代理人，參加全球電腦中央處理器領導廠商英特爾（Intel）的內部訴訟律師召集的電話會議，輪流報告及檢討處理英特爾一個跨國專利爭訟案件的進展，並決定接下來的行動方針。

「這次是英特爾在全球數個國家同步針對競爭對手採取法律行動，也是理律首次承辦跨國性專利爭訟案件。」一九八二年加入理律，參與本案的王懿融說。她表示，跨國案件的處理，必須考量我國及其他相關國家的法令及實務，以求全球整體策略的一致性，「這是跨國專利爭訟最關鍵也最具特色的地方。」

一九九〇年代猶如專利發展的分水嶺。從理律代理的專利案件類型，就可看出高端科技快速發展及國際化的趨勢，反映了臺灣產業發展在全球化市場及分工產業鏈下的趨勢變化。

臺灣企業從早期經由僑外投資、技術授權，引進技術，當初企業需求主要是「靜態」的專利申請。隨著臺灣累積強大製造實力，企業逐漸擴充研發、創新，從純粹組裝代工（OEM）、到設計加工（ODM）、建立品牌競逐市場（OBM），甚至挑戰國際，在優勢領域取得一方成就，一路過程中，專利服務需求也隨之往「動態」演變而多元複雜。除了國內外專利申請、專利爭訟攻防外，專利技術授權也更密集，專利交易等也成為企業需求服務類型。尤其，近二十年來知識經濟大行其道，企業的先期專利跨國布局不夠完善，導致企業在國際競爭中居於劣勢，屢屢成為產官學討論熱點，也突顯我國產業面臨超國界法律格局的必然挑戰。

理律的起家業務，團隊高速成長

理律可說是從專利商標業務起家。初期由鍾文森、王重石律師負責專利業務，一九八二年王律師逝世，由陳長文接手，當時專利業務同仁約三十餘人。此後，專利部在過去三十餘年間，與產業一同發展，成為逾三百人的團隊，新竹、高雄等分所也設有專利團隊。

專利團隊的分工極為細緻。理律逾三十位專利師，占臺灣登錄執業專利師總數一成以上。有處理各國專利申請及程序事務的「程序小組」，也有上百位專精各種科技的「技術小組」（分為電子、機械、化工及生化小組）。二〇〇二年擴充「法務小組」，延攬訴訟律師加入，鼓勵同仁跨領域學習成長，並招募具科技、法律雙背景的專利師、專利代理人、律師，加入專利團隊。

例如，具生物背景、在理律技術組進修出身的簡秀如，她是臺灣專利師、律師，也通過大陸專利代理人考試；具有電機背景的呂光律師、曾任研發工程師的陳初梅律師等，均為此例。

「專利爭訟均由律師及技術小組成員搭配處理，而雙背景律師的好處是，善於以兼具法律及技術的思維整合跨領域問題，一人可當兩人用，經濟實惠！」簡秀如打趣地說。

全球化趨勢下的專利服務

理律早期承接大量國外企業來臺專利申請，乃至漸增的相關專利爭訟、技術授權案件，客戶多為全球各主要國家或地區的重要科技廠商。而隨著國內企業重視及積極參與研發、進入國際市場，國內外企業對於專利服務的需求也更多樣化及國際化，理律專利服務類型也隨之擴大。

除了協助國內外客戶申請兩岸和外國專利外，理律也協助客戶進行發明挖掘、撰寫專利、綜理全球專利申請布局、跨國整合協調，並處理其他各類專利及智慧財產權事務。

兩岸方面，一九八九年理律首次代理客戶在中國大陸申請專利；一九九八年起，服務範圍擴展至中國大陸及香港。隨著跨國企業蓬勃發展，兩岸專利保護需求以及跨國布局所衍生的非傳統專利服務與爭端解決需求，均快速成長，自二〇〇三年十月起，理律與北京律盟知識產權代理有限公司組成策略聯盟，建立大中華專利服務平臺，兼顧兩岸專利策略及效益。

我國政府也積極因應全球化的智慧財產權法制挑戰，包括二十年前為加入WTO而調適國內智慧財產權法制。經濟部智慧財產局，從其前身中央標準局開始，就持續尋求國內事務所提供專業意見。理律除常向政府介紹國際新案例、新觀念，例如促成醫藥品、化學品的專利化外，也經常提出專利修法研析建議、協助歷年專利法規的英譯等。如同理律陪同政府出外招商的傳統，理律同仁也陪同智慧財產局官員出訪拜會外國專利主管機關及相關組織。徐小波律師等理律同事更大力推動知識經濟法制，最終《科學技術基本法》於一九九九年完成立法。理律也長期參與國際性專利從業人員的組織活動、主動分享專業經驗，交流新觀念。

二〇〇八年，我國成立智慧財產專業法院、施行《智慧財產案件審理法》，理律也積極參與這劃時代新制度的研究推動，不時透過專利師公會、律師公會等平臺，向政府及法院適時提出建言，共同提升裁判品質。此外，理律也指派近十位專利師及專利代理人，輪流至智慧財產局擔任「義務諮詢代理人」，提供一般民眾專利諮詢。

理律和律盟的大中華團隊，根據發明人的發明構想揭露並撰寫成專利說明書，已完成許多在中國、臺灣、美國、日本、歐洲等地的專利申請。跨國企業在中國大陸完成不少研發成果，並在大陸投產；理律和律盟，為了因應激增的專利撰寫及跨國專利申請服務需求，在二〇一〇年合作發展，讓「跨國專利撰寫及申請」更具效率也更顧品質。

專利爭訟

一九七八年，理律承辦首件專利侵權訴訟，包括法商S.T. Dupont原子筆新式樣專利、美商Delsey手提箱相關專利等。一九九四年起，理律第一起參與的跨國性專利爭訟案，是協助英特爾的微處理器專利侵權訴訟。

一九九九年，理律代理一家美國石化廠商，基於化工原料的製造方法專利，對臺灣的石化大廠採取刑事及民事侵權法律行動，約九年的法律攻防，成為臺灣專利訴訟史上極受矚目的案例。王懿融回憶：「這件案子的一項特點在於，當時《專利法》還有刑罰規定，客戶先發動刑事搜索，查扣被告工廠的反應器資料，並在專利法除罪化後搶得先機，創意地向民事法院聲請證據保全，將刑事程序查扣到的資料完整保留於民事法院。」此外，理律也克服被告基於營業祕密主張限制閱覽的防禦方法，成功說服法院裁定開示證據。法院除了同意傳喚多名外國證人及專家到庭接受交互詰問外，也罕見地接受理律建議，為本案組成「專家諮詢小組」，由兩造當事人各推薦一位專家，再由這兩位專家共同推舉一位專家擔任諮詢小組召集人，協助法官調查及審理技術問題。處理本件訴訟的黃章典說：「不僅是在當時，即便在智慧財產法院已成立多年的現在，類似仲裁庭概念的『專家諮詢小組』模式，仍是極為罕見。」本案三件訴訟，一審判決創下近新臺幣三十億元的賠償金額歷史紀錄。

二〇〇六年，理律代理我國電視卡領導廠商圓剛科技，對國內競爭廠商提起兩件專利侵權訴訟；兩案被告共以自己及第三人名義，對圓剛專利提出高達十件「專利無效」

舉發，並反控圓剛專利濫用及不公平競爭。這樣的數量在國內廠商間專利爭議史上，並非常見。

「這件案件的本質及客觀情勢，是我在專利職涯裡所遇到最艱難的一件。」一九九五年加入理律的樓穎智說。簡秀如也說：「本件專利技術不複雜，但遭遇極強勁的對手不懈地提出各種質疑挑戰，加上外界印象是『智財法院傾向認定被挑戰的專利無效』。所以，我們辦得極辛苦，如履薄冰，不僅防禦對方，更要主動挑戰法院已作成的多件不利裁判。」

理律的本案團隊雖極精簡，但攻防策略奏效，智慧財產局先後作成九件「舉發不成立」的有利審定。雖然民事法院對於本案所涉專利的有效性評價偏低，不看好該專利的價值，但在舉發案部分，理律順利突破智慧財產法院向來高度注重「判決一致性」的指導原則，成功闖出「同一法院內不同法庭有不同見解」的結果，在上訴時說服最高法院、最高行政法院維持智慧財產法院的有利判決、廢棄發回不利判決；其中一件舉發行政訴訟還三次發回更審，促使智慧財產法院審慎考慮變更立場，十分罕見。

二〇〇八年智慧財產法院成立七年來，損害賠償金額最高的前幾名判決，也多為理律代理原告的案件。

專利授權與智慧財產權線上資料庫

在諸多國際專利爭訟中，突顯出我國產業在國際智慧財產權布局起步較晚的劣勢；但我國企業也擁有不少優質專利。考量企業國際化及強化智慧財產權保護的需求，政府及產業思維持續突破，一九九三年在經濟部同意下，我國工業研究院（ITRI）與美國電話電報公司（AT&T）簽署我國首件專利交互授權合約，進一步促使AT&T與我國內產業分別簽訂授權合約，形成一專利聯盟，減低權利金授權成本，開啟我國國內企業藉交互授權解決專利爭議、擴大專利技術商品化的新途徑。於此案件中，理律也參與提供部分協助。

為了促使我國成為亞太地區推動智慧財產權的重鎮，AT&T從向我國產業所收取權利金提撥捐贈，加上工研院捐資和理律的協助，在一九九四年共同成立「亞太智慧財產權發展基金會」（APIPA），協助產業建立智慧財產權管理、研發成果運用制度[1]。基金會又結合外國資料庫、工研院專利地圖服務等相關資源，在一九九六年推出智慧財產權線上資料庫，供廠商查詢，避免不慎侵權[2]。

到了一九九〇年代，「專利技術授權」逐漸成為企業迫切需求的服務。一九九七年，理律以跨領域團隊，協助企業規劃執行，包括產業及技術調查、專利技術分析、專利之防衛，及授權諮商、合約規劃、稅務處理、履約稽核等。

自一九九〇年代起，理律即協助ABB飛利浦等公司處理多項專利授權專案。二〇〇〇年一月起，理律陸續協助日商索尼公司（Sony Corporation）在臺灣業界成功推展CD、DVD產品線授權專案（ROPE Project）。後來，索尼在理律協助下，再推展電視、數位相機、導航機、液晶螢幕、個人電腦等消費電子產品專利授權案，涉及我國相關產業上百家廠商，對於我國消費電子業合法引進技術、產業加值活動影響甚鉅。

「當時每隔幾週就要陪同客戶到國內各個廠商去敲門、去談判，經常一星期整天在外奔波，回來還要加班到深夜處理其他案件，非常辛苦！但密集的談判歷練，對日後的攻防策略與談判技巧，都是非常寶貴的經驗。」黃章典和樓穎智回憶道。

專利授權，不僅涉及產業追蹤、證物蒐集、專利有效性及侵權分析、授權談判、授權合約擬定、合約執行、權利金履約稽核、侵害排除及違約訴訟等，也可能牽涉《公平交易法》遵循、強制授權，以及權利金給付免稅和退稅申請等多面向議題。專利授權乃

1 「亞太智財權發展基金會誕生，將在下半年建立智財權圖書館與中國式專利地圖」，工商時報，1994-06-09。

2 「APIPA智財權資料庫開創新局」，資訊傳真，1996-07-15。

至相關訴訟，已然成為專利領域的核心項目之一。

例如，理律曾代理飛利浦對巨擘提起專利授權金請求給付訴訟，法院二〇〇八年判決飛利浦勝訴，獲給付新臺幣二十三億元。「這是權利金給付迄今最高金額的判決；在本案中，我們在實務上成功確立公、私法二元架構下，法秩序互不干擾的原則。」二〇〇〇年加入理律的張哲倫回憶道。

此外，自二〇〇〇年起，外國廠商對於同時橫跨臺灣及大陸的專利爭議案件之法律需求日漸增高，案件規模也逐漸擴大。讓王懿融印象很深刻的，是美商微晶片（Microchip）公司與某中國競爭對手間的專利爭議，不僅包括多件中國專利無效程序，也涉及六十餘件臺灣專利舉發程序；理律及律盟在這起跨越兩岸的全面性專利戰役中，協助Microchip在臺灣及大陸取得優勢、維護了專利有效性。

生技產業的耕耘

從外界賦予厚望的臺灣生技製藥業，尤能體現專利授權的趨勢。理律的專利部及投資部經常協助藥廠進行商業條款的規劃，以及藥物進入市場前期的專利分析工作，當然也包括專利爭訟。

世界級藥廠於一九六〇年代起投資臺灣設廠，當其藥品的主成分專利期間屆滿後，就變成其他藥廠也可自行生產的「學名藥」。臺灣本土學名藥廠因此獲得更多競爭空間，往往成為原開發藥廠的競爭對手，臺灣本土藥廠因此面臨專利訴訟的挑戰。

近五年來，理律也參與了多件重要藥物的專利訴訟。例如二〇〇六年法商賽諾菲安萬特（Sanofi-Aventis），對學名藥廠基於主成分的「晶型專利」提出專利訴訟，直到二〇〇九年才獲得法院一審勝訴判決，二〇一一年二審維持原判。「這是目前臺灣醫藥品訴訟中少數由原開發藥廠勝訴的案件。」簡秀如說。

「雖然國際大廠與本土藥廠間的專利訴訟仍不時出現，但也見到若干國際藥廠化競爭為合作，借重臺灣研發及製造技術優勢，與臺灣本土藥廠結盟進行藥品研發合作及技術授權。」二〇〇一年加入理律，在醫藥領域執業的牛豫燕律師補充。

日本業務的拓展

理律在一九九三年之前的專利業務客戶以歐美居多，後來也開始積極服務日本客戶業務。當時正是日本泡沫經濟的高峰期，理律也敲開了日本企業的大門，逐漸打開市場。至今，許多世界級日本企業已成為理律二十幾年的夥伴。理律首位赴日留學深造的林宗宏回憶：「當年經過朋友介紹，獲得一家知名日商總公司勉強同意接見。當我鼓起勇氣進入豪華的會議室與當時的智財部長見面時，對方第一句話就表示：『從來沒聽過理律』！」

為了服務日漸增加的日本客戶，二〇〇六年成立專利日本組，現有逾六十位日文說寫流利的同仁。林宗宏說：「理律的日本業務能夠順利發展，應該歸功於一個原則及兩個方針。所謂『一個原則』就是『以誠待人』，從自己的心開始改造，心思細膩的日本客戶自然會感受到誠意，才願意建立長久的關係。『兩個方針』其一就是理律要求的服務品質比照日本事務所的標準，所以不但是法律服務的細緻度，連日文文筆的優美程度，都投入相當大的資源去改善；其二就是理律把自己當成日本企業的延長，一切思維模式都假設自己是客戶的一個部門，以客戶利益為優先考量。」

從一九九三年到二〇一五年，理律的日本業務已經跨越日本多次的不景氣，也撐過日本的中國投資熱，始終維持成長，一路走來漸成氣候，並參與促進日本企業的對臺投資，也讓理律的國際版圖更為完整。

簡秀如

專利暨科技部　合夥人

法律人的志業，在追求公平，在避免社會陷入強弱傾軋、恣意擅妄的不合理困境。理律正以理性及關懷為法律實踐及服務之本。五十年來，理律的前輩和夥伴們戰戰兢兢；未來，我們也期許理律不負理律之名，這將是理律人真正的榮耀。

林嘉興

專利暨科技部　資深顧問

理直不壯氣，律人又律己，好事傳千里，棒惡扶正義。

如專利部在理律家庭日的口號「理律五十，卓越如實，服務一百，關懷滿載」，與同仁共勉，持續精進，再創高峰。

29 和戰之間——專利戰火下的智財權攻防

二○○六年一月底，知名電路板大廠南亞電路板股份有限公司的高階主管，憂心忡忡地來找黃章典律師[1]。他說，幾天前，競爭對手全懋精密科技公司主張，南亞電侵害其專利，法院派人到工廠保全證據，查扣部分產品的樣品和出貨資料。因南亞電正值申請上市中，擔心將對公司造成很大影響。果不其然，二月中旬有關「南亞電產品被指控侵害全懋專利」的訊息紛紛見報於媒體，全懋隨即向臺北地方法院正式提告，求償金額從新臺幣一千萬擴張到十億元。

和戰之間，專利戰火線上的思考

在談南亞電案件的故事前，應先談談全球專利戰火的背景環境。在知識經濟時代，企業經營已不再單純仰賴勞力、廠房、設備或是價格競爭，相對地，創造高價值的無形資產並有效的利用，逐漸成為企業經營致勝的關鍵。其中，代表企業研發心血結晶的「專利權」，更是大型科技廠商用以捍衛市場地位的戰略武器。

回顧過去國際大廠間的跨國爭訟事件，專利侵權訴訟的處理都具有高度計畫性、規模性及組織性，其目的也由單純維護技術成果，擴大到爭取與保護市場地位。

二十世紀末，隨著臺灣科技產業在國際上能見度日高，在全球供應鏈角色吃重，外國科技大廠的專利戰火逐漸延燒到臺灣，戰場甚至包括其他國家地區，例如：一九九四年英特爾處理器專利爭訟；一九九九年某家美商石化公司在臺灣對本地石化廠採取法律行動；二〇〇二年美國公司Genesis Microchip對臺灣晶磊、晶捷和創品等三公司在美國就LCD控制晶片提出專利侵權訴訟；二〇〇三年日本及韓國LCD廠商，在美國及日本針對臺灣競爭對手提出一連串侵權訴訟；二〇〇四年安捷倫也在美國控告義隆電子等專利訴訟案。臺灣廠商除被動應對外國廠商的攻擊外，也逐漸開始運用專利權主動出擊，特

1 黃章典律師，這位在一九九四年加入理律的年輕律師，是讓陳長文印象深刻的學生。他在面試時就表示將來有志從事智慧財產權的法律工作。他入所那年，智財訟爭特別是專利訴訟還不是熱門的法律專業。

別是選定競爭對手企業經營的重要關鍵時機（例如準備上市），發動一波波攻勢，造成市場觀望效應，進而影響競爭對手的經營。

在全球專利戰火下，商場上演猶如戰國時期「合縱、連橫」的商戰，「臺灣無戰事」已非可能。然而，在專利戰火中，突顯出臺灣二〇〇八年以前的專利訴訟舊制度，以及行政救濟程序的不理想，兩造當事人往往需要在民事訴訟與行政訴訟雙線對戰多年，法律爭議長時間難以確定，龐大的費用支出無法避免。這對於日新月異、產品生命週期短暫的高科技廠商來說，遲來的救濟結果，不論是勝是負，都可能形同變相懲罰，讓企業失去市場，甚至走向末路。

二〇〇八年七月，臺灣首度成立專業法院——智慧財產法院，同時施行《智慧財產案件審理法》，此為臺灣智慧財產訴訟制度的關鍵變革；猶如為世界專利大戰之中的「臺灣戰場」定下更合理的商戰規則。

南亞電與全懋之間的專利訴訟，當時未受到媒體高度關注，看似平凡，而選擇分享這個故事，是因為我們從中可以看到三層「理當平凡，卻不平凡」的意義：

第一，橫跨新舊審理制度。一審從二〇〇六年一月，一直進行到二〇〇八年八月，看見當事人在舊制缺陷下的痛苦無奈；而且這應是智慧財產權訴訟新制實施後，臺灣第一件由「民事法院自行判斷專利無效」的案件。

第二，對訴訟兩造角色的啟發。「水能載舟，亦能覆舟」，專利權人行使權利時，對於專利權的有效性應負有較高的盡職查核（due diligence）義務；相對的，被控侵權人雖然在訴訟新制下有更多抗辯方法，但其實企業應在日常經營治理中，隨時妥善管理，並防範專利侵權訴訟的風險。全球化時代，法律與科技的跨領域和超國界思考，是企業「在長大以前」就必須留意的細節，否則可能蒙受滅頂之災。

第三，理律團隊在本案中善用「公共財（習知技術）不應獨占」的專利制度基本法理，也遏阻了權利濫用、因而維護公平的競爭秩序。

晴天霹靂的分析結果

戰火，總有導火線，專利戰的戰火，往往起於幾紙「專利說明書」。

發明專利權，所保護的對象是技術方案、科技研發的成果，因此專利申請文件的說明撰寫，是以技術領域中的通常人員做為虛擬讀者，而非針對普羅大眾，或純粹接受法律專業訓練的律師或法官。

但是，專利訴訟是由法官審理，律師又是當事人在法庭的主要代言人。過去由傳統法學教育下的法律人主導的專利訴訟，很難深入案件核心技術。早期的技術不致太複雜，然而現代高科技與數位匯流下，專利的「科技密集度」很高。新一代的專利訴訟，需要新一代的訴訟規則、法院具備跨領域判斷能力，同時將跨領域高度專業引入司法運作；而兩造當事人，必須藉助具有理工背景及專利實務經驗豐富的專利專業人員的參與，才能深入解讀專利內容，與當事人的研發人員溝通，協助律師分析及研判案情與擬定策略。

負責草擬南亞電訴訟書狀的簡秀如回憶當時投注心血的感受：「處理專利訴訟最有意思的是：必須能將技術用語及技術內涵，化約為法律人能一目瞭然的平實文字，且要將技術論點和法律主張緊密整合成具說服力的論述，否則技術還是技術、法律還是法律，各說各話。這樣很難打動以法律背景為主的法官！」

理律逾三百人的專利部門中，有上百位科技人員。為了幫南亞電掌握「融合法律／高科技」的多次元戰場地形地貌、知己知彼，黃章典找了具有電子物理碩士學位的樓穎智，擔綱本訴訟的「技術策略長」。樓穎智細讀了全懋的專利、比對南亞電的產品，在與南亞電工程師討論後做出結論：「全懋的專利範圍太廣泛籠統，南亞電的產品很難不掉進它的專利範圍！」

這一評估結果對黃章典和南亞電來說，都是晴天霹靂。倒不是南亞電「是否確定」侵權，而是戰場的規則對「被告」相當不利。

二〇〇八年以前，臺灣的專利訴訟依循一般民事訴訟架構，民事法院對「專利有效性的爭執」並無管轄權，都會將專利主管機關（智慧財產局）先前「授與專利權」的行政處分推定為有效，亦即是在「專利權有效」的前提下審理「專利侵權」是否成立。被告／被控侵權方，在訴訟中只能主張自己並未侵權；如果對於「原告的專利有效性」有任何質疑，民事法院無權實質處理，被告只能另開行政救濟途徑，向智慧財產局提出行政舉發、請求撤銷其專利權。但舉發程序，從智慧財產局、經濟部一路到最高行政法院，常拖上三、五年甚至至更久才確定，民事法院就只能慢慢等待行政判斷出爐，或者乾脆在「推定有效」的前提假設下，對被告做不利判決。

顯然，專利法制未能配合高科技的複雜性與時俱進，而舊訴訟制度，也無法因應專利科技爭議的速戰需求。而且不可諱言的，這一制度缺陷，也讓少數專利權人拿著「體質不佳的專利權」設法興訟，利用專利訴訟「耗時長」特性，干擾競爭對手的營運及市場，最後更甚至出現所謂「專利蟑螂」。

行政舉發的漫漫長路

不過，樓穎智發現，全懋所主張的專利，已被封裝大廠日月光半導體公司先提出舉發，正由智慧財產局審理中。他研究後發現，國際商業機器公司（IBM）某件專利與全懋這項專利技術內容極相近，有很好的機會可以撤銷全懋專利；在尋求專家諮詢後，專家說：「太像了！全懋這篇專利簡直是IBM專利的中譯本！」於是，南亞電跟進，向智慧財產局提出第二件舉發。

專利權若被專家評為「體質很不佳」，有可能意味著它只是已公開、公用的「習知技術」的簡單變形甚至沒有多少不同；這對南亞電的處境是一個可能的突圍點。

而習知技術的所有權應屬於公眾，亦即公眾應得自由利用，而不能只讓少數人獨占；更不應該讓「實質屬於習知技術的專利權」，憑一紙「專利權證書」，就要求使用者付費。這種可能不該是專利的專利，可以被挑戰、被撤銷、被認定無效。但是在當時的民事訴訟制度之下，被控侵權的一方並沒有在民事法庭上主張專利無效的空間，只能眼睜睜的看著法院在「推定專利有效」的前提下判斷侵權。

「南亞電的產品很難不落入全懋的專利權範圍」這個內部結論，在舊訴訟制度下，即便「全懋的專利理當無效、舉發幾年後可能被行政機關判定無效」，都讓處於緊迫訴訟及市場壓力下的南亞電，幾乎看不到勝訴的一絲曙光。

置之死地而後生

除了從各面向提出技術上主張外，黃章典建議南亞電放馬一搏，挑戰民事法院慣行多年的原則。這意見獲得南亞電支持，於是他大膽地向臺北地方法院的承審法官承認：南亞電的產品確實落入全懋的專利權範圍，但那是因為全懋的「專利範圍過廣，涵蓋了應該屬於公共財的習知技術」。黃章典告訴法官：「既然是公共財，法律就不應允許特定的個人將之獨占，甚至向他人要求付費。」黃章典事後也坦承，這個具高度風險的訴訟策略，除了賭上過往在法院面前累積的聲譽，也賭上當事人的勝敗。

這個訴訟策略，在傳統專利訴訟的保守觀念裡，實在是非常大膽的作為。南亞電雖然覺得不安，但心想：「反正死馬當活馬醫，不用這個策略，也是被判侵權」，於是全力支持。「置之死地而後生，雖然這形同『承認侵權』，但釜底抽薪，從專利制度本質和公共財角度出發，也提醒法官，當全懋的專利在不久的未來將無效，現在是否仍要浪費司法資源判決侵權成立，值得懷疑。」簡秀如說。

在民事訴訟過程中，智慧財產局對於日月光所提出的舉發案，卻作出「舉發不成立」的審定，這對於已經走在鋼索上的理律團隊，實在是重大打擊。透過當事人間的協調，理律團隊統整民事、行政兩條訴訟防線抗戰。當時專利有效性的行政訴訟，由高等行政法院審理；「專利有效性」的判斷，通常被認為是「法律問題」而非「事實問題」，因此當事人雖然期待法院去囑託外部機關來「鑑定」專利有效性，但現實中，法院的意願、機率都很低微。在南亞電和日月光的支持下，理律努力説服法官，以專利是否有效牽涉十億元損害賠償以爭取認同，法院於是同意委請外部鑑定，最後取得「專利無效」的鑑定結果。臺北高等行政法院因此撤銷智慧財產局「舉發不成立」的行政審定處分。

此外，理律也為南亞電同步在美國及中國大陸，成功地主張全懋專利的美國、大陸對應案無效，獲得當地主管機關做出「宣告無效」的判斷。

專業法院與新審理法

二〇〇八年七月一日，我國唯一的專業法院—智慧財產法院，在各界殷盼下成立，《智慧財產案件審理法》亦在同日施行。為了解決法官多半是純法律人單一背景的問題，法院設置了「技術審查官」，從智慧財產局調任十多位資深審查官協助法官調查；

另外，審理法也規定，當事人於侵權訴訟中可以主張原告的智慧財產權無效，民事法院可以對此抗辯自為裁判。也就是說，從二〇〇八年七月一日起，專利侵權訴訟的被告除了主張「不侵權」外，終於也可以主張「專利無效」了。

臺北地方法院在二〇〇八年七月開庭時，依據新審理法繼續審理南亞電案件並在八月判決，以全懋專利無效為理由，駁回全懋的訴訟。這應該是智慧財產案件審理法施行後，第一件由民事法院自為判斷專利有效性的案件。該案經全懋上訴智慧財產法院，法院亦認定全懋專利無效，並依據新審理法提前揭露心證，建議全懋撤回上訴取回部分裁判費，臺北地院一審判決意外地成為確定終局判決。

張哲倫

專利暨科技部　合夥人

理律是我退伍後第一份正式工作，在這，我有機會瞭解律師工作的深度及廣度，多元、包容及廣泛的團隊合作，能發揮所學、爭取客戶權益，參與形塑國家政策，這是最棒的律所，期許我們有更長久的傳承，服務客戶及年輕法律學子。

樓穎智

專利暨科技部　資深顧問

何其有幸參與理律二十年，從加入時景仰及學習前輩的專業風采，到一同走過無數艱辛與榮耀，許多挑燈夜戰孜孜不倦的日子，讓客戶感受到理律的用心關懷；理律對社會、對客戶、對同仁的關懷，不僅讓服務更卓越，理律的未來也更璀璨。

30 雲麾勳章——劍龍專案與培養國軍法律人才

一九七九年美國與中共正式建交，雙方在談判「關係正常化」問題期間，美國同意對中華民國的武器銷售暫停一年[1]。雖然，在一九八〇年後，美國即依《臺灣關係法》恢復對臺軍售，但美方的軍售項目卻未必能符合臺灣的期待。當時臺灣經濟蓬勃發展，而歐洲正值嚴重的不景氣，對臺出口軍品有助於緩解經濟問題。在這樣的時代背景下，臺灣開始透過管道，向美國以外的國家採購武器。當時最受矚目的案件是委託荷蘭建造兩艘劍龍級柴電潛艦，以確保臺海周邊海域的安全與反封鎖。

三十五歲的陳長文律師以國際公法專長，在一九八〇年獲聘為海軍劍龍計畫的法律

1 「美決自明年起 恢復售我武器 已承諾銷售案照常執行」，聯合報，1979-01-14。

顧問。他協助海軍與荷方議約團談定建造合約後，再請一九七八年加入理律的李永芬協助處理相關的融資與擔保合約。自此，兩人低調參與大量政府採購計畫，成為協助國軍建立涉外採購專業的人物。

我國與荷蘭並無外交關係，荷蘭在顧忌中共壓力而荷蘭國會幾乎半數反對的情況下，如何以法律架構落實周密的保護，並維護我國尊嚴，是陳長文的重大使命。一九八一年九月三日軍人節時，海軍「劍龍專案」造艦合約由國防部代表中華民國政府，與荷蘭RSV造船公司Wilton Fijenoord（WF）廠簽訂，簽字的是時任海軍副總司令的劉和謙將軍。這不只是陳長文承辦的第一件國防採購案，也是我國在與美國外交生變後，分散武器來源的一個重要突破，同時是國民政府遷臺後，首次嘗試從美國以外的國家獲得為臺灣建造的新式精密主要作戰裝備。

二代艦建軍的開端

一九八〇年十二月二十五日，行政院長孫運璿宣示：「政府更新武器裝備，目前循自製與外購兩條途徑同時努力。一面動員軍、公、民營工業的總體力量，多方引進先進技術，促使兵工生產能力的提高，以逐步走向自給自足的境地。一面運用各種關係及方式，擴大武器採購地區，以加速三軍裝備的更新[2]。」一九八〇年間，海軍積極規劃汰換老舊的美援二戰時代艦艇，劍龍計畫可以說是「二代艦建軍」購案的開端。

陳長文為海軍爭取的不只是潛艦的「如期、如質、如預算」交艦，同時要取得必要的維修技術與後續供應。他要求船廠與裝備、零附件廠商均負擔取得並維持有效出口許可的責任，在合約中將一般常被列為船廠「不可抗力事由」的「政府行為」，明定為船廠要負責的「違約事項」，也就是說，如果荷蘭政府不授予、或嗣後撤銷出口許可，船廠等同違約而必須返還我方支付的所有款項，加上利息，另計損害賠償。如此，荷蘭政府對造成船廠違約的財務後果有所顧忌，縱使受到政治壓力，也不敢輕易撤回供售的承諾。

如此嚴密的法律規劃事出有因。當時荷蘭經濟不景氣，RSV造船公司因訂單不濟面臨倒閉，國會基於經濟考量雖通過供售臺灣潛艦，然而中共方面強烈回應，將把與荷蘭的外交關係由「大使級」降至「代辦級」，並實施若干經濟制裁。荷蘭國會與政府承受

2 「政府推動軍備研製 結合三千家軍公民營工業科技 正進行飛彈等十四項發展方案」，經濟日報，1980-12-26，頭版。

來自中共強大壓力，總理冒著國會在野黨提出倒閣案的風險仍決定出售，但強調不承認「中華民國」的外交立場，且政府也不對船廠做出財務保證。臺灣若想順利取得潛艦，就得想辦法維持WF船廠不倒閉。

潛艦合約於一九八一年九月三日簽訂，荷蘭在中共的壓力下，外交部長范德史托爾於隔年三月底宣布「將不再出售任何武器給中華民國」。但這不影響已簽訂的合約，「前任內閣已同意運交這兩艘潛艇。契約已經簽訂，輸出許可也已核發，因而將會履行交運[3]。」

度過財務危機

外交上的風暴，大致算是安然渡過，但接下來的造艦過程仍是波折接連。

一九八二年春，建造合約的各項生效條件達成，相關融資與擔保合約也都就緒，雙方正式開始履約。然而一九八二年十二月RSV公司仍然發生了財務危機，一九八三年二月經荷蘭法院准許進入重整程序；當時我方支付WF船廠的首期合約款六成遭RSV挪用於投資而失利，導致WF無力支付潛艦建造經費。問題涉及層面極廣，十分棘手。

幸而陳長文在建造合約簽訂前即為海軍延聘了荷蘭DUTILH, VAN DER HOEVEN &

SLAGER事務所的合夥人Laurent Nouwen律師，在當地擔任海軍駐荷監造組的法律顧問。Nouwen律師熟諳當地情形，嚴謹而敬業，處處為我方爭取最大保障，成為監造組最有力的支持，卻被造船廠稱為「the most difficult Chinese」。Nouwen對陳長文的專業能力與魄力十分折服，對中華民國感情深厚，對於被稱為「中國人」毫不介意。直到現在，已全心投入慈善事業的Nouwen與李永芬還保持聯絡，成為終身好友。

在荷蘭船廠面臨財務危機時期，劉和謙將軍已擔任海軍總司令。當時陳長文協助海軍副總司令羅錡將軍前往荷蘭磋商，涉及政治、經濟、財務、合約、擔保、專案管理等各方面的複雜問題，Nouwen與李永芬合力支援，每個人都竭盡心力，合作無間。船廠在我方要求下立即設立「劍龍專戶」，船廠動支我方支付的款項，必須完全符合合約規定，不得用於非建造所需用途，且逐期付款前，皆須先經外聘會計師證實符合建造進度，由監造組認可。

船廠於一九八三年六月獲法院准許脱離「延期償債」程序之後，在嚴格的履約管制之下，兩艦先後完成建造、下水、測試、交艦等程序。海龍號與海虎號分別於一九八七

3 「荷蘭運交兩潛艦之後表示將不再售我武器」，法新社海牙1982-3-31電，聯合報1982 4-2頭版。

年、一九八八年運抵高雄。在左營的潛艦成軍典禮上，陳長文獲頒國防部獎章、李永芬獲得獎狀。

交艦順利完成，但財務問題等波折也造成若干遲延。劍龍合約中訂明，如果船廠延誤交艦，我方將按日計罰，沒有上限。這些嚴厲條款無一不是為了確保荷方在重罰壓力下必須履行交艦義務。最終海軍如質、如預算取得兩艘潛艦，並且將可觀的遲延賠償款繳回國庫。也因此海軍劍龍級潛艦成軍二十週年慶祝活動上，前總長劉和謙上將對陳長文說：「專業的法律協助是合約圓滿執行的利器，律師費較之國家取得的權益，實在微不足道。」

理律參與整個專案的履約過程，從建造主約到關聯品項的附約、增修合約，到後勤支援共幾十個合約，尤其是一九八三年間船廠財務危機時期，談判煞費心力，而且同時洽議備案。陳長文殫精竭慮，反覆折衝，談判當中若接到家人電話，身心障礙的幼兒文文抽筋令他憂慮至極，同僚見狀無不心疼、感佩不已。羅錡將軍總愛暱稱陳長文為「國寶」，期勉他繼續為國效力。

這兩艘潛艦為國軍注入了新的防衛力量，海龍與海虎一直是海軍最重要的潛艦武力。但劍龍案的正面影響不止於此，還延展到許多層面。

首先，在外交上，自我國歷經退出聯合國及中美斷交等風暴後，開始採行「務實外交」面對艱困的外交形勢。其重心即在於運用臺灣當時備受肯定的經貿實力，與各國建立非邦交的實質關係。「劍龍專案」即是以經貿實力為籌碼，推動與無邦交國家實質關係的成功範例[4]。

建立政府採購專業

理律參與政府專案，完全是懷著為國效力的心情。多年來理律協助政府進行了包括：「劍龍計畫」（荷蘭旗魚級潛艦）建造案、成功級（美國派里級）巡防艦建造案、康定級巡防艦（法國拉法葉艦）建造案、獵雷艦、反潛直升機、空軍強網系統、空中預警機、幻象機與飛彈等、陸軍愛國者飛彈、中山科學研究院多項裝備採購／研發／技轉計畫、IDF戰機量產裝備採購、國科會中華衛星（福衛）計畫等等專案。

「由於二代建軍階段重大專案很多，密集累積經驗，相對於各軍種首次接觸購案的承辦軍官而言，我們時常更能掌握重點而主動提供分析與建議，因而獲得軍方倚重。」

4 「劍龍專案 政治外交成功範例 科技戰略意義非凡」，金肇黻，聯合報，1987-12-19。

李永芬說：「理律不僅以最少工時、最有效率的方式工作，而且經常配合軍方的經費限制，減免服務費用。外界經常以軍事採購金額很高，猜測理律包山包海，藉此大發利市，事實上完全不然。」

陳長文談判能力極強，歐美廠商議約代表既佩服他，又甚感頭痛。他思慮精細，針對我國在國際現實中脆弱的地位，在法律上為國家爭取許多獨到的保障。「不僅如此，來自歐美各國的供方議約人員也未必有機會參與很多大案件，因此我們對不同國家軍品管制規定的熟悉程度往往勝於對方人員。此外，譬如美國的政府採購法規對於研發計畫，有以成本加利潤（cost plus）的計價模式，美商便經常援引，要求我方承受研發不確定的風險、負擔財務與時間的成本。但中華民國政府做為購方，並無美國法律之下政府對廠商的查核或控制機制，我們當然不接受該等不利條件。這些環節往往是談判中雙方差距最大的部分，一方面需要深入瞭解各國機制才能因應，另一方面也要說服我國政府接受合理的負擔。」在陳長文心目中仔細又敬業的李永芬進一步說明。

專案合約規劃需要雙方的合作與互信，彼此以最適當的方式分擔責任與風險，才能共同完成專案事項，避免不必要的成本與爭議。有些遺憾的是我國《政府採購法》於一九九九年施行後，當初軍方採購專案對外爭取的契約條件，有些被納入政府採購制式合約，如果購案承辦人未能理解其個案背景，逕行套用在國內工程案件上，就會造成雙方履約的困難。政府採購陷入僵化模式，缺少量身裁製的法律架構，也會成為政府採購法實務上經常被詬病的原因。

培養國軍採購法律人才

在軍事採購人才培養的層面，以往國內軍事院校中法律系畢業學生均朝向軍法方面發展，完全沒有國外軍事採購相關法律上交涉的經驗。陳長文有鑑於每年武器採購案件繁多，不能長久仰賴外部律師（包括理律）協助，故在一九八五年建議當時的參謀總長郝柏村，將原設置於政治作戰學校的軍法系所改隸國防管理學院，為法律系增設採購法律課程，並選送績優法律系畢業生赴外專攻採購法實務。同時，在參謀總長辦公室之下，設立「國防部法律總顧問室」，也在各軍種總司令部與中山科學研究院下設立法律顧問處，專責軍事採購的計畫與訓練，並經常輪調各軍法單位人員至該處受訓[5]。

「當時環境『對外有危機、對內有資源』，因此每個人使命感都非常強。我們接觸

5 「培訓軍方武器採購法律人才 陳長文 默默耕耘榮獲肯定」，金肇巌，聯合報，1989-12-05。

到很多優秀軍官，在工作中一起深入討論、分享經驗，經過一段時間，他們也具備了相當的對外交涉技巧，甚至於合約規劃、法律分析的專業經驗，我非常高興他們在後來的專案就援引相同的模式去處理。」李永芬說。

一九八九年十二月四日，參謀總長郝柏村上將代表總統，頒發四等雲麾勳章給國防部法律總顧問陳長文，表揚他的貢獻，並感謝他協助培養國軍的軍事採購人才。由於雲麾勳章頒給非軍職人員的情況較鮮見，當時引起各界矚目。國防部則表示，依有關授勳條例，凡對國軍建軍備戰有特殊貢獻者，即使非現役軍人亦可獲頒[6]。

6 同前注。

宋天祥

金融暨資本市場部　合夥人

五十，是一百的半數，也是邁向圓滿的中途。理律五十歲了，我們還沒能做到完美，但我相信，在開始邁向一百年的下半場，完美會是我們的目標！

莊郁沁

專利暨科技部　初級合夥人

半世紀以來理律累積深厚文化底蘊，除秉持關懷服務客戶初衷外，更重視在案件辦理過程，逐步奠基臺灣民主法治，成熟化法學教育，促進與國際社群溝通聯繫。放眼下個半世紀，理律必將蓄積所有前輩及同仁之能量，持續開拓全球寬廣視野及推動公益回饋社會！

31 拉法葉案——價值兩百五十三億元的排佣條款與軍官無價的榮譽

一九八〇年代，從海軍「劍龍專案」開始，理律協助政府處理軍事採購專案，持續到一九九〇年代末期。其間一九八九年啟動的法國拉法葉級巡防艦採購案備受關注，尤其嗣後衍生我國向法方追償巨額佣金款項，以及「尹清楓命案」。

這十多年間，東西方世界的政治情勢與地區武力的消長產生急遽變化。劍龍案時美蘇兩大強權壁壘分明、臺海兩岸分隔對峙；一九八七年政府宣布解嚴後，即開放臺灣人民到大陸觀光；一九八九至一九九一年臺灣向法國洽購六艘拉法葉艦的期間，東歐與中歐共產國家陸續發生政治變動，共產黨政權相繼倒臺；一九八九年十一月九日柏林圍牆被迫開放，繼而拆除；蘇聯加盟共和國政府也紛紛爭取獨立，直到一九九一年十二月二十五日蘇聯宣告解體。在這樣的時空之下，各國國防的思維與軍品市場的各種變化非常巨大。

執行二代艦建軍計畫

海軍自一九七〇年後期已開始籌建二代艦兵力，經長期評估，到一九八〇年中期確定以「光華一號」建置PFG一級艦，而「光華二號」則為PCEG二級艦。一九八六年間，美國國會通過對臺提供派里級Patrol Frigate Guided-II材料、裝備與技術。一九八九年五月海軍與中船簽署「光華一號建造合約」，由中船承造成功級艦八艘。海軍「光華二號」計畫原擬向韓國購買蔚山艦；然而一九八八年消息披露後，由於韓國造船工業尚屬起步階段，難以贏得信心，國內反對聲浪很大，後來改向法國購買。

法國最新設計的FLEX-3000巡防艦，號稱採用二十一世紀設計理念，是世界上第一型全面匿蹤的軍艦，遠較蔚山艦如PFG-II更為先進，而當時法國海軍本身的第一艘拉法葉號（La Fayette F-710）正在建造之中。「一九八九年秋，海軍六人小組從法國與沙烏地阿拉伯考察回來，獲准委託理律協助規劃合約時，我們聽到描述就非常興奮；後來捨韓取法的消息見報，也得到輿論全面支持。當時法國能不顧忌中共而對臺灣提供最尖端科技的軍品，國內是非常歡迎的。」李永芬回憶著二十世紀冷戰尚未結束時的情景。

一九八九年六四天安門事件發生後，法國由於接納流亡在外的中國大陸民運人士，與中共的關係早已相當緊張，這件軍售案，讓兩方關係雪上加霜[1]。

然而法國畢竟做了決定。「臺灣方面欣喜獲得法國先進的軍艦，法方則羨慕臺灣的經濟實力。對法國海軍而言，為臺灣建造六艘拉法葉級巡防艦，將可獲得資金為自己建造這一型軍艦。」李永芬說：「一九八九年臺北捷運陸續動工，法方拉法葉案的議約人員看到臺北街頭許多施工中的景象，更對臺灣的蓬勃發展表露欣羨之情。」

一九八九年十一月法方人員抵臺，理律協助海軍提出議約的十四項前提條件，包括：法方「如期、如質、如預算」履約的相關控管機制、法方必須取得並維持有效的出口許可、六艘軍艦必須整體交付以滿足最低的成軍要求等。「當然還有每個購案一定強調的『排佣條款』。」李永芬說：「我們規劃合約的保障，往往在履約控管、驗收、保固、後勤支援等方面煞費苦心，每一個細節都可能牽涉到很大的財務後果；排佣條款則幾乎是制式條款，在議約時不會花費太多時間，因為這是我方絕對堅持的條件。」

一九八一年郝柏村先生擔任參謀總長後，嚴格限制佣金代理商介入軍品採購，因而頒布了幾項命令。由於代理商和佣金是商業上常見的模式，國外的政府採購也未必予以禁止，因此必須要體察這項禁令的本旨，才能達到管制的效果。「例如美國的聯邦採購法規限制重點在於『不得對政府採購的決定實施不當的影響力』。」李永芬說：「我們除了將國防部命令的意旨轉換成合約條款以外，每一次發現廠商可能變相支付佣金的模式，就調整排佣條款的文字，力求合理而周延。」

理律沒有想到，軍方沒有想到，法方當然也沒有想到，這個排佣條款歷經逾十年的國際訴訟與仲裁，終於讓中華民國求償成功，贏回將近兩艘船款的賠償金。

尹清楓案與佣金爭議

一九八九年十二月，海軍議約代表在理律的陪同下，前往巴黎與法方磋商具體條件。「當時在我們眼中，海軍軍官素質優秀，並且負有強烈的使命感。」李永芬記憶深刻。

海軍六人小組成員之一，退役少將張瑞帆在二〇一五年一月追思雷學明將軍的紀念文中寫道：「雷先生率領Bravo專案小組及律師在法國巴黎國防造艦局（DCN），與法國官方展開草約及造艦規範審查與談判。中法雙方各編成合約、儎臺、戰系、整體後勤

1 「法國決定售我軍艦 已經證實有六艘 總數可能達十五艘」法新社巴黎1990-1-3電，聯合報1-4頭版。

與訓練各分組，日以繼夜反覆進行冗長的文件研讀、討論、修改、再討論、再修改，並就重大爭議召開綜合大會，進行辯論及談判。雙方對於拉法葉型艦的性能及精度要求、中方驗收標準、法方履約義務及罰則的內容及範圍，屢屢爭執不下，有時劍拔弩張，不歡而散，再各自進行沙盤推演，研擬作戰策略。中方人員基於為國家及海軍爭取最大利益與保障之使命感，閉門徹夜研討及撰寫對應方案。」

為了減少中共抗議的力道，法方決定只售艦身、沒有武裝，以圖留有「不視同軍事物資」的迴旋說法，然而中共仍強烈抗議，除了外交上的警告，也延及經濟層面。在海軍議約團返臺後，法國旋於一九九〇年初取消六艘巡防艦售臺的計畫[2]。經過一年多的折衝，法國在一九九一年宣布恢復售艦決定，只是改由國營的Thomson-CSF公司出面與中船公司締約，以在法建造船段、運抵臺灣由中船組裝的方式執行。一九九一年八月三十一日，臺灣與法國簽署建造合約。一九九三年春，政治考量有了變化，雙方修約回復由法方建造整艦。一九九六年，第一艘康定級拉法葉艦正式移交臺灣成軍。

和「劍龍專案」一樣，拉法葉巡防艦的軍購案，有來自中共的強大干擾；但不一樣的是，拉法葉艦採購案，開始有更多、更強烈的國內因素作用。立法委員即針對「光華二號」購艦計畫的變更，認為不符當初總預算「國艦國造」的附帶決議精神，提出質疑[3]。

而另一個衝擊，則是一九九三年發生的尹清楓命案，以及隨後發生的拉法葉佣金案。

一九九三年十二月，時任海軍武獲室執行長的尹清楓上校遇害，外界懷疑與包括拉法葉艦採購案在內的軍購案有關。唯此命案懸而未破，真相並未明朗。

接著，此項採購案又爆發佣金爭議。拉法葉合約中載明，供方（包括法國造艦局與Thomson-CSF公司）不得有委聘佣金代理人支付佣金、抽成、仲介買賣或事後給付佣金之行為，倘有違反，我方得解除合約，並請求等同其所支付佣金的等額賠償，加計利息。法方政界爆出相關醜聞，牽涉到不同國籍人士，我國掌握佣金付款的證據並不容易。經過數年的追蹤掌握，國防部授權海軍司令部代表，於二〇〇一年八月二十二日向國際商會（ICC）仲裁法庭提出仲裁聲請，請求判決臺利斯公司（即原Thomson-CSF）違約，應依約支付等額於支付佣金的賠償。

歷經長達十年的爭訟，終於在二〇一一年七月十二日，國防部宣布，法國臺利斯公

2 「中共強烈施壓 生意左右為難 法國改口 軍艦不賣了」路透社巴黎1990-1-9日電，聯合晚報1-10頭版。

3 「購艦計畫 不符當初附帶決議 立委可能杯葛 要求軍方說明變更原因 郝柏村將面臨第一道難題」，聯合晚報，1990-01-09。

司已遵照國際商會仲裁法庭判決結果，將因拉法葉艦對代理商支付的佣金的等額賠償，連同利息、律師費和我方支出的相關費用，總計八億七千五百餘萬美元（約新臺幣兩百五十三億），支付予我國海軍[4]。據可靠消息，這筆款項繳回國庫時，適逢政府推動「五年五百億頂尖大學計畫」卻缺乏經費，這筆錢便撥給教育部作育英才。

濫權起訴打擊國軍士氣

對於這仲裁結果，陳長文感到安慰，當年合約中的「排佣條款」經得起歷次爭訟的考驗，是仲裁判斷最重要的依據。

由於尹清楓命案、佣金案等因素，拉法葉艦採購案蒙上了陰影，影響更大的則是涉及採購案的許多軍官，以及軍方的採購作為。二〇〇〇年陳水扁先生當選總統，宣示對尹清楓案「動搖國本也要辦到底」，檢方系統承受了很大壓力，二〇〇〇年底起訴了包括前海軍中將雷學明在內，多位參與拉法葉艦採購案的軍官。二〇一〇年六月，臺北地方法院判決雷學明等海軍軍官無罪，檢方自知當年的起訴牽強，決定不上訴，讓案件無罪確定。但相關人等已經歷不可回復的十年磨難與屈辱。

對此，陳長文幾年來持續撰文疾呼，例如〈放下情緒，捍衛人權法治〉[5]、〈檢察官的品第選擇〉[6]、〈誰來監督？給我司法楊志良〉[7]、〈冤賠追償，三柄尚方寶劍還有二劍未亮〉[8]、〈為司法貼政治標籤，絕不是合宜做法〉[9]、〈別讓民粹公審取代法治〉[10]等文章。其中，二〇一一年一月〈司法正義之劍，何時指向盧仁發？〉[11]一文，直斥當年檢方輕率起訴，呼籲追究當時的檢察總長「濫權起訴罪」。在文章中，陳長文固然肯定檢方願意面對昨非，對此案不繼續上訴的決定，是「迂迴的認錯」，但他也認為，這樣的「認錯」是不夠的。

陳長文強調：「檢察官是人不是神。在正常情形下，被告經檢察官起訴後，最後卻獲法院判決無罪確定，本質上是司法運作上所內含的制度風險，並不能因此就反推檢察

4 「拉法葉佣金案 法還我253億」，聯合報，2011-07-13。
5 陳長文，「放下情緒，捍衛人權法治」，中國時報，2004-07-28。
6 陳長文，「檢察官的品第選擇」，中國時報，2006-03-17。
7 陳長文，「誰來監督？給我司法楊志良」，聯合報，2010-04-19。
8 陳長文，「冤賠追償，三柄尚方寶劍還有二劍未亮」中國時報，2011-02-28。
9 陳長文，「為司法貼政治標籤，絕不是合宜做法」中國時報，2011-07-04。
10 陳長文，「別讓民粹公審取代法治」，人間福報，2015-09-01。
11 陳長文，「司法正義之劍，何時指向盧仁發？」，中國時報，2011-01-10。

官是濫權追訴、起訴。但在雷案卻完全不是這樣，本案是經黃世銘以檢察總長被提名人身分，在二〇一〇年三月八日於立法院證實，二〇〇一年間，黃認為拉法葉案罪證不足，不應起訴雷學明等幾位軍官；但當時的總長兼特調小組召集人盧仁發要求他起訴，竟找他馬拉松式地『談話』九小時之久，從下午六點半連夜長談至凌晨三點半。在說服無效之後，黃世銘隨即遭調離臺北地檢署檢察長之職，原偵辦的檢察官也不再負責本案，而由新的檢察官撰寫起訴書。」

陳長文認為，只有讓濫權者付出濫權的法律代價，才能「以儆效尤」。

李永芬也感嘆：「許多軍官原先在不同位置上兢兢業業。尹案後，軍方士氣大受打擊，專業人才流失；退的退、關的關，讓人十分痛心。高層對於購案的決策趨於保守，甚至於拖延、迴避。」這也影響此後政府的建軍態度，提振軍力的契機也就一年一年蹉跎了。

「一九八〇年代，包括IDF戰機、艦艇建造、中科院飛彈系統等，臺灣都想自建能量、取得技術移轉。但尹案之後，這些都改變了。」李永芬說。行政院長孫運璿在一九八〇年末宣示的「多方引進先進技術，促使兵工生產能力的提高，以逐步走向自給自足的境地」、「擴大武器採購地區，加速三軍裝備更新」的方向與努力，也劃下了休止符。

李永芬

文教基金會　執行長

理律是以尊重與信任鋪設的空間，每個人都將自己生命的顏料、用自己獨特的風格，塗抹在理律的畫布上，形成多彩多樣的五十載集體創作。無論鑽研各種法律專業、或分擔行政管理、參與法治推廣、公益實踐，乃至經驗傳承、擘劃未來，你可盡心揮灑，也可從旁輔佐。「讓人才得到充分成長，讓客戶得到專精服務，讓理律善盡社會責任」是理律全體的信念。

郭文聰

專利日本組　顧問

登山沒有捷徑，只有不斷自我訓練、踏實而持續的一步一步，才能獲得在山峰回首時的自許，工作亦然，持續精進、堅持信念，方造就登峰一刻。未來五十年，依然步步穩健邁進。

32 人權發聲——理律的第一件釋憲案

一九八〇年代之前，在威權體制下的臺灣，政治權力集中，政府主導力強，國家發展大體上是以經濟發展為主旋律，政治議題相對較為沉寂。一九九〇年代，則是臺灣政治權力從集中開始走向分散的一個分水嶺，在野黨與民間社會力量興起，國民黨雖仍掌有執政權，但已非一九八〇年代以前的一黨獨大。

這個權力分散、威權裂解的趨勢，早在蔣經國總統執政的後期即開始出現，不管是回應社會前進的需要，或蔣經國個人意志的主導，一九八七年七月十五日，臺灣解嚴，結束了近四十年的戒嚴統治，並開放黨禁及報禁。自此，注定了國民黨一黨獨大將走入歷史，臺灣也進入了新聞事業強勢主導公共意見的媒體時代。

解除戒嚴終止戡亂，野百合開出憲政之花

到了一九九〇年代，社會聲音更加的多元化。一九九〇年三月發生了野百合學運，各地學生群集於中正紀念堂，抗議國民大會代表的擴權延任，要求執政當局召開國是會議、解散國民大會，並廢除《動員戡亂時期臨時條款》。這次學運震撼了國內外。三月二十一日，李登輝總統釋出善意，與五十三名學運學生代表會面，承諾召開國是會議，由各階層、各黨派的代表公平組成，中正紀念堂廣場上的學生隨後和平撤離中正紀念堂。

在國是會議召開前，會議核心問題之一，是推動民主化和憲政改革。過去，中華民國政府為主張「法統」，以及主權及於中國大陸，在一九四七、四八年由大陸各省投票選出國民大會代表、立法委員，一九四九年隨國府遷臺後，一直未能改選，被批評是「萬年國會」，在議場常見吊點滴、坐輪椅的高齡委員。國會不改選，一來造成臺灣民意不易「與時俱進」，無法進入國會殿堂，二來間接阻滯了憲政改革，難以修改憲法，形成無法邁過的「憲政困境」。因此，學運主張由國是會議的高度來解決。

但會議在六月二十八日圓山大飯店召開前一週，大法官正好在二十一日做出釋字二六一號憲法解釋，指出第一屆資深委員應限期退職、舉辦次屆選舉，形同打開「憲政死結」，因此國是會議達成共識的契機就出現了。

「在國是會議中，大家都在談二六一號解釋出爐後，接著該怎麼進一步走。司法權及二六一號解釋，對我國走出憲政困境和加速民主化進程，在關鍵時刻發揮了峰迴路轉的影響。」李念祖回憶。

一九九〇年六月，國是會議正式召開，陳長文與李念祖也在李登輝總統核定的出席名單中。會中達成廢除《動員戡亂時期臨時條款》以及終結萬年國會等共識。

這啟動了臺灣政治體制與結構的連鎖反應。一九九一年四月第一屆國民大會第二次臨時會決議，廢止《動員戡亂時期臨時條款》，咨請總統明令廢止。李登輝總統宣告動員戡亂時期將於五月一日零時終止。一九九一年底，立法院、監察院、國民大會的「第一屆委員」[1]全體退職，結束了「萬年國會」。一九九二年完成國會全面改選、終結「萬年國會」，甚至在一九九六年完成第一次總統直選，民主與憲政邁入新階段。

在經濟上，一九九〇年代的臺灣仍延續八〇年代的自由化政策發展經濟。經過五〇年代開始的四十年成功的經濟政策，一九九〇年代的臺灣經濟發展繼續推進，一九九二年平均每人國民所得突破一萬美元。雖然經濟仍持續成長，但已不再是唯一主軸，環保意識、勞工權益意識均快速抬頭，人們在重視經濟發展數字之外，更重視政治自由、飲食安全、生活品質、環境永續、弱勢保護與人權保障。

一九九〇年代，可以說是政治、經濟、社會、人權、環境、教育所有議題，各擁軌道、齊進並進的時代。這個多元化新時代中的理律，除仍扮演推動臺灣經濟、引進外國資金技術這個比較顯著的角色外，也開始更多元的發展脈絡。其中之一是在一九九〇年代，理律積極在人權領域發聲，特別是在憲法訴訟上，扮演了積極角色。對這理律一段參與憲法訴訟、落實憲法人權保障精神的故事，參與極深的李念祖從頭娓娓道來。

「憲法律師」的職志

一九七九年進入理律的李念祖，當時的他還是臺大法研所研究生，課修完了，論文還沒寫完。

李念祖和一九八九年三月入所的范鮫，之所以會和理律結緣，都緣起傑賽普國際模擬法庭辯論賽（Jessup Moot Court）。這是為紀念倡導「超國界法」（Transnational Law）的國際法院法官傑賽普（Philip C. Jessup）教授，而於一九五九年由哈佛、哥倫比

1 以第一屆立法委員為例，原任期於一九五一年五月七日屆滿。實際任期從一九四八年五月五日，至一九九〇年五月三十日，一九九一年底全體退職，許多委員在任內就過世。

亞、維吉尼亞三所大學法學院學生所創辦，每年由美國國際法學生協會（International Law Student Association）和美國國際法學會（American Society of International Law）聯合舉辦，是目前國際上規模最大、歷史最久的國際法模擬法庭競賽。臺灣也舉辦了各大學隊伍間的比賽，自一九七〇年代後期，臺灣開始派出冠軍代表隊，赴美國華盛頓特區參加國際準決賽[2]。

當時辯論隊的指導老師是徐小波。此外，李念祖在大學時代也修習了陳長文的「國際公法」與「國際私法」兩門課。拿到哈佛法學博士回國的陳長文，在大學任教時才二十八歲，在學校引起很大轟動，李念祖也慕名修課，於是與陳、徐結緣。當時尚未服兵役的李念祖，因此進入理律實習。

「我還記得，陳老師在國際私法課堂上說過一段話，讓我非常震撼。講到『選法』時[3]，陳老師說：『選法時怎能僅以國籍為單一準據？』——原先，本國法院沒有案件管轄權，但只因為『當事人有本國籍』就可管轄，這純粹是愛國主義，法律不應該這樣。」李念祖說。

陳長文所強調的這一觀念今天已很普遍，但在當時，直接挑戰「愛國主義」，認為應回歸法律原則討論法律，卻是非常「前衛」的觀點。

就讀研究所時，李念祖開始思考畢業後要做什麼？這一部分，他受到前司法院長翁岳生很大的啟發，翁岳生有一次說：「臺灣雖然還沒解嚴，但走向法治之路不會回頭。但臺灣要走向法治，有兩大基礎的缺乏：一、憲法觀念不足，法治基礎就很難穩固；二、司法不夠強健，法治就會被腐蝕。」翁岳生鼓勵學生從這兩方面立志。很多臺大研究所同學都受到翁老師的影響，思考法律職涯的發展方向。一位同班同學說他決定以後要當憲法教授，然後問李念祖要做什麼？李念祖回答：「那我當憲法律師。」同學笑著對他說：「這志向不錯，但很可能會餓死。」李念祖在東吳大學讀書時，受到美國最高法院的許多精采判決影響，「要有偉大的法官，就先要有偉大的案例。誰能把這些偉大的案例送進法院？應該要靠律師！」於是，李念祖還是沒放棄憲法律師這個「可能會餓死」的念頭。

但是李念祖的浪漫想法，還是帶有「務實性」，他也認同同學的提醒：如何找案源

2 「傑賽普國際法模擬法庭辯論賽簡介」，政治大學國際事務學院國際法研究中心網站，http://www.cils.nccu.edu.tw/，擷取時間：2015-7-10。

3 陳長文，〈國際私法方法論之回顧與展望〉，法令月刊第35卷第六、七期，1984-06-01。〈國際私法上之規避法律問題〉，第40卷第七期，1989-07-01。

確實是問題！李念祖想到，年輕的他沒辦法靠自己找案子，但如果進入理律這樣的大型律師事務所，案源多，就比較有機會接下憲法訴訟。「我當時體會到，憲法案要長期做。街頭不是我想選擇的戰場，我想要在法院裡推動改變，律師就可以是這樣一個角色。」李念祖說。

當時臺灣社會開始高度關注解嚴問題，憲政議題主要圍繞在政治面上，但李念祖想的，卻是從經濟面切入憲法訴訟。「從當時到現在，大法官解釋數量最多的是財稅案件的憲法解釋，因此『從經濟問題上談憲法，是很重要的』，只是大家不注意而已。」李念祖說。

「如果我能進理律，在很多案件中碰到好案子，也許能圓我憲法律師的夢，當時我就認真考慮進理律。」但李念祖也知道，在理律不可能只接憲法訴訟，也必須要做其他方面業務。因此後來李念祖赴美留學一面讀憲法、一面讀仲裁法，他認為這樣才能符合理律的需要。

「只要一年碰到一個憲法訴訟的案子，我就心滿意足。」一九八六年完成學業再回到理律的李念祖，心裡這麼想。

在一九八八年，他終於等到了第一個憲法訴訟案——「鄧元貞案」。

理律第一個釋憲案：鄧元貞案

這個故事，要從一九四〇年開始說起。一九四〇年，正值中國對日抗戰期間，日軍在湖北發動了棗宜會戰，國軍名將張自忠戰死，宜昌陷落，戰局對當時的中國十分不利。然而在漫天烽火中，福建省龍岩縣小池鄉卻有了一樁喜事。根據媒體的形容，在小池鄉中心學校的校長陳祖齡，也是新娘的哥哥主婚、小池鄉長王杰的證婚下，二十歲的鄧元貞和十八歲的陳鸞香結為連理，席開四十桌[4]。

婚後，鄧元貞到漳平縣當刑警隊長，新婚夫妻十分恩愛，生活美滿，並生下一子一女。一九四九年大陸失守、國民政府遷臺，鄧元貞因家族兩代反共，恐遭清算，於是逃往香港，倉促間未及帶出妻子兒女。接著在陳鸞香哥哥陳祖齡的協助下，鄧元貞來到臺灣，一九六〇年在南投縣中興新村與吳秀琴結婚，婚後育有三子。

身陷大陸的陳鸞香，在大陸變色後成為「黑五類」，文化大革命期間，當局指其夫鄧元貞是大地主、走資派，陳鸞香背負起丈夫的罪名遭到清算，受盡折磨。在萬分艱難的環境中，終生未再改嫁的她，把一子一女拉拔長大。一九八三年，不知道鄧元貞已再

4 「陳鸞香打婚姻官司 律師聲稱 爭個理字」，聯合報，1988-12-11。

婚的陳鸞香，在妹妹的安排下來到香港，日思夜盼，就是想早日與她分離半生的丈夫見面。後來，鄧元貞到香港與陳鸞香和大女兒見面，見證這場會面的陳祖齡說：「闊別三十四年，雖有千言萬語，卻以淚水帶過。」

陳鸞香告訴鄧元貞，她到香港，是希望夫妻能夠一起生活。但當後來她得知鄧元貞已再婚，激動地說她生是鄧家人，死也只能做鄧家的鬼，接著，便向臺灣提起訴訟，要求撤銷鄧元貞與吳秀琴的婚姻，要爭回名份[5]。歷經三審，陳鸞香均獲勝訴，法院依照舊民法第九九二條規定，認為鄧元貞既有合法的前婚姻存在，則他與吳秀琴三十年的婚姻應予撤銷。最高法院的終審判決公布後，臺灣社會譁然。

從人情面言，陳鸞香的情形令人敬佩與同情，但這是兩岸戰亂的時代背景所導致的悲劇。分隔數十載並非鄧元貞的錯，撤銷後婚，對後婚配偶吳秀琴也不公允。

吳秀琴隨即寫了一篇「我的呼籲與申訴」，她說，陳鸞香的堅貞固然值得同情，但是她的無辜，也應該給予公平的機會。她結婚近三十年，已做了祖母，勤儉持家並無過錯，撤銷她的婚姻使她受到嚴重傷害。兩岸阻隔四十年，是動亂時代的悲劇，這是政府的責任，不能要她承擔歷史重擔[6]。

從判決效果的衝擊來看，鄧元貞的婚姻故事並非特例，一九四九年隨國民政府遷臺而來的許多民眾，都有著類似的故事。此一撤銷後婚姻的判決，將嚴重動搖一九四九年來臺，迫於時代無奈再婚者的婚姻與家庭關係。

有鑒於問題的嚴重性，當時的行政院長俞國華，在得知鄧元貞的判決後即表示：「兩岸關係特別法應早日訂定，為求因應時效，可僅就目前發生問題最多最急迫的幾個問題，如婚姻關係、財產糾紛、繼承問題等部分先訂定法律，以資規範。以後如有需要，可再適時修訂，增列其他部分。」「兩岸間的交流，我們固然要尊重法律，但情、理亦應顧及，否則恐將造成不公平的現象[7]。」

鄧元貞案引起廣泛關注時，李念祖參與了一場討論會，提出「其中可能有憲法問題，其家庭權被溯及的剝奪，有聲請釋憲之可能」的看法，主辦單位聽完他的分析，便主動與鄧元貞聯絡，並問李念祖「願不願意義務聲請釋憲」。李念祖將案件帶回理律內部與范鮫律師商討後，決定接手，鄧元貞案也成了理律接下的第一件釋憲案。

---

5 「告他是為了愛他？『愛的官司』只求名分?!」，聯合報，1988-12-12。

6 「吳秀琴輸？要循一切途徑陳情 違反情理拆散美滿家庭 呼籲保障無辜婦女權利」，聯合報，1988-12-18。

7 「兩岸交流 兼顧情理法 俞院長指示：可先制定婚姻財產 繼承部分關係法」，聯合晚報，1988-12-15。

理律在釋憲聲請書中強調：

「我國處於長期分裂狀態，兩岸之阻隔非個人人力所能挽回，既無實質婚姻關係，又限制其『不得重婚』，則無異剝奪其擁有實質婚姻生活之憲法權利。」

「按聲請人與吳秀琴女士結婚二十九年之後，遽受陳鸞香以訴訟方式撤銷婚姻，使業已合法締結之婚姻與所構建之家庭關係與人倫秩序均遭破壞，而該一法條於本案中所維護者，為數十年隔海分居、名實不符之前婚姻排他性而已，是該法適用本案之結果，不啻為求矜全名義上婚姻關係之排他性，竟不惜犧牲祖孫三代之人倫秩序，焉得謂為憲法保障婚姻權及家庭倫理關係之『必要』限制？」

「遍觀民法之規定，未有設定除斥期間達二十九年者，故可推知立法者若就撤銷重婚設有除斥期間者，聲請人歷經二十九年之婚姻，必不至受到撤銷，祖孫三代之人倫秩序，即可因一定時間之經過而趨穩定確保，而舊民法此一不設除斥期間之得撤銷制度，竟使後婚婚姻之家庭人倫秩序因重婚瑕疵而遭受撤銷法律風險，歷經二十九年而仍然降臨，又豈能符合憲法應保障已合法取得之婚姻權與家庭關係之本意？」

一九八九年六月二十三日，大法官做出釋字二四二號解釋。認為：「國家遭遇重大變故，在夫妻隔離，相聚無期之情況下所發生之重婚事件，與一般重婚事件究有不同，對於此種有長期實際共同生活事實之後婚姻關係，仍得適用上開第九百九十二條之規定予以撤銷，嚴重影響其家庭生活及人倫關係，反足妨害社會秩序，就此而言，自與憲法第二十二條保障人民自由及權利之規定有所牴觸。」並在理由書中表示：「聲請人得依本院釋字第一七七號及第一八五號解釋意旨，提起再審之訴。」這也是第一樁確認婚姻家庭是受到憲法基本人權保障的解釋。

於是，鄧元貞向最高法院提起再審，恢復了他和吳秀琴的後婚姻效力。而且，在大法官解釋之下，與陳鸞香的前婚姻，同樣有效；由於情況特殊，鄧元貞不該當「重婚罪」。

釋憲案催生《兩岸條例》

「法律不違憲，但適用違憲。」李念祖解讀大法官釋字二四二號解釋的邏輯，鄧元貞案加速催生了《兩岸人民關係條例》在一九九二年公布施行，二四二號解釋意旨也納入該法[8]，以求在法制上解決類似的婚姻家庭等兩岸人民間的法律問題。

李念祖說，這一號解釋，也是大法官第一次在解釋理由中對個案聲請當事人做了「諭知」，這諭知就很接近「個案判決主文」了。因此，最高法院再審就撤銷原判決，駁回原告之訴，保全了後婚。

李念祖分析說，最高法院於再審判決中通篇表明「前判決沒錯」，亦即撤銷原判決，是因為釋字二四二號解釋，從中隱隱看出「最高法院對大法官」兩者關係的味道。最高法院對「大法官諭知個案」的做法表達了些許反彈。這也是後來，大法官對「個案發回」、「大法官進入個案審判」等介入個案救濟有所保留的原因。

對此李念祖有自己的看法。「就我來講，做為律師，做為當事人而言，如果大法官只做抽象解釋，而對個案不加聞問，這解釋的意義有限。最高法院、大法官的審判權關係怎麼定位，如果只是涉及司法機關間彼此的尊嚴，那就是次要問題。而且憲法已經表明『大法官在憲法解釋上應是終審』。最高法院實在沒有理由跟大法官去爭『最高』的問題，爭論這是否是『第四審』，審級的問題應回歸立法規定，人民權益保障才是司法權首務，為了法院之間的和諧，就不去積極保障個案權益，這是最能體會當事人困境所在的律師很難接受的。」

「我一直感到很珍貴的，是鄧元貞夫婦送我跟范鮫的一塊牌子，一直放在我辦公室；

這是理律的第一件釋憲案，值得紀念。」李念祖指著紀念牌說道。

8 《臺灣地區與大陸地區人民關係條例》第六十四條：「I夫妻因一方在臺灣地區，一方在大陸地區，不能同居，而一方於民國七十四年六月四日以前重婚者，利害關係人不得聲請撤銷；其於七十四年六月五日以後七十六年十一月一日以前重婚者，該後婚視為有效。II前項情形，如夫妻雙方均重婚者，於後婚者重婚之日起，原婚姻關係消滅。」

林之嵐
訴訟及爭端處理部　合夥人

理律五十週年，國內有這樣歷史的法律事務所並不多見。半世紀來，社會、經濟變遷極為快速，理律能不斷調整步伐，持續提供優質服務，參與並見證國家的進步與發展，非常難得。同仁將秉持「服務、關懷、卓越」繼續貢獻心力，迎接下個輝煌五十年。

陳怡雯
訴訟及爭端處理部　顧問

有工夫讀書謂之福，有力量濟人謂之福，有學問著述謂之福。感謝前人的努力使我們享有安定富足的環境；盡力散發自己的光與熱，傳播正向的力量，傳承知識與經驗應是我們責無旁貸的使命。

33 馬曉濱案——槍口沒留下的三條命

理律接手的第二件釋憲案，是請求大法官解釋《懲治盜匪條例》[1]第二條第一項第九款「擄人勒贖唯一死刑」之規定是否違憲？

這個故事，要從一九八六年，十九位中國大陸青年渡海投奔韓國說起。

一九八六年六月十五日陰雲細雨的傍晚，十九位大陸青年，帶著簡單行李，擠在長七公尺、寬二點七公尺的小漁船上，從山東榮城出海，靠一個指南針，穿過四級風浪，航越墨暗的東海，經過三十個小時的航程，於十六日航抵韓國外海。

風大浪大，十九人均被風浪打溼全身，到了韓國外海後船隻拋錨，漂流兩小時後，

1 《懲治盜匪條例》全文十一條，一九四四年四月公布施行，二〇〇二年一月公布廢止。

被韓國防衛隊救起。十九個人聲明要投奔自由。經過臺灣與韓國的外交折衝，七月八日，十九人搭上華航班機飛抵臺灣，這一群「反共義士」受到熱烈歡迎[2]。

當時媒體對此事下的標題是——「十九青年唾棄中共暴政，千山萬水投奔自由祖國」。這十九個人，其中包括後來綁架長榮集團董事長張榮發之子張國明，最後被判處死刑並被執行的馬曉濱。

「反共義士」馬曉濱

在兩岸兵戎相見、「漢賊不兩立」的年代，「反共義士」來臺，似在釋放中共政權失去民心、即將崩潰的政治訊息，對於在外交和軍事上均處於風雨飄搖的臺灣，有著激勵民心士氣的重要意義。

為了鼓勵對岸人民駕飛機投誠，政府頒訂了獎金標準。Mig-19四千兩（黃金，下同）；Mig-17二千兩；Mig-15一千兩；LA-11型五百兩；IL-10型五百兩；IL-28型四千兩；TU-4型三千兩；TU-2型一千兩；TU-70型一千兩；IL-14型八百兩；IL-12型八百兩；LI-2型五百兩；YAK-11型一百兩；YAK-18型一百兩[3]。部分反共義士不但獲得高額獎金，也被當時的社會視為英雄。

但一來，高額獎金是針對駕機投奔的反共義士而設，不適用於像馬曉濱等搭漁船投奔自由者；二則，隨著國際局勢、兩岸氛圍以及國內政治的轉變，一九九〇年代前後，「反共義士」已漸漸不再具有一九八〇年代之前的宣傳意義。英雄褪色，社會也開始有異音，政府陸續取消對駕機投誠者的獎勵，反共義士漸漸成為歷史名詞。馬曉濱等人，就是在這樣的時代背景下，頂著「反共義士」的頭銜，來到臺灣。

這十九位投奔韓國，再被送到臺灣的「反共義士」，在受到短暫的英雄式歡迎後，就在媒體的版面上消失，被送到澎湖的難民收容所。其中劉德金留置澎湖時，即為有關單位發覺「有匪諜嫌疑」而被起訴，後被判刑入獄；兩年後，其他人被安排在臺北市士林的職業訓練中心受訓。一九八八年七月，政府發給他們身分證，然而，這群人的工作大多不順；不諳臺灣法令的他們，還有多人因為不知道男子有服兵役的義務，又沒接到兵單，致違反《兵役法》而遭通緝。當初接他們來臺灣的中國大陸災胞救濟總會，給了他們新臺幣三萬七千元的就業輔導金後，就像斷了線的風箏，不再有聯絡[4]。

2 「十九青年唾棄中共暴政 千山萬水投奔自由祖國」，聯合報，1986-07-09。

3 「駕機來歸兩義士 獲獎黃金五百兩」，聯合報，1961-10-17。

馬曉濱從職業訓練所出來後先到澎湖打漁，又去做鋼筋工人，接著再做了兩個月的燒鴨師傅，對工作並不滿意[5]。於是和他在澎湖收容所認識的「華裔越南難胞」[6]唐龍、長榮海運離職警衛王士杰三人商議，於一九八九年十一月十七日午夜綁架長榮少東張國明，勒贖新臺幣五千萬元。

十八日，三人取得贖金後釋放張國明，還給了張一千元搭計程車回家。十九日，唐龍與王士杰即被警方逮捕，同日，馬曉濱投案。全案迅速偵破之後，在社會上一股「治亂世用重典」、「重大刑案必須速審速結」的氣氛下，從起訴到一審判決，只花了不到一個月時間。臺北地院根據《懲治盜匪條例》第二條第一項第九款的「擄人勒贖罪」，判決三名被告死刑，褫奪公權終身[7]。二審維持原判，一九九〇年六月七日，最高法院駁回上訴，判決三人死刑定讞。

值此同時，社會也興起了一股「罪不及死」的呼聲。臺灣人權促進會郭吉仁律師為馬曉濱等人提起非常上訴；同時，郭吉仁找了陳長文，希望陳向政府反映、營救。陳長文雖覺得對擄人勒贖以「唯一死刑」相繩不盡合理，但認為司法個案不該找政府說項。陳長文因此向郭律師說，如果在法律程序面上有可著力處，理律願意全力義務協助。陳找來李念祖問：「馬曉濱案還有救嗎？」

李念祖指了一條路：釋憲。

聲請釋憲，營救馬曉濱

於是，營救馬曉濱三人的法律行動，便兵分二路展開。一路是郭吉仁律師向檢察總長提請非常上訴；而理律，則在一九九〇年六月十四日公開表示，將針對馬曉濱案，聲請大法官解釋「唯一死刑規定是否違憲」。

李念祖向社會說明理律立場，他表示，憲法中規定應保障生存權此一基本人權，而生命權為生存權之一，就馬曉濱案的死刑審判過程中，司法單位有違憲之嫌。

李念祖當時從兩方向進一步剖析：「《懲治盜匪條例》對擄人勒贖案不分手段、動

4 「與馬曉濱同船 五反共義士有難 涉嫌妨害兵役 被通緝」，聯合報，1990-05-05。

5 「社會歧視我！愛拚才會贏？馬曉濱供承為主謀 幹下胡塗事」，聯合報，1989-11-20。

6 一九七五年越戰結束後，越共統一越南，大量越人出於恐懼乘船離國逃難。一九七七年越南動亂，包括唐龍在內的許多難民逃亡海上，其中不少人漂流到臺灣，在中華救助總會安排下，被安置於澎湖白沙講美難民營。

7 「馬曉濱檔案（上）」，范立達，阿達新聞檔案http://mypaper.pchome.com.tw/f.d/post/4131595，擷取日期：2015-07-10。

機、方式，一律處以死刑。由於該法自民國三十三年頒布，至四十六年修訂迄今，這種『立法判斷』是否符合憲法精神，有待考量。另一方面就本案來看，有若干對被告有利的論點，法院並未加以審理和考量。司法權對死刑的使用應該慎重，對被告有利之點，司法是否可以加以忽略？應進一步斟酌。」李並表示，就這兩個觀點，將儘快聲請大法官解釋，判定是否有違憲之嫌[8]。

陳長文與李念祖在釋憲聲請書中，先從《中華民國憲法》第十五條的生存權規定切入：

「按憲法第十五條保障生存權，其最重要之內容厥為生命權，蓋生命權為一切自由權利之基礎，無生命即不得享受任何權利自由，生命權之重要性乃應在憲法所有列舉保障之一切任何自由權利以上……

司法判決剝奪生命權，亦應本乎憲法保障生命權之意旨，以嚴謹合理之程序為之，始能以尊重生命權之態度保障生存權，真正符合憲法保障生存權之本旨，否則以輕率之刑事政策剝奪生命權，矯言欲達保障人民生存權之目的，無異允許公權力以違背目的之手段追求相反之目的，其可得乎？……

本案最高法院維持前揭臺灣高等法院判決，依據懲治盜匪條例第二條第一項第九款之規定，剝奪聲請人等之生命權，聲請人別無法律上之救濟途徑，爰依法聲請大院大法官會議解釋前揭判決所適用之法律規定，以及前揭判決適用該法律規定之結果，致剝奪聲請人等之生命權，與憲法保障人民生存權之規定牴觸。」

聲請書並對《懲治盜匪條例》就擄人勒贖不分情節一律繩以死刑，指出其手段與目的不相合，甚至適得其反的矛盾。

「以唯一死刑懲治擄人勒贖，即不問是否有殺害肉票之行為，均難逃死刑之制裁，其目的固在嚇阻類似犯罪，其結果則可能使得往後類此犯罪者，抱持孤注一擲，橫豎一死，不如殺害被擄人，以免被指認落網之極端心理，則此類犯罪手段將愈趨殘暴，社會秩序恐愈趨緊張。是立法目的欲求嚇阻，唯一死刑之效果可以適得其反，即不能認為立法目的與立法手段相對應，自不符合比例原則，而屬違憲。」

8 「聲援行列擴大 馬曉濱死刑 生違憲爭議 理律將聲請大法官會議解釋」，聯合報，1990-06-15。

最後，在聲請書中，也回述了馬曉濱等人所處的時代背景。

「聲請人等係投奔自由來臺，或係越南難民，或係離職警衛，其所受教育有限，在社會福利制度未健全，政府尚未施以就學，就業輔導，渠等置身競爭激烈之現代社會，本質上即具高危險性，期待其恪守社會秩序規範之可能亦較低，其誤蹈法網，雖屬應罰，惟生命權之剝奪，則應慎重將事，必也求其生而不能，始應為之，本件判決，若已合乎正當法律程序之嚴格要求，而司法者斟酌之結果，仍為應處以極刑者，或當別論，惟本案判決，既有上揭違憲情形，本諸憲法規定，實不應予以維持。」

大法官於一九九〇年七月十九日，做出釋字第二六三號解釋文：「《懲治盜匪條例》為特別刑法，其第二條第一項第九款對意圖勒贖而擄人者，不分犯罪情況及結果如何，概以死刑為法定刑，立法甚嚴，惟依同條例第八條之規定，若有情輕法重之情形者，裁判時本有刑法第五十九條酌量減輕其刑規定之適用，其有未經取贖而釋放被害人者，復得依刑法第三百四十七條第五項規定減輕其刑，足以避免過嚴之刑罰，與憲法尚無牴觸。」

簡言之，大法官雖也對「唯一死刑」有意見，從解釋理由書中看得更明顯：「此項規定，不分犯罪之情況及其結果如何，概以死刑為法定刑，立法甚嚴，有導致情法失平之虞，宜在立法上兼顧人民權利及刑事政策妥為檢討。」

但大法官最後仍然以《刑法》第五十九條、第三百四十七條已有「可酌減其刑」規定，解釋係爭規定尚不牴觸憲法。

解釋文一公布，各界咸解讀為：吹熄了馬曉濱等人求免死的最後燭光。

不放棄一絲希望

但李念祖獲悉解釋內容後，卻不作此想，他雖覺得解釋略嫌保守，但仍認為還有努力空間：「如果大法官以刑法五十九條之得減輕其刑規定，做為擄人勒贖罪為唯一死刑的合憲解釋，則刑法五十九條應為法官對擄人勒贖案『量刑必須審酌』的條文。而馬曉濱案的三個審級判決書中，都未記載對第五十九條『其情是否可憫』的審酌結果，如此一來，大法官會議對第五十九條的見解，應可做為本案非常上訴理由與堅強基礎。」理律也不打算就此放棄，準備具狀聲請補充解釋[9]。

李念祖回憶說：「我還是從記者那裡看到解釋文的，記者總是比當事人要提早知道裁判結果。」當記者前來採訪他時，把解釋文給他看。人命關天，李念祖腦袋裡只想著能否繼續救人，他看完解釋文後認為「還有救」。

「我們主張『唯一死刑違憲』，大法官說『不違憲』，理由大致是：這不是唯一死刑。言下之意，是可以聲請非常上訴。我認為，這案子，其實大法官是想救的，沒有直接說違憲；指出的救人方法，就是由最高法院出手救。」李念祖說。而且，理律在聲請書中，請求大法官審查「法院判處死刑的過程是否符合正當法律程序」，大法官也未予回應，解讀上，似乎可以再做請求。

思及此，李念祖立刻聯繫郭吉仁律師，商議後續法律行動，重點則在於由郭吉仁另安排范光群律師聲請「非常上訴」；理律則在當天遞狀聲請「大法官補充解釋」，目的在爭取時間，在法務部長隨時可能簽署執行死刑以前，搶得「非常上訴被受理」的時間與空間。

然而，這一切行動，都已來不及在槍下留住馬曉濱等人的性命。因為在大法官解釋公布的隔天凌晨四點五十七分，馬曉濱、唐龍、王士杰三人已執行槍決，連非常上訴狀也來不及寫了。

多年以後，李念祖聽說，曾有大法官看到理律遞進的「補充解釋聲請狀」後說，「這份狀子寫得非常沉痛」。李認為，從這傳言中可聽出來，當時應有不少大法官是想救人的，何況，大法官在解釋文中已特別點出「立法甚嚴」一語。

「這號解釋讓我刻骨銘心，對我來說是沒救回來的當事人。雖然這三位當事人我從未見過面，但這是生平第一次：我的當事人被槍決。」李念祖說。

馬曉濱等人雖被執行了死刑，但大法官對《懲治盜匪條例》中唯一死刑的規定所留下的質疑，仍播下了該條例廢除的種子。一九九八年，曾任職理律的蔡兆誠律師在為死刑犯莊清枝義務辯護時，認為該條例事實上早已失效。包括刑法學界、律師界等，愈來愈多人支持該見解，甚至有一、二審法官和檢察官在判決書或起訴書中以《懲治盜匪條例》已失效為由，拒絕適用該條例，逕將案件回歸一般刑法論處[10]。《懲治盜匪條例》這個一九四四年對日抗戰末期、亂世重典下的產物，受到愈發強烈的質疑；最終立法院於二〇〇二年一月通過廢止該條例，讓相關規定回歸刑法，並重行檢討強盜罪、擄人勒

9 「具狀聲請補充解釋？設法請求總統特赦？法律途徑斷絕 李念祖：解釋略嫌保守」，聯合報，1990-07-20。
10 「懲治盜匪條例：帶著疑問與肯定走入歷史」，聯合報社論，2002-01-10。

贖罪的刑度，大幅減少「唯一死刑」之罪。

自此案之後，不管是普通刑法或特別刑法，臺灣開始朝向「以相對死刑[11]取代絕對死刑」的立法趨勢發展。二〇〇六年後，臺灣已沒有「唯一死刑」之罪[12]。尤其在二〇〇九年將兩人權公約內國法化之後，死刑存廢議題受到臺灣社會更高的關注與辯論。

11 「相對死刑」是指將死刑列為量刑選項之一的刑罰，法官可以選擇判處死刑以外的其他重刑（通常為無期徒刑或十年以上有期徒刑）。

12 海盜罪致人於死、海盜罪而故意殺人，二〇〇六年修法改為相對死刑。「立院修法 唯一死刑罪 刑法全都廢」，自由時報，2006-04-26。

吳至格

訴訟及爭端處理部　合夥人

對我而言，理律最重要的，是理律是最浪漫，而且會繼續浪漫的法律事務所。

賴文萍

訴訟及爭端處理部　初級合夥人

理律五十，一晃眼我在理律十五年了，從學習律師起即受理律大家庭栽培，若說有點小小成就、受客戶肯定，亦係因大家庭給我磨練及成長的機會。在不算短的歲月中，深深感受理律在法律服務之專業、對客戶的關懷、對社會的回饋，期待下個五十年，我們能持續秉持理律精神發揚光大。

34 聚沙成塔——豐富法治也豐富理律的釋憲案

理律從一九八〇年代末期開始參與聲請釋憲，在參與的過程中，也一路見證與推促著臺灣的人權、法治與民主的發展、進步與深化。理律參與了許多有指標性意義的釋憲案。聲請釋憲的案件涵蓋民法、刑法、行政法，觸及政治、經濟、教育、人權等方方面面的議題。這些釋憲案，豐富了臺灣的法治，也豐富了理律。

理律代理聲請的前三件釋憲案，包括前兩回故事提到的釋字第二四二號、釋字第二六三號，以及代理因病失學、參選立法委員受阻的女作家劉俠聲請的釋字第二九〇號「公職選罷法候選人學經歷限制規定違憲？」李念祖還信手捻了十四件理律人參與，讓他印象深刻的釋憲案（理律參與的釋憲案不只這些）。每一件都有特殊的故事，雖然不一定都獲得最理想的釋憲結果，但其中多案也促成了立法院修改法律解決問題：

一、釋字第三一三號關於「《民航業管理規則》罰則之法律授權依據是否違憲？」

二、釋字第三二四號關於「《管理貨櫃辦法》就海關得定期不受理申報進儲業務之規定違憲？」

三、釋字第三九二號關於「《刑訴法》檢察官羈押權、《提審法》提審要件等規定違憲？」

四、釋字第四一九號關於「副總統兼任行政院院長違憲？」

五、釋字第四六七號關於「民國八十六年《憲法增修條文》施行後，省仍屬公法人？」

六、釋字第四九〇號解釋「《兵役法》服兵役義務及免除禁役規定違憲？」

七、釋字第四九九號關於「民國八十八年九月十五日修正公布之憲法增修條文違憲？」

八、釋字第五〇九號關於「刑法誹謗罪之規定違憲？」

九、釋字第五五〇號關於「《健保法》責地方政府補助保費之規定違憲？」

十、釋字第五五三號關於「北市府延選里長決定合法？」

十一、釋字第五八五號關於「《真調會條例》違憲？」

十二、釋字第六〇三號關於「《戶籍法》第八條第二、三項捺指紋始核發身分證規定違憲？」

十三、釋字第六一三號關於「《通傳會組織法》第四條、第十六條規定是否違憲？」

十四、釋字第六八四號關於「大學所為非屬退學或類此之處分，主張權利受侵害之學生得否提起行政爭訟？」

十五、釋字第七一三號關於「扣繳義務人無論違申報扣繳憑單義務或違扣繳稅義務，一律處稅額一點五倍罰鍰，違憲？」

理律第一件非義務的釋憲案

「每一件案子對參與的理律同事來說，都有很大的啟發。這些案子，也可以說是一位又一位的法律教授，教導我們如何定位法律人，特別是律師的角色。」李念祖說。例如，釋字第三一三號，是李念祖參與的第四件釋憲案，參與者包括李家慶律師。李念祖回憶他在進理律前對「憲法律師」的定位，本來是想把重心放在經濟法領域的憲法訴訟。結果前三件釋憲案，分別是民法、刑法、行政法的案件，都與經濟法無關，都是義務訴訟。直到第四件釋憲案，十四家航空公司聯合委託理律聲請大法官釋憲，這是理律第一件拿到費用的案子。「這是第一個有客戶付錢請理律打釋憲官司，也是讓我深受『教訓』的案子。」李念祖說。

本案也非常有指標性。在威權時期的臺灣，毫無法律依據的行政命令充斥，行政機關自行訂定的命令，或是法律空白授權行政機關訂定的命令，幾乎沒有任何障礙。國家機關可以在沒有任何法律規定的情況下，無限期拘禁政治犯、強制隔離痲瘋病患、限制役男出國、處罰違反登記規定的工廠……

一九九〇年代初期起，司法院大法官開始瞄準行政機關「無法律授權的命令」開火，陸續將政府部門自行訂定的「裁罰規定」宣告違憲失效。這對於以往習慣便宜行事，跳過立法院單方制定政策的行政部門產生極大衝擊[1]。而大法官針對這些「無法律授權的命令」開的第一槍，就是理律受理十四家航空公司委託聲請釋憲。大法官於一九九三年二月十二日做出的釋字第三一三號解釋。

1 廖元豪，「人權的腳步」，載於《中華民國發展史——政治與法制》（下冊），聯經出版，2011年，頁657。

此案大致的背景是，一九八七年臺灣解嚴之前，出入境管制很嚴格，特別是很多政治人物被吊銷護照。戒嚴時期有個常態規定「行政命令」，包括外國人在內，都要有入境許可才能進入中華民國，由航空公司負責審查；若航空公司將不許入境或護照被吊銷的人帶進來，就要負責把人帶出去（就算買單程票，也要把人送回去），而且還會受處罰。但一來是當時罰得不重，二來是在戒嚴時期，各家航空公司也就悶不吭聲、默默接受。

解嚴後，廢掉原行政命令，民航局卻援引《民用航空法》無關的法律條文，在法律未明確授權的情形下，以航空公司違反行政命令屬性的《民用航空運輸業管理規則》第二十九條：「民用航空運輸業不得搭載無中華民國入境簽證或入境證之旅客來中華民國。」繼續裁罰，而且罰得比戒嚴時期更重，於是所有航空公司連成一氣要打官司。當時受罰與未繳的罰款，十四家航空公司加起來超過了新臺幣十億元，他們決定挑戰民航局的行政命令，認為其「違反法律保留原則」，由美商西北航空領銜，委託理律聲請釋憲。

一九九三年二月十二日，大法官公布釋字第三一三號解釋：「對人民違反行政法上義務之行為科處罰鍰，涉及人民權利之限制，其處罰之構成要件及數額，應由法律定之。若法律就其構成要件，授權以命令為補充規定者，授權之內容及範圍應具體明確……。民用航空運輸業管理規則（相關規定）……法律授權之依據，有欠明確，與前述意旨不符，應自本解釋公布日起，至遲於屆滿一年時，失其效力。」這是大法官第一次在解釋中使用「授權明確性原則」[2]，認定系爭法規違憲，還加了一句「應自本解釋公布日起，至遲於屆滿一年時，失其效力」。

在解釋文發布之後，行政院以秘書長名義發函各所屬機關，要求各機關應檢討所主管之法規有無不符三一三號解釋意旨。而大法官後續的釋字第三九〇號、第三九四號、第四四三號、第五一〇號解釋，也都循著類似法律邏輯，要求法律對行政命令的授權應具體明確。

贏了釋憲，輸了官司

然而，意外的是接下來的事。

2 「授權明確性原則」：對人民的處罰，應由法律定之，若立法者以法律授權以行政命令為補充者，其授權的「內容」、「範圍」應具體明確。

因為大法官解釋認為民航局違憲，十四家航空公司等於贏得了「勝利」，大家都興高采烈。李念祖尤其開心，因為這是「歷史的一刻」，大法官第一次說這樣的行政命令是違憲的。

十四家航空公司的代表開心地問：「李律師，所以我們以前繳的罰款會還給我們囉？」

李念祖頓了一下說：「可能不會還。」客戶代表的表情立刻變得有點失望，但立刻接著問：「那表示，現在還在打官司的罰款，以及還沒繳的罰款，可以不要繳？」

李念祖說：「其實也不是。」

客戶代表失望的表情又加重了三分，但他還是不放棄：「那這表示，從現在開始可以不要罰嗎？」

李念祖說：「這個，其實也不是。」

客戶代表的表情這時從失望轉為訝異了：「不是違憲嗎？為什麼現在還可以罰？」

李念祖說：「因為解釋文寫『至遲一年後失效』。」

客戶代表再問：「喔，那是一年後可以不罰囉？」

李念祖又說：「其實也不一定。」

客戶代表再問：「那為什麼一年後還罰？」

李念祖說：「只要民航局來得及修法，一年後照罰。」因為大法官指出不符合授權明確性，在符合『明確性』後就可以罰了。

客戶代表的表情已經無法形容了，他說道：「李律師，那你說我們贏了，是什麼意思呢？」

對這個問題，李念祖當時還真不知道要怎麼回答。

「我在這裡學到一點：從此我極其在意大法官要對個案給予救濟，否則再好的解釋對當事人也沒有意義。」李念祖說。

客戶代表當然對這樣的結果不滿意，即便大法官解釋說民航局的裁罰違憲，但這對他們來說「沒有實益」。

客戶代表說：「這裡有個原則問題，如果大法官說違憲，為何政府可以罰我們？這我們一定要爭。李律師無論如何要幫我們奮鬥，『不能再罰』是我們讓步的底線，其他就摸摸鼻子算了，這是原則問題！」

李念祖便與一位剛離任法院審判職務的女同事陳麗美律師商量，當事人有這樣的要求，該怎麼辦？陳麗美說：「怎麼可能呢？」

李念祖對陳說：「我們要用訴訟方式，讓民航局不要罰。」

當時的舊《行政訴訟法》尚沒有保全程序、不能假處分，而李念祖的想法是借用民事假處分。既然大法官說「開罰是違憲」，「違憲，意思就是沒有憲法基礎」，現在的民航局開罰，就像『路人跟我說，我要罰你，你把錢拿出來』一樣，沒有法律明確的授權，民事上的救濟，是本於財產所有權請法院發命令防止侵害（不讓對方馬上拿到錢），過程中就是先依保全程序聲請假處分。也就是向民事法院請求「民航局不得執行罰款命令，是依據釋字第三一三號」。

李念祖問陳麗美願不願意一起承辦這個案子？李念祖知道，陳麗美當過法官，這樣的主張和過去當法官處理案子的習慣大不相同。李說：「若陳麗美與我聯名的狀子，一旦送進法院，可能她以前的法官同事會說『陳麗美怎麼去當律師後，人就變了』。」

陳麗美想了一天，第二天說「有道理」，於是決定一起做。這讓李念祖很感動，陳對李說：「當律師跟當法官真的不一樣」，當律師更會考慮當事人的心情。

在打官司前，李念祖跟航空公司代表說：「我們這樣打官司是很冒犯的，猶如跟民航局宣戰了。」而航空公司則堅持就是要「爭原則」。聲請假處分的結果，一審地方法院駁回，「公法案件，沒有審判權」；理律抗告成功，二審地方法院廢棄一審裁判，認為「有審判權」；民航局也抗告，三審支持一審，駁回假處分。

當事人還算體諒，說：「三戰沒全敗，心裡頗為安慰了。」

結果一年之後，民航局推動修法沒成功，一年後就沒再罰。多年後，民用航空法才另外有規定。其實在解嚴後，民航局若只是「技術性罰款」，不會遭遇這麼大反彈，但罰款卻是戒嚴時期的數倍！航空公司覺得非常沒道理。把守國門的主要責任該是在政府，而不是在航空公司。

這個案子對李念祖啟發很大。「律師一定要把自己的腳放進當事人的鞋子裡去試試溫度，釋字第三一三號公布時，我自己高興，當事人卻高興不起來。當事人問我問題，我傻在當場，是我非常非常難得的經驗，身為法律人，我們時常會過度陷在自己（理論上贏了）的思維裡頭。」李念祖說。

用錢買不到的理律資產

每一個案子，都是一個又一個鮮活的故事。參與了這許多的釋憲案，李念祖說，「這種案子，大的事務所比較容易遇到，進理律時我心裡就有一個想法，理律是一個平臺，我總能夠看到這種案子出現。」

「我自己知道，辦憲法案如果不是具有經濟財產價值的案件，多是要義務性辦案，我心裡想，不管如何，能夠一年碰到一件案子，就要很感謝了！一年一個案子，十年十個案子，聚沙成塔，這條路也就漸漸走出來了。」回顧李念祖和理律夥伴的釋憲之旅，「其實除了一開始的三件義務性釋憲案之後，慢慢擴張到其他法領域，案子一個一個出來，影響與改變也就一點一點的發生。」

然而即便如此，李念祖承辦的憲法案件，還是有超過半數以上，是沒有經濟收益的。「我必須要講，理律對我非常容忍照顧，它提供了一個平臺，讓我們可以在公益案件及公共參與上，實現法律人的志向與理想。」

因為理律，讓以憲法律師為職志，讓同學為之擔憂「活不下去」的李念祖，不但在理律存活下來，也讓理律同仁對釋憲案件視如己出，無形中充實了理律人的憲法意識，更涓滴參與成就了臺灣憲法治理。這過程，是用錢買不到的資產。

楊代華

訴訟及爭端處理部　合夥人

有幸在擔任十年法官後，加入理律大家庭，深感懷抱實現公義理念，堅持正直執業風格，不斷追求提升服務品質，實為理律五十年來屹立不搖，持續成長、茁壯的根基。期許我們理律人秉持理律的信念繼續努力，在下一個五十年對於國家、社會做出更大貢獻。

湯偉祥

訴訟及爭端處理部　顧問

時間改變了萬物，但它的起源至今仍是個謎；法律建立在人類理性上，為人類文明發展留下注腳；理律協助讓法律經歷時間的變化呈現不朽，而這一切來自於對人性光明面的堅信不移！

35 非訟到訴訟——有形經驗與無形資產

談起理律的訴訟部，要先從理律早期的業務重心——非訟——談起。

理律的業務最早主要是智慧財產權等，其後隨著僑外投資臺灣的熱潮與資本市場的興起，擅長超國界法事務的理律代理了許多僑外投資，非訟業務也大幅擴及到公司投資、金融、保險及證券領域等，在一九六五年乃至一九九〇年代占了理律全部業務極大比例。

也因為這緣故，早期國內一般律師談起理律的印象，多認為理律不辦訴訟案；而理律當時如有訴訟案件，也確實都轉介給其他律師事務所辦理，如李光燾的同班同學姚嘉文律師等。

雖然理律初期在法律服務市場定位上，確以非訟為主，但隨著我國法律服務市場日趨成熟，理律在非訟業務過程中，遇到當事人要求辦理其他相關訴訟案件，不論從維護當事人權益，或考量理律全方位發展，都已無不接案的理由。因此，自一九七六年起，理律設置「訴訟組」，林瑞富律師與李新興律師等即開始承辦訴訟案，早期也是以法人客戶為主。

在「出口導向經濟」蓬勃發展的一九八〇年代，理律承辦訴訟案件類型主要是國貿、海商及商標權侵害，不過隨著臺灣經貿結構改變，這類案件日漸減少。自一九九〇年代後期起，解嚴後政治經濟自由化、知識經濟與智慧財產權觀念普及、全球製造分工鏈的變化下臺灣製造代工業漸外移、政府加強公共工程以帶動國內經濟內需，在這趨勢下，理律的訴訟案件也隨之以專利訴訟、公共工程爭議案件為主。時至今日，理律的國內、國外客戶幾各占一半。

專業導向的訴訟類型

較特別的是，理律承辦的訴訟案，多偏向專業領域訴訟案件，由於各類專業訴訟案件數量具相當規模，理律從中累積了許多寶貴的專業或跨領域經驗，提升同仁專業訓練，再透過知識管理機制的分享傳承，形成理律的競爭力優勢。「這要感謝客戶的信賴，讓理律不僅可以提供服務，也讓同仁有學習機會。」李家慶說。

李家慶說：「理律辦理訴訟業務，如要與國內其他一般訴訟律師在價格上競爭，確實有困難，因此，唯有以專業化的發展，提升辦案品質，才能建立理律在訴訟業務上的口碑與市場。」

在專業化多元發展的考量下，蔣大中等專精智慧財產權的訴訟律師，即分別進入專利暨科技部、商標暨著作權部，專辦智慧財產權訴訟案；馮博生律師到高科技產業重鎮新竹科學園區成立新竹分所。李家慶律師於一九九〇年代建議成立政府採購公共工程部、稅務小組，擴大專業訴訟類型。至於宋耀明律師等刑事訴訟團隊，則以白領經濟刑案類型為主。隨著國內公法抬頭，李念祖律師也成立憲法或公法團隊小組，辦理許多公法訴訟及釋憲案。

一九八〇年代起，辦理上述專業訴訟類型在國內一般律師並不多見，理律領風氣之先，隨時代需求組建專業團隊代理大量專業訴訟案，逐漸在訴訟服務領域占一席之地。團隊中許多同仁不僅擁有法律專業及律師資格，也擁有其他專業技術執照如會計師、土木技師、專利師，或兼跨其他專業領域，這種「雙專業化」與「跨領域化」的人才屬性，有助因應科技時代多元複雜的法律案。

「高度專業導向所建立的信任感，讓客戶基於信賴而委託家事案件，也因此增加了不同於理律以往傳統的新服務領域。」林瑤律師說。

訴訟外紛爭解決機制

訴訟案量隨著社會經濟發展而大增，替代訴訟、加速解決的「訴訟外紛爭解決機制」（ADR）也漸興成為顯學。一九九〇年代，理律即承辦大量仲裁業務。其實在一九八〇年代，臺灣每年僅有個位數仲裁案，但隨著一九九八年《仲裁法》全面大翻修，如今每年已逾一百五十件。另一方面，一九九九年起民事訴訟法也連幾年大幅修正並強化調解及和解機制。

ADR業務的處理，與一般訴訟律師「主要著重辦理訴訟案件」不同；為此，理律訴訟部更名「訴訟及爭端處理部」，不再只強調訴訟。「訴訟律師，不可以為了訴訟而訴訟，善用ADR方式為當事人提早化解糾紛，是訴訟律師的天職。我們能促成和解就不訴訟，能進行調解就不訴訟，能提付仲裁就不訴訟。仲裁通常一審終結，對當事人而言，比纏訟經年有利的多；對臺灣而言，更有利於完善重時效的國際經貿環境。」李念祖如此說。

理律代理國際及兩岸仲裁案件的經驗豐富，包括在國際商會、香港及新加坡的國際仲裁案。例如曾轟動海峽兩岸，在香港舉行的一件仲裁案，涉及臺商與陸商間因合資成立百貨公司，所衍生公司經營權爭議，理律在香港進行了兩個月密集的仲裁程序，成功協助當事人解決糾紛。

公共工程爭議處理

李家慶帶領的工程爭議處理團隊，長年經辦不少指標性工程爭議案，累積跨領域的工程專業知識與經驗，像是臺北捷運、高雄捷運、北二高、中二高、南二高、民間電廠及焚化爐等國內重大工程所生之爭議。舉其大者，例如：

（一）雪山隧道工程案

曾獲Discovery頻道專題報導的雪山隧道，工程施作困難艱辛。自一九九一年正式動工後，即因地質及大量湧水等因素，導致施工過程屢屢遭遇災害，全斷面隧道鑽掘機（TBM）甚至一度受困於隧道內，工期因而延宕。

工程初期的TBM爭議案，理律即代表我國榮民工程公司在臺灣進行仲裁，對造是負責TBM施工的法國分包商，後續又在法國進行冗長訴訟，長達十餘年，最終仲裁與訴訟都獲有利結果。本案是臺灣第一件由國際仲裁人所辦理之國際仲裁案件，仲裁人包括已故的丘宏達教授、美國孔傑榮教授、香港鄭若驊大律師。

此外，由於施工難度導致合約工期大幅延宕，完工日由原訂一九九九年延至二〇〇六年，榮工公司的施工成本因此大增。「增加的巨額成本，誰該負擔？是否應由業主交通部國道新建工程局負擔？」雙方難有共識。理律自二〇〇一年起的十年間，協助榮工公司透過仲裁及公共工程會調解等ADR機制，順利解決與交通部國工局之間數十件工程爭議，榮工公司所增加的成本也因此獲合理補償，雪山隧道終於順利完工通車。

（二）核四停工

核四發電廠的電力可供應重大經濟建設，但也涉及高度環保與政治爭議。民進黨政府於二〇〇〇年間政黨輪替後，時任行政院長張俊雄於同年十月二十七日宣布核四停工，惟在反對聲浪下，又於隔年二月十四日宣布復工。雖僅停工一百一十天，卻造成工程進度嚴重延宕、又逢國際營建物價大漲等困難，相關廠商面臨財務極度困難的窘境。因此，承作核四土建工程的廠商，委請理律處理因停建所衍生的仲裁案。於該案中，仲裁庭就核四停工建立了補償原則，讓其他廠商之後得以援用該原則，再透過行政院公共工程委員會的調解程序，迅速獲得合理補償，促使核四復工後得以繼續進行。

不過李家慶也感慨地說：「如今核四存廢問題又重新回到環境保護與經濟發展的兩極中來回擺盪，無論大家最終的選擇為何，核四工程都將會是省思環保與經濟政策的重要里程碑。」

（三）BOT大案（臺灣高速鐵路、高雄捷運）

理律曾處理許多BOT契約爭議事件。一九九四年政府制定《獎勵民間參與交通建設條例》，以引進民間資源協助推動公共建設，其中規模最大、最受矚目的個案，即為高鐵及高雄捷運。但因為政府及投資人對於BOT案件的認知不同，加以政府受限於傳統思維，以及公務員擔心被扣上「構成圖利」的壓力，以致爭議不斷。

就高鐵案而言，理律除曾協助多家土木工程廠商團隊經由契約約定的調解機制，迅速解決其與臺灣高鐵公司間的爭議之外，更曾就臺灣高鐵公司捨棄歐鐵，改選日本新幹線系統衍生之爭議，協助歐洲高鐵聯盟經由國際商會仲裁獲得勝訴的仲裁判斷。

高雄捷運部分，自高捷公司興建捷運之初，理律即參與協商機電系統契約。二〇〇五年起也協助高捷公司，處理與高雄市政府之間多項履約爭議和多件仲裁案，二〇一三年終於解決。值得一提的是，仲裁事件一般來說其程序並不公開，但高捷案為昭社會公信，李家慶建議雙方同意仲裁程序公開、將各案仲裁判斷書公開於中華民國仲裁協會網站，是國內創舉。

理律因長期累積的公共工程經驗，劉紹樑律師曾為政府草擬《促進民間參與公共建設法》，建立相關BOT機制；但近年看到國內諸多BOT執行面的亂象、法院部分實務見解似已悖離立法意旨，不免讓人憂心國內BOT未來將如何發展。

從一九七六年迄今，理律累積了近四十年的專業爭端處理經驗，這些一步一腳印的有形經驗，都成為幫助理律發展，最重要的無形資產。

小檔案：理律訴訟及爭端處理部沿革

一九七六年，成立「訴訟組」。

一九九一年，更名「訴訟部」。同年，另成立「專案合約組」，處理政府及軍事採購合約撰擬審查，一九九六年一月改組成立「政府契約暨公共工程部」。

二〇〇三年，「訴訟部」更名「訴訟與爭端預防部」。二〇〇四年七月，「智慧財產管理暨執行部」（原反仿冒小組）、「政府契約暨公共工程部」併入「訴訟與爭端預防部」。

二〇〇五年，「訴訟與爭端預防部」併入「公司投資部」。

二〇一二年，成立「訴訟及爭端處理部」。

林　瑤

訴訟及爭端處理部　合夥人

回首五十年，理律人以卓越能力，關懷社會，服務客戶，參與建構臺灣法治環境的穩固基礎，為臺灣人文關懷豐潤了有溫度的網絡。展望百年，祈願：

理簿書記得望門，律侯騎馬聞道勝，

百里春江無限意，年華亭亭更有夢。

梅芳琪

訴訟及爭端處理部　顧問

身為律師，希望當爭議預防者，至少是爭議解決者，不要做爭議製造者。

36 歷史大案——挖出制度結構的陷阱

二〇〇六年八月，民進黨立委向高檢署查黑中心檢舉，指馬英九挪用臺北市長任內首長特別費，查黑中心簽分「查字第十八號」案展開調查。二〇〇七月二月十三日，檢方認為馬英九涉及貪污，將馬英九起訴。當晚六點，馬英九召開記者會宣布請辭國民黨主席，並宣布參選總統。

在民進黨告發馬英九的特別費涉貪後，藍綠即展開「告發戰」，呂秀蓮、謝長廷、游錫堃、連戰等重量級政治人物皆被告發，並波及上千位領有特別費的政府現任與前任官員。

對於特別費的屬性，政界與法界都激烈討論。而中間最具指標性、萬眾矚目的焦點，當然就是在法庭上，檢辯雙方對馬英九的特別費案論理攻防。

談起理律的刑事訴訟團隊所經手的案件，最有指標性與代表性之一的，就是二〇〇六年爆發的馬英九特別費案。理律訴訟與爭端處理部，在馬英九的委託下，參與了這一件歷史大案。

該案在理律宋耀明及吳至格律師，以及理律以外的陳明、薛松雨律師等協助下，二〇〇八年四月，最高法院判馬英九特別費案無罪，三審定讞。歷經三審，終判無罪。

從這個眾所矚目的大案中可以看到，律師的團隊分工非常重要，對複雜案件的處理具有決定作用。「由於特別費案受到外界的關注程度遠勝於其他案件，律師除了處理法律辯護外，還要處理各媒體對這事件的關注。往往是白天都在應付媒體電話或面訪，晚上才挑燈夜戰，與客戶開會、商討辯護策略、擬狀等。」宋耀明回憶在特別費案時，回應媒體和法律辯護必須雙線進行。

而特別費案也再次凸顯了理律「把客戶的事情，當做自己事情處理」的文化。在這個案件上宋耀明和吳至格花了極大心力，常常在結束工作後，晚上到馬英九位於木柵的家中與他開會。一審辯論結束，宋耀明得了非典型性肺炎住院，其他兩律師也分別因腸炎等病住院。「有人說是被作法，但我相信我信的上帝比誰都大。」宋耀明笑著說。

「特別費案凸顯過去公務機關規定一套、做一套的陋習，長久下來積非成是，誤導公務員，導致上千人涉案。藍綠皆然。案後，協助藍綠黨團修法，解套特別費案，連最高檢特偵組都樂觀其成。」宋耀明認為，本案不只是還馬英九清白，更重要的是在制度上和結構上，除去了這個陷政府官員於罪的陋規陷阱。

經濟刑法

過去理律處理的刑事案件，多為商標侵權案件，和附隨於服務國外法人客戶非訟案件中衍生的刑事案件（例如違反《就業服務法》案件）。刑事專業團隊的形成，則與近十年來金融主管機關、專責檢調機關強力執行金融管制法規密切相關。而內線交易案、操縱股價案這類財經刑事案件的複雜性，往往需要一個訴訟團隊才能處理。理律的人才齊備，很適合辦理這類案件的辯護工作，刑事專業團隊在宋耀明帶領下乃應機而生，所辯護的案件多為白領經濟犯罪類型，以違反證券交易法中之內線交易、操縱股價、不合營業常規、特殊背信、財務報告不實，以及違反銀行法等重大金融案件為主。刑事專業團隊這些年來處理了為數不少的《證券交易法》、《銀行法》案件，較為大眾耳熟能詳的包括紅火案、SOGO經營權案、太平洋證券收購花企股權及經營權案、金典酒店、大廣三大樓不良債權案、宏國集團不良債權案，以及元大結構債案等。

在處理案件過程中，不免需要歸納整理近年來法院對同類型案件的判決見解，從中理律發現一個共同的現象，就是對相同的法律規定，不同法院或甚至相同法院的不同庭，卻有南轅北轍的見解。例如內線交易案的重大訊息成立時點的認定、操縱股價案中何謂「連續以高價買入或低價賣出」的意涵，法院的見解歧異，令人無所適從，相同類型案件遇到不同法官，命運也可能大不相同，會影響人民對法院的觀感和信任。

正因為法院見解紛紜不一，細心審閱卷證、研究實務不同見解的作業變得更重要，這也是理律為客戶擬定辯護方向的最大優勢。

涉外辦案能力優勢

而理律特有的外文優勢，也使得外國企業遇有刑事訴訟案件選擇律師時，理律常為首選。國外推介律師的刊物，例如《*Chambers and Partners*》就長期列宋耀明為最佳訴訟律師。其中，二〇〇〇年發生於桃園國際機場的新航006號班機墜毀案，為三名機師辯護的過程，讓宋耀明記憶深刻。他回憶：「七十九名不幸罹難的乘客和七十名傷者，給臺灣的飛航管制系統留下最沉痛但重要的功課。在新航墜毀案前，桃園中正機場的燈號和標線，很多都便宜行事，不符合國際民航組織的規範，這個事實也後來被飛安會確認。桃園國際機場後來全部改善燈光和標線系統，民航機師才能夠在他們熟悉的航管系統下起降飛行。」

外文的優勢，也能為政府的國際司法合作事務盡棉薄之力。〈臺美刑事司法互助協定〉就是在理律刑事團隊協助下，參與法務部和美國司法部的協商而簽署完成。理律也長期義務協助法務及外交部門，處理我國漁船在國外遭扣押、襲擊的磋商，以及對外國提出司法互助請求的文件翻譯，這也是理律另一種形式的公益服務。

公共工程「弊案」

近二十五年來，理律除了處理為數眾多的公共工程訴訟及仲裁案件，刑事團隊也辯護了多件所謂的「重大公共工程弊案」。理律富有公共工程、政府採購爭端處理經驗的律師團隊，也在這些相關刑事訴訟案中發揮了專長。

有關因《獎勵民間參與交通建設條例》或《促進民間參與公共建設法》的工程個案所衍生的弊案爭議，在二〇一五年，臺北市柯文哲市長處理所謂的「五大弊案」時，就讓輿論沸沸揚揚。其實宋耀明早在二〇〇五年承辦所謂「雲林焚化爐弊案」時，就發現包括政府機關或司法執法機關對BOT、BOO制度有誤解，將是這個制度能否繼續發展的隱憂。

一九九〇年代的環保署推動「一縣市一焚化爐」之垃圾焚化政策，因此，各縣市政府乃紛紛開始興建垃圾焚化廠。部分縣市囿於預算，乃採用BOO方式發包，由民間投資興建垃圾焚化廠。但其後，環保署另推行資源回收及垃圾減量等相關政策，國內垃圾減量了，卻同時產生垃圾量不足提供給BOO焚化廠進行焚化之問題。嗣後若干地方政府機關因考量財政負擔，致使BOO焚化廠興建完成後，卻遲遲無法商轉，因而造成民間投資業者無法依約回收其投入高達數十億元之興建成本。

李家慶、林瑤等工程爭議處理團隊，曾受多家民間投資業者之委託，處理前述因環保政策變動，所產生BOO垃圾焚化廠無法商轉之問題，並提起仲裁聲請。最後仲裁庭做出判斷，由地方政府以興建成本價購焚化廠，讓因環保政策變更所造成原有「一縣市一焚化爐」政策無法繼續執行之問題，能夠獲得公平合理的解決。

宋耀明解釋，BOT、BOO制度本在鼓勵民間企業參與公共工程興建，企業不是在做公益捐贈，企業配合政府政策能獲利，國家能落實符合政策的建設，這是獲取雙贏。但是在國內許多BOT或BOO案，如民間廠商有獲利，或是因執政黨更易而導致政策變更，都會使進行中的公共工程被誤解為圖利廠商，以致許多國外廠商在經歷執法機關的調查震撼下，對參與我國公共工程興建已心灰意冷。當雲林縣焚化爐案在前朝政府的「一縣市一焚化爐政策」下誕生後，遭其後上臺的政府認為是浪費公帑、圖利廠商，廠商的挫折可以想見，其間所造成之國家資源浪費，更是令人擔憂。

理律在承辦許多重大工程案件的過程中，有許多感觸與無奈，BOO「一縣市一焚化廠」相關案件的原委，尤為典型問題。在前端，政府對公共工程建設政策的可行性及必要性評估出了問題，形成蚊子建設；在中端，對於政府因政策變更所導致的政府賠償給廠商，更看到政策思慮不周對國家發展的傷害；在末端，合理查弊的同時，也有些個案可能是屬於政策先天不周或政策執行緩慢，而未及跟上世易時移的環境轉變，卻在朝野對立或互信不足的放大鏡下所衍生出部分所謂「刑事弊案」，也讓人擔心可能動搖企業與人民對法治及司法的基礎信心。法治的進步，其實是需各方面齊步並進，才能有健康穩健的發展。

宋耀明

訴訟及爭端處理部　合夥人

張愛玲在天才夢中，描述生活中令人喜悅的小事，和不知如何應付人際關係的煩惱，我卻在老闆和藹、同事可愛又聰明的環境工作，享受人生最大幸福之一。連經常與同事聚會時的互相鬥嘴，都是訴訟律師磨練反應的好機會。理律的信條是we serve, we care, we excel，我的每一天是I work, I share, I enjoy。

蕭偉松

訴訟及爭端處理部　合夥人

在理律，有一群非常優秀的人，用他們的專業與熱忱關懷著世界與社會，對於法律與服務始終是非常認真的，他們因為有理律而能夠卓越，理律也因他們而更加卓越。非常幸運的，我能夠成為其中的一份子。

37 法律醫生——魔鬼代言人的指責

在前面的故事，我們瀏覽了理律承辦的許多先驅型投資案，而案件背後也有另一層經濟脈絡。事有兩面，僑外投資的引進，不全然只有正面意義。像是前文引進麥當勞，帶動餐飲業革命升級、引入先進的連鎖管理概念，但代價是部分傳統餐廳可能未及轉型而被淘汰。

除了產業轉型的代價外，大量製造工廠的設立，也可能引發環保與勞動權益問題，這在環保與勞動法規尚不健全的早期臺灣特別嚴重。當時僑外資進入臺灣，部分考量也可能是著眼於這裡的環保與勞動成本相對較低。因此，當引進僑外資金、技術與管理思維，繁榮臺灣經濟、帶動產業革新、培養人才的同時，也產生了若干環境爭議及勞資糾紛。

理律做為引進僑外資的先鋒，提供僑外資企業法律服務，自然也會連帶受到批判與質疑。例如臺灣美國無線電公司（RCA）案中，就有社會輿論批評：理律為何接受RCA的委託辯護，站在健康受損勞工的對立面？對這樣的批評，理律如何看待？

幾經易主，臺灣RCA的前世今生

臺灣RCA，全名為臺灣美國無線電股份有限公司，於一九六七年成立，在桃園、竹北與宜蘭地區設廠，主要產品是電視機的電腦選擇器，當時被視為重大投資案。其母公司美國RCA產品範圍廣泛，品質精良，當時居世界一流電子工業的權威地位，來臺投資新廠，一來導入最新技術，讓臺灣電子業獲重大進步，二來促進就業、帶動經濟[1]。

美國RCA公司一九八五年被美國奇異公司（General Electric Company, GE）併購，臺灣RCA成為GE集團一員。兩年後GE把「消費性電子部門」賣給法國湯姆笙（Thomson）公司，臺灣RCA也隨之一起轉手，爾後於一九九二年關廠。

「桃園縣原臺灣美國無線公司員工關懷協會」主張，直至一九九二年間關廠為止，RCA桃園廠使用有提高致癌風險的三氯乙烯、四氯乙烯等多種有機溶劑，期間長達二十二年，未善盡環境維護及污染管控責任，也未盡教導員工自我防護並設置合法防護措施的義務，任由欠缺環保與化學專業知識的員工直接暴露其中，並且讓這些化學物在空氣中揮發，或隨意傾倒在地面及地下，污染附近地區的土壤與地下水。

此外，RCA以遭污染的地下水，做為員工飲用水源，導致員工多人罹患癌症，其中已有兩百二十一人死亡，且死亡人數還在增加中。受害員工於是組成上述協會提起民事訴訟，請求RCA與其國外母公司，基於連帶侵權行為負擔新臺幣二十七億元（含精神慰撫金）的損害賠償責任。

RCA委請理律擔任本案訴訟代理人。其後雙方纏訟十餘年，臺北地方法院於二〇一五年四月十七日作出第一審判決，RCA須負擔約五點六億元賠償金。原被告雙方對判決都不服，而選擇上訴。

先不論未來上訴結果為何，本案對於類似公害訴訟舉證責任之分配、因果關係存否之認定標準、適用揭穿公司面紗原則之判斷基準等重要法治議題，均有長遠影響，也會是企業評估臺灣整體投資環境重要的參考。

另因RCA桃園廠址之地下水中的排放化學物質濃度，已超過地下水污染管制標準，

1 「RCA在桃園縣設廠產製電腦」，經濟日報，1967-04-28。

環保署於二〇〇四年三月間將之公告為「地下水污染整治場址」。而RCA先於一九九八年完成土壤整治工作，復於二〇〇九年依法提出桃園廠場址地下水污染整治計畫，並經縣政府核定後實施。理律則從旁協助RCA遵循相關法令規範，進行整治工作。

誰的代言人？

「為什麼要幫這些企業辯護？」「幫助有錢人來對抗窮苦、弱勢的人，是法律人該做的嗎？」這些問題是理律在承辦包括RCA案在內的環境爭議或勞工權益案件，代理企業方時經常遭受的攻擊和質疑。只要站在企業方為其主張權利，即無法擺脫「魔鬼代言人」的指控。雖然面對許多質疑和批評，但理律認為，本於律師倫理的「職業道德誡命」，無論委託人的個人資力或身分為何，受任律師有義務依據法律，維護委託人的合法利益。

「法律存在的目的，是為了實現社會正義，社會正義必須是在公平的審判體制下，方可能彰顯，讓人信服。其中，保障原告或被告任何一方平等『受辯護』及『受法律協助』的權利，是不可或缺的最重要環節。」李念祖說。

「你們施行審判，不可行不義；不可偏護貧窮人，也不可重看有勢力的人，只要按著公義審判你的鄰舍。」李念祖引《聖經．利未記》第十九章第十五節經文，他表示：「無論貧富貴賤，只按公義審判，雖是對於裁判官的提醒，但對律師又何嘗不是如此？無論原告、被告是何人，貧窮或富有，在法律之前都是平等的，在法庭上都應該有權受到公平的審判，其法律協助及諮詢的需求亦應獲得平等的保障，此不因委託人為企業或自然人而有所區別。」

正如同病患被送到醫生面前時，醫生不過問其貧富貴賤、善惡好壞，都應給予必要及專業的救治。法律爭議也常讓人訟累與痛苦，對於有法律疑義的當事人而言，律師猶如法律的醫師，無論尋求諮詢的人身分為何，提供專業法律服務以保障合法權利，是律師本分；在過程中，律師也應引導當事人循法處理。

經濟發展、環境永續、勞動人權等目標，雖然座標軸向不同，但一樣需要平衡兼顧。環保及勞動領域，常涉及公法（憲法、行政法）處罰。憲法及行政法的主要目的之一，便是防止國家機關逾越法律保留、正當法律程序、比例原則、信賴保護、不當聯結禁止等基本原則，而濫權侵害人民權利。事實上，相較於掌握強制公權力及國家資源的行政機關，無論人民的資力高低或身分為何，在面臨行政機關「違法的行政裁罰或不利處分」，或其他「違法行政行為」時，都只有一種角色——遭受不利益的相對人；當事人即使是企業，也和一般人民一樣束手無策。

律師的職責在幫助企業循法

企業活動如何遵法循法？企業各有其專業領域，需要律師參與協助企業做成合法又正確的決策。自然人、企業法人，分別需要法律專業服務，本質並不相同，企業所需的專業法律服務，通常需要團隊合作才能勝任，合夥型態的律師事務所因此應運而生。尤其是上市公司，必須養成正確的法治習慣，看見並善用專業法律意見的價值，才能做到遵法循法、保障投資大眾權益。

以新興法學領域的環境法學為例，近年因環保意識抬頭而受到民眾及社會輿論高度重視。但環境法規所涵蓋的專業領域甚為廣泛，涉及科學性及預測性分析，除傳統法學知識外，尚需與經濟、科學、工程、統計等專業領域相互整合。另一方面，政府公部門本身的行政決定，乃至於法院判決見解都未盡一致。兩因素相加，造成人民難以預測而導致結果上無法充分遵循環保法規，或未能落實規範精神，對環境保護造成負面影響。因此，律師在新興領域中提供與時俱進、超國界的專業知識，促成企業遵法循法，受到公平對待，至關重要。

余天琦

公司投資部　合夥人

理律多元化的專業服務，從不在保障弱勢及勞工領域缺席，數十年來，理律以勞動法令為基石，與企業客戶緊密合作，為勞工朋友營造安全、安心、友善的職場環境；放眼未來，理律將繼續與客戶發揚企業社會責任，以實現企業、勞工共榮互利的成長願景。

劉昌坪

訴訟及爭端處理部　初級合夥人

理律與這片土地一起生根成長，我們關懷社會，致力公益，為弱勢發聲。我們把客戶當成最好的朋友，提供全方位法律服務。全體同仁五十年來的無私奉獻，是理律最珍貴資產，也奠定卓越的基礎。堅持為善者成，邁向下個璀璨五十年。

38 阿瑪斯號——海洋環保的昂貴一課

二〇〇一年初，希臘籍阿瑪斯號貨輪因失去動力擱淺於屏東鵝鑾鼻以東外海。船員認為失去動力不過幾小時之內就可以修復，甚至沒有及時呼救，萬萬沒有想到導致的漏油造成國際關注的生態浩劫。

環保署除了國內輿論及生態復原的兩大難題外，還有個難題就是複雜的跨國求償與訴訟。環保署委請理律代表政府向船東起訴求償，由長期從事海事案件的蔡東賢律師帶領團隊承辦。

一時疏忽釀大禍

二〇〇一年一月十四日，滿載鐵礦砂的阿瑪斯號由印度前往中國大陸江蘇省，途經臺灣東海岸時因失去動力而開始漂流，擱淺於臺灣南端墾丁國家公園附近的龍坑海域，海岸巡防署在惡劣天候下僅能先搶救船員上岸。當時臺灣即將進入新年假期，沒人特別注意後續處理，直到邱文彥教授投書媒體提醒已有油污外溢，恐重創海洋生態，才引起全國大眾的關心。由於媒體連續密集報導，加以漏油範圍影響廣大、遍及清理困難的珊瑚礁地形，處理進度緩慢，最終導致環保署署長去職。

「其實船舶漏油，有意無意、時時刻刻經常發生，但阿瑪斯號的擱淺，不但漏油量多，且是我國《海洋污染防治法》（以下簡稱《海污法》）二〇〇〇年十一月施行後的第一起重大油污染事件。當時該法下的施行細則及配套措施都尚未完成，各相關單位分工不明，處理更加困難。幸好各政府機關、船東、船東責任的保險人都有搶救環境的共識，就由政府跨部會與中油公司成立緊急應變小組，儘速控制油污擴散，清除已造成的污染。」黃欣欣律師說。

這時，也已開始準備日後的求償作業，包括監控生態以評估受損情況、記錄每日的清污作業並備齊求償資料等。惟因為欠缺事發前的統計數據做為對照，日後在國際訴訟上遭遇到很大困難，這也提醒相關單位，平時即應建立統計資料，以掌握生態實況、作為維護管理的依據。

船難衍生出的「人權問題」爭議

全球海運密集，油污意外難免，各國幾乎都有簽訂《國際油污損害賠償基金公約》[1]，當事故發生後，先儘速由基金撥給相當金額補償，以讓受污染國家能有緊急經費搶救生態。然而，當時我國退出聯合國逾三十年，無法簽署並參與該公約，也無法從中獲得補償，於是必須自行透過談判、法律訴訟確保求償，甚至可能出現求償無門的窘境。

因此，我國《海污法》第三十五條規定，若遇有外國船舶違反該法產生損害賠償責任，尚未履行或有不履行之虞時，港口管理機關得限制船舶及相關船員離境，但有提供擔保者，不在此限。其實，在船難調查未清楚前，限制船舶及船員離境的作法，在國際間很常見；但該條文將限制離境與損害賠償「連結」，因此引起風波。

蔡東賢分析，其實若落實《海污法》第三十三條要求進入我國海域的（特定噸位以上）船舶都必須先有足夠之責任保險或擔保，那使用第三十五條的機會就大幅降低，也能避免落人口實指押人求償，而損及我國聲譽。但當時《海污法》甫實施、配套不完整，尚未落實第三十三條，而阿瑪斯號已失去航行能力而推估不具價值，主管機關因此與船東、船東責任保險人商談擔保方式及金額。雖然大家善意而努力，但因為從無前例且一時之間商談未能達成共識，政府就援引第三十五條限制船長等三人出境，其餘船員則先行離境。

第三十五條有我國不得已的特殊立法背景，但是以「限制船員人身離境」來增加求償協商的籌碼，短期內或可施壓船東及責任人，但終非長久之計。難道，船東一日不賠償或未提供擔保，船員就一日不得離境？本案的希臘籍船長及輪機長滯留臺灣長達七個月才獲解除出境限制，家屬多次透過希臘外交部、媒體及歐盟向我國表達抗議，一度躍升當年度十大人權新聞事件。可以想像主管機關在面臨「求償機會保全」及「人權尊重」兩難困境下的煎熬。

難解的損害賠償額

理律在接手本案後，即啟動訴訟準備，除了考慮法律上對責任保險人有無直接訴權（因船東為一家船公司，除已經不具航行能力的阿瑪斯號外，名下並無其他重要資產，

1 一九七一年我國退出聯合國，同年政府間海事協商組織在會議上制定了《設立國際油污損害賠償基金國際公約》（International Convention on the Establishment of an International Fund for Compensation for Oil Pollution Damage），簡稱《FC 1971》，於一九七八年生效。

而必須另尋求償管道）外，損害賠償更是非常難的課題。理律分析，這類油污事件所生損害，依國際慣例大致可分為兩種：一是為了清除油污或防止擴散所直接支出的費用，這易於計算和取得單據證明；我主管機關先與責任人達成第一階段和解，由其先行賠付。

二是油污影響生態所衍生的損害賠償和經濟損失，此處爭議極大。黃欣欣舉了「杯子與花瓶」的例子說明難處：「打破人家的杯子要賠錢，該賠多少通常也有個市價可遵循。但如果打破的是收藏多年的蟠龍大花瓶，到底賠多少才合理？歧異主要來自於古董的價值難定，也不若大量製造的杯子有市價或公定價可資依循。如果破壞的是國家公園裡的珊瑚及生態，怎麼賠的難度就更高了，一則珊瑚的生物價值可能無法以金錢衡量；二則國家公園的珊瑚及生態受害，誰有權利出面求償呢？倘若以金錢賠償，究竟應賠給誰？是地方政府？是國家公園？是中央政府？是漁民？還是地方居民？這些都是必須先釐清的法律前提問題。」

事實上，一國的生態和經濟究竟有沒有受到污染事件的損害，涉及非常專門的學問，需要長期監控與評估以瞭解，再決定應對哪些生態採取何種復育方式。因此，儘管生態及環境無價，法律上的求償仍需回歸「有幾分證據、說幾分話」的原則，而非想當然的請求天價賠償。

但在現實中，輿論及民眾有時可能傾向認為——只要不是巨額賠償金和解，都是喪權辱國的協商；若媒體提供錯誤資訊，還將衍生所謂的「媒體污染」誤導。因此主管機關在協商和解金額時，就會遭遇外界排山倒海的壓力。

例如，有媒體錯誤的解讀學者報告，把用來評估墾丁國家公園整體價值（例如文化資產對社會之價值）的一組統計學上參考數據（約新臺幣八十億元），與本件污染所導致的實際損失金額，驟然劃上等號，卻未考慮差異性及因果關係；甚至因此認定，主管機關應該求償近百億元新臺幣，才算合理。在這氛圍下，主管機關希望以一個多數國民可以接受的賠償金額，與船東達成和解，幾乎成為不可能的任務。

其實，國際上針對污染事件造成的生態損失在法律上應如何賠償，大致已有原則性的共識，就是「生態復育費用」。說來似乎簡單，但實際上所採行或擬採行的復育方式，「是否過度具實驗性質而不具成功可行性？對於當地生態是否可能造成二次傷害？所擬支出費用相較於預計達成之功效是否符合比例原則（亦即不致於支出巨額費用，卻僅有極小的成效）？各項金額有無合理性？」等等，都有極大學問及探討空間。

因此，各方在生態復育費用上，有太深的歧見，不得不訴諸訴訟解決。

走向挪威法院之路

阿瑪斯號的船東責任保險人，是世界第二大的船東責任互保協會，會員包括臺灣鼎鼎大名的長榮海運集團。由於該協會的主事務所在挪威，考慮日後判決執行的可能性，環保署與理律採「二路並進」的訴訟路徑，不但向污染事件所在地的管轄法院臺灣屏東地方法院起訴，同時也向該協會所在地的挪威阿倫達爾（Arendal）地方法院起訴。

阿倫達爾是個小漁村，旅館有限，挪威採集中審理制度，在一段期間內密集開庭審理。因此，來自奧斯陸的本案審理法官、提供專業意見的專家法官、雙方律師及專家證人，在開庭的三週期間，都住在同一家旅館。

「每天還沒上法庭，雙方人馬就先在旅館餐廳照面了。那條從旅館到法院的路，我們也就每天來來回回的走了十來天，從還沒下雪的日子走到最後一天要回臺灣時的白雪紛飛，成為我們對挪威最熟的一條路。」黃欣欣回憶這極特別的經驗。

挪威法院審理所使用的語文，可以是挪威語或英語，為方便臺灣來的律師及諸多專家證人理解並昭公信，法院同意以英語審理，展現國際觀的風範，當地報紙也大幅報導本訴訟。

因為密集審理，每天開庭前後我方律師及多位專家證人（珊瑚、漁業、油業、國家公園、税收等等）都要開會研究，討論得失及因應之道，並及時向國內回報，壓力極大。「對於法律和統計數字、證據的爭議，還算可以理解及處理，最難的是協調解決因壓力過大所引起的問題，所幸大家同舟共濟順利達成任務。我認為，相關人員的用心及堅毅，才是使挪威法院在舉證不是很足夠的情形下仍判決我方部分勝訴的主因。真的值得敬佩。」蔡東賢回憶説。

「説到挪威法院，大家可以預期該國的訴訟制度及程序、語言，與臺灣一定不同，我們因此將面臨很多障礙。但少有人會想到，各國文化對於訴訟結果的可能影響。例如，當我們請求珊瑚及漁業的復育費用；但常見於熱帶及亞熱帶淺水海域的珊瑚，對北歐雪國的挪威來說，難以想像珊瑚的美及珍貴性，且對於（人工）復育一途，挪威和我國社會大眾的認知也未必相同。既然法官也是人，法理不脫人情，不同文化條件當然可能影響法官對於（珊瑚）復育必要性及費用合理性的看法。這一部分就需要仰賴我們委請的各領域專家，來支持我們的主張及請求金額。」黃欣欣説。

因果關係的舉證難題

除了生態復育（含珊瑚及漁業的復育）及監控費用以外，主管機關也提出經濟損失的請求，例如當地觀光業所受衝擊，或是國家公園門票收入減少等。但這項請求的難度頗高，主因在於因果關係的證明，也就是即便證明確實受有損害、減少之後，如何進一步證明「損害導因於污染事故」？實際論證並不簡單，因為不能將「遊客人數的減少」簡單概化，或單一歸因於污染事故。

證明經濟損失，需要先蒐集事故發生前、後數年的相關資訊，才能看出一個大趨勢，例如墾丁國家公園的遊客人數究竟有無在「事故發生之前、之後」發生減少的趨勢。證明人數減少之後，還要證明減少的原因是來自於污染事故的發生。

我們小時候做實驗的時候，都知道「實驗組」與「對照組」的概念，必須在條件相同的情況下改變一個因子做實驗，才能知道這個變數對實驗可能造成的影響，如果同時變動的因子很多，就會難以判斷是哪一個因素造成實驗結果不同，無法認定有因果關係。要求償就必須把造成損害的因子明確特定並辨別出來，法律上就是「因果關係的建立」。

在本求償案中，表面上看來，墾丁國家公園人數如果在二〇〇一年後有顯著的減少，一般人用「常識」判斷，認為必然肇因於污染。但事實上，可以提供合理解釋的可能原因非常多，包括當年度的颱風次數、海水溫度及酸鹼度變化，或經濟景氣變化、海生館新館開幕可能吸走客源、九二一地震可能減低觀光意願等等。究竟是因為什麼導致？須仰賴客觀數據及專家檢驗。由此可見，污染事件與公害案件，如何證明損害與事故之間的因果關係，是極重要的關鍵課題。

教訓中的成長

本案最後是在挪威的地方法院做成判決後，才經雙方協議達成和解。船方及其責任保險人總計賠付我方政府及漁民賠償款、油污清除費用、船貨移除費用及罰金，以及生態復育的和解金額等等，總額新臺幣三億餘元。

千金難買早知道，儘管從事後檢討來看，每次污染事故的處理方式，永遠有改善的空間，但政府確實在本件事故的危機處理及求償作業中，學習到如何更加有系統有效能地分工處理海污事件，並控制與降低損失。

二〇〇五年十月，賴比瑞亞籍的德翔香港輪與南韓籍的三湖兄弟號於桃園海域碰撞，後者船載的化學品有洩漏危機，主管機關不僅成功求償清除等費用、有效的罰鍰，也促使三湖兄弟號船東與漁民達成和解，並創下全國首例成功查封拍賣責任船東的其他船舶。政府這次俐落而成功的處理，不得不說是受益於阿瑪斯號帶來的經驗。

黃欣欣

南部辦公室　合夥人

Together, we are the pillars of community.

邊國鈞

訴訟及爭端處理部　初級合夥人

理律經歷五十年，雖然環境日趨競爭，「關懷、服務、卓越」始終是我們從事法律服務的堅持，走過的五十年是如此，未來更多的五十寒暑，更是帶領我們前進的信念與力量。秉持著永恆的理律精神，期望得以在這塊土地奉獻一己之力。

39 知識管理——潘朵拉星上的伊娃

在電影《阿凡達》中，潘朵拉星球上所有生物都能藉由「神經網絡」相互串連，交換生存經驗或儲存文化傳承知識，而「神經網絡」最關鍵的中樞機制則是大地女神「伊娃」。沒有這位形而上的女神「伊娃」，潘朵拉星球將失去聯繫與平衡，納美人也會喪失前人的傳承與文化，後代子孫將無所適從。

其實每一個有歷史的組織體都像是潘朵拉星，累積著自身的知識與文化，然而，如何傳承集體的智慧與經驗，需要的就是像「伊娃」的「神經網絡」中樞。「知識管理」就是先架構一個組織體的核心理念與願景，然後布建傳導知識與文化的「神經網絡」。

知識如何傳承

法律界對知識管理的論述時常指出，法律事務所推動知識管理，無論在制度上或技術上都不容易，原因包括：法律人專業特質強，難以制式管理；合夥組織之下，合夥人都是業主，卻又都是生產線上被控管的對象，往往權責混亂；經常必須因應客戶瞬息萬變的複雜需求，又負有保密義務，強制落實規範有現實上的困難；一般法律人的訓練並不特別著重在日常管理與科技的運用等。甚至有些觀察直指律師們各憑本事辦案，忙碌異常，無暇、也沒有心理動機將真正具有價值的執業技能提供與他人分享。

法律服務的核心能力與價值，必須建立在經由深度訓練與長期累積而產生、以經驗與創意為內涵的「隱性知識」之上。從組織的觀點而言，法律事務所重視人才的培育與發展；從個人的觀點，每一位專業成員對於自我能力的實現都有高度期待。在這樣一個典型的知識型組織，提供良好的環境，促使每一個人在不同階段都能彼此激勵，以各種靈活的方式互相學習，各自發揮所長，是維持核心能力的關鍵因素。然而造就這樣的組織性格或企業氛圍談何容易。

歐美法律制度運行久遠，有許多規模龐大、跨國界、跨法域結盟的法律事務所，人數動輒上千人，不但有機會形成穩定成熟的經營結構，也有許多電子化的模式與系統可供選用。反觀華人社會，直到二十世紀末，大型法律事務所仍寥寥無幾。以臺灣為例，上百人的事務所不足二十，亦不乏律師個別執業，僅共用支援體系合署辦公的態樣。理律在二十一世紀初人數已達五、六百人，在當時算是華人法律事務所中規模最大的。

近年來中國大陸工商活動躍升，涉外法律事務與工商服務的複雜度和數量都明顯提高，律師需求急劇增加，藉由合併方式結合數百人、規模超過理律的法律事務所已經為數不少；然而理律五十年間凡同仁、客戶、案件、組織等等，無一不是逐步逐件累積成長，理律在法律事務所中，有著相當獨特的體質、性格與文化。理律的知識管理，就是形成其獨特性的因素之一。

第一步：從圖書室到資料室

早在一九八二年，臺灣無論是民間還是政府機關，在印刷品中翻找資料是每天工作很重要的一部分。李永芬接觸到國外的全文檢索系統，便申請了國外學校想去念MIS（管理資訊系統，Management Information System）。陳長文建議她先嘗試規劃，並且先在事務所撥出一個獨立空間，建立專業圖書室；到了一九八五年，就同意她成立一個獨立單位「資料室」。自此，理律的知識管理不斷延展、深化。

那時沒有幾個人聽過網際網路協定（TCP/IP）；網際網路（Internet）的雛形在美國部分高等學術機構是種高貴的玩具；比爾・蓋茲的主力產品只有磁碟作業系統（DOS）可以選擇；谷歌的創始人也不過是個十二歲的小男生。我們現在所熟知的資訊工具在一九八五年，都像是天邊遙不可及的星星。當年臺灣的資料庫產業尚未發展，李永芬在軟硬體十分貧瘠的情況下，與唯一的資料室成員，秘書陳惠玲，使用當時全所配置總量不過二十部的一臺王安電腦終端機，一字一字地把法律、行政命令、判解、學術論文、書籍、國內外報導等資料分類、摘要、輸入。當時在研究所攻讀學位的陳民強與蔣大中等，都曾在理律實習期間參與早期資料系統的草創。

在二十一世紀資訊氾濫的環境下，很難想像一九八〇年代收集資料的困難。首先，法院資料不公開，而行政機關至多按年印行法規彙編，平日法規變動連官員都未必能完整掌握。其次，出版品不但需要價購，而且即時性、完整性都不足。擁有資訊的代價高，分享自然不能普遍。即使在事務所內部，要促使同仁提供研究結果供大家參考，也不是容易的事。因此，推動知識管理，在鼓勵同仁貢獻資料上著力很多。「陳先生在這方面非常支持，簽核同仁的法律意見後總不忘將一份影本傳到資料室。」李永芬回想時還非常感激。

資料室同仁逐漸增加，有系統地將各種資料製作摘要，再進行分類儲存，業務同仁遇到問題要找線索時，資料室很快就可以把有關聯的法條、行政命令、判解、論文、書籍、國內外報導等調閱出來。人腦的智能反應與電腦的運算能力相互配合，即便檢索條件的字數或內容不完全相同，都能找出相關的資料。

資料室的建立對於法律業務同仁而言，節省了許多摸索及查詢資料的時間，而有更多精力去專心研究案件。許多人離開理律後表示，最懷念的就是資料室的支援。當時理律建置法律資料庫，是臺灣法律服務界的創舉。

觀念突破，成立KM策略小組

一九九九年，李永芬到國外參加一個法律事務所系統應用的研討會，當時國外IT應用已相當普遍，李永芬因為理律的知識管理系統還停留在一九八五年的簡單工具而感心虛，沒想到許多國外事務所都提出相同的問題──為什麼我們投入巨額經費建立系統，知識管理卻無法成功？

李永芬恍然大悟，「原來我們看似落伍的半自動做法，因為經由人的智慧辨識資料、傳遞知識，反而兼顧了『顯性知識』與『隱性知識』的交融循環，更形塑了同仁間分享知識經驗的文化，乃至於相互支援的感情。國外事務所雖然耗費大筆經費購置系統，建立出許多運用布林邏輯組合而成的檢索方式，可是資料本身沒有真正的被消化吸收，既無法過濾出有效的資訊，更無法與人的心智活動結合在一起。」

一九九〇年代中期全球興起知識管理（Knowledge Management）主題，對社群顯性知識和隱性知識的創造、彙整、分享、再利用等，予以積極及系統化的管理。李永芬意識到「知識管理」不能只單純支援法律知識，「理律要在人才培養、專業分工、組織學習、客戶／案件維繫、檔案（客戶機密）／資料（共享知識）管理、收入／成本控制、作業流程精簡、風險控管等，整個專業服務的活動內容上，布建出一個神經系統。」她提出一份三頁的報告，「理律員工已經好幾百人，客戶、案件多而複雜，如果不建立系統化的管理，我擔心有一天會變成骨質疏鬆的恐龍，看起來很龐大，可是只要一轉身就會跌倒骨折。」

陳長文、李光燾與徐小波三位在二〇〇二年一月十八日共同召集會議，成立KM（knowledge management）策略小組，宣布「事務所規模日益龐大，同仁忙碌的程度與日俱增，支援的急迫性與複雜性升高，需要完整而有體系的效率管理。本年度將知識管理設定為重要性高的優先工作，俾於法律服務因數位化而轉型，市場競爭因兩岸等因素而愈趨激烈之際，本所能維持競爭上的優勢。」

量身打造，自行開發法律KM系統

李永芬在研考委員會研擬方向以外，從二〇〇二年起兼KM部主任，一方面帶著IT、檔案管理、圖書管理、資料管理的同仁建置各個理律獨有的作業系統，另一方面建立各業務部門的KM種子教練組織，分層宣導系統的功能與操作方法。由於貫串決策面與執行面，因而效率與成本都能十分精簡。首先由資訊工程師李政峰完成了客戶／案件管理系統，接著由張銘煌完成利益衝突檢索系統，以及稍後人事管理系統，做為其他應用系統的底層基礎。資深工程師牟敦恆的心血結晶「收發文系統」與「文件管理系統」，涵蓋全所各種文件與活動的資料，已經含有「大數據」的概念。這些系統都是配合理律特有的作業習慣與管理制度量身裁製的。二〇〇四年三月系統上線後，理律日常作業方式完全改變，同仁罵聲連連，KM同仁的辛苦換得無數抱怨。不過兩年之後，甚至於十年之後，同仁們說的是「不能想像我們若沒有文管系統，要怎麼過日子。」

同仁只要在自己的電腦前面就可以完成電子收發文，每件收文立即正確地歸檔至所屬案件，並到達相關主管手上。以前加班時無法調閱檔案，或者檔案被誰調閱，要一個一個敲門去問。此後有權限的案件承辦人可以不倚賴檔卷室同仁，隨時自行調閱電子文件，工作上便利了許多。

更重要的是，藉由權限控管，能夠徹底保護客戶資料不被非承辦人接觸。「客戶委託律師事務所，不會期待自己的案件資料被四處傳閱。」李永芬打個比方：「我去醫院開刀，當然希望只有我的醫生處理我的患處、看我的病歷，不會願意其他無關的人員或實習醫生為了參考而來看我的肚子。」一般事務所之內，非承辦人為了參考之需而借閱檔卷是很平常的事；理律在權責分明的檔案管理系統下，除非是承辦人或經過案件負責人授權，任何人無法接觸到這個客戶的資料。此外，利益衝突查詢是開案的必要程序，避免了不同的律師在不知情的情況下各自接受對立當事人委託的風險。這樣對客戶權益有周全的保護，自然就可以維持客戶的信任與長久的關係。

大型律所人多事繁，卻又必須講究時效。在合夥人、主管人數眾多的情況下，經營管理事權難以明確界定。二〇〇五年理律組織改造時，所有制度規章全部修訂更新，掛在理律內部網頁，做為數百位同仁每日遵循的依據。經由工作流程的數位化，事務所已可彙整所有企業資源，並對部門業務、乃至全所公共事務形成一致的經營理念。所有成員體會到，必須在團體的平臺上才能有效率地發揮綜效。

「KM是由組織全體參與，而不是策略小組或KM部門的工作；它是持續不斷的，而不是計畫完成就告終；它適用在所有事情上，而不是針對特定專案；它一旦被落實，就有如空氣中充滿氧氣，讓你健康而習以為常。」李永芬說。

在這個律師業務激烈競爭的時代，理律的KM部門繼續協助業務部門開發時限管理系統、法律意見書資料庫、第二代文管系統等，並推動知識分享的「知識兆豐年」的活動，鼓勵同仁分享有價值的業務知識及資訊。「知識管理是下一個階段各法律事務所競爭力的重要關鍵，只有繼續落實及深化知識管理的內涵及深度，才能讓理律在法律服務領域繼續保持領先的位置。」接替李永芬而目前負責理律KM部門的張宏賓律師說。

知識管理，重點在於人才的培育

法律事務所的專業能力，是由人才匯聚而成的；而人只有在和諧互信的環境中才願意不分彼此地投入，累積、培養、精進共同的核心能力。李永芬從建立資料室起就不斷舉辦內部研習會。「能夠被寫下來的知識，很快就會因為流傳、模仿而失去獨特性；組織必須傳承、精進的其實是內隱的部分。同仁需要面對面交流，年輕同事受到資深同事的教導、親睹典範，還要得到鼓勵，自己上場表現。教導與學習不拘形式地進行，就能活化組織的心智能力。」

李永芬一九八一年看到Martindale-Hubbell世界律師名錄所列的執業領域（Practice

Area, PA）清單時，真是大開眼界：法律執業領域竟然可概分上百種、細分上千種！由於各國不同領域的法律業務發展進程不同，有些領域在當年的臺灣聽都沒聽過。

成立於一八六八年的Martindale-Hubbell，每年發行各國法律指南、全球律師事務所黃頁及律師名錄等；在網路不發達的時代，跨國找律師、瞭解各國法律動態，這份出版品是極重要的資訊來源。從一九三八年起，理律創辦人李澤民律師在上海參與執業的事務所，就已為Martindale-Hubbell撰寫中華民國法律動態摘錄（Law Digest），到臺灣執業以後也一直延續協助。一九八五年理律資料室成立，李永芬協調各領域最專精的同仁每年執行這項Reviser的任務，也相應的將資深同仁的專業領域刊登上這個權威性極高的律師名錄。

相較於一般事業單位的「部門」區分，細緻的專業分工，就像「Email及檔案系統，從BOX資料夾時代，發展出Tag標籤的靈活分類」，名錄上每位律師都掛了許多「PA Tag」。這也促使理律於二〇〇五年組織改造時，設計出專業分工小組（Practice Group, PG）與PA對應的人才培訓制度。

KM基礎上的學習型執業小組

為了營造知識管理與分享傳承的制度性環境，除了既有「行政管理目的」的部門區分之外，理律從二〇〇六年正式實施「著眼於專業分享」的跨部門專業分工小組（PG）、跨PG的特別分工小組（Special Task Force, STF）制度。目前共有二十五個PG（再細分近百個sub-PG）、與三個重點各異的STF。每一位同仁可以在不同的成長階段為自己添加PG/STF的「專業標籤Tag」，擴大專業領域的涉獵，或擇定專精的方向，成為個人職涯的標章。

「理律有件事讓我感到很高興，那就是，我不需要在當事人面前偽裝我什麼都懂，像是在跟客戶談競爭法時，被問到大型企業交互授權以壟斷市場的議題，我可以承認自己不是最懂，但是理律同事中有最懂專利交互授權的人，我請同事一起來回答你。」吳志光說，他很喜歡理律分工合作模式，新進同仁可以廣泛做各種類型議題，但入所滿五年後，會被期待專攻有興趣的領域。

吳志光在二〇〇〇年入所，目前不但專精公平交易法等領域，而且樂於教導分享。「這才是適合我的職涯，每天都有新的東西、每天不斷在學新的東西，好像覺得你永遠是在成長中的。」

陳長文常說，從這角度看，理律像一家教學醫院，從檢查、治療、追蹤等流程，理律對客戶提供跨科會診的一站式服務，對內也有助於同仁累積專業。

徐雪舫

新竹事務所　資深顧問

有幸站在理律——這華人法律界巨人的肩膀上，期待自己能看得遠一些，也能讓這塊孕育我成長的土地走得更遠一些。辦理每個案件，所思所想，是如何能幸不辱命，如何能創造客戶最大的利益，以及如何能為這個社會做出一點貢獻。

謝永成

新竹事務所　顧問

熱愛在理律工作，將促進社會發展的技術創作予以法律保護，並以同理心引導同仁與外國事務所整合協力服務客戶從事國際商業活動。個人也可以不斷學習新的技術創作，工作成果也可促進社會發展，讓更多人活得很好，真棒！

40 筆的力量——讓火車停下的狗吠聲

「嘉義市趙先生三個月大的兒子，因法院認定未在出生兩個月內聲請拋棄繼承，成為全國年齡最小的債務人。」

「接到一位在大學擔任校長的友人來信，提及指導的一位博士生，父親於十多年前死亡，他們一家四口繼承父親留下的巨額債務，多年來壓得喘不過氣。母親因此得憂鬱症幾度想輕生，子女也被壓得抬不起頭。友人告訴我，這位博士生很優秀，但卻幾乎無力完成學業，他不忍心，只好自己私下資助這位學生，但又無奈地感到力量薄弱。他問我：『我不懂法律，難道法律真的束手無策嗎？』」

「身為法律人的筆者真的覺得羞恥至極，政府居然任令這種違反人權、荒誕至極的事情一再發生，筆者不禁要問法律人們：『畢生習法，所為何事？』竟然讓這種人權謬劇反覆上演、一再發生，能夠心安嗎？」

二〇〇七年九月十日，陳長文投書《聯合報》痛斥《民法繼承編》落後不合理的規定，對許多因為不懂法律未得及時「拋棄繼承」的「孤兒寡母」，一輩子都要扛著天文數字的「債務無期徒刑」，發出沉重的怒吼。

翻轉背債兒命運的力量

報紙刊出投書的那天，我正陪著「總統候選人」馬英九在跑選舉行程，我把報紙拿給馬先生看，對他說：「這真的很不公平，對學法律的人來說，這規定根本只是為了懲罰不懂法律的弱勢者。」

我還記得，馬先生面色凝重地看完文章，對我說：「那我們做點什麼吧！」接著馬總統打電話給陳長文與另一位也曾痛斥此法的陳業鑫律師，接著便要我擬稿。九月十二日競選辦公室發出新聞稿，將「修法解救背債兒」納入競選政見。

馬英九並致電當時的國民黨秘書長吳敦義、政策會執行長曾永權，呼籲國民黨推動修正案，並責成我追蹤修法進度，與黨籍立法委員溝通。

馬英九當選總統後，仍持續關心此事。二〇〇九年五月二十二日，立法院終於三讀修正通過，採全面限定繼承並有條件回溯，讓子女（不分成年與否）只需負擔有限清償責任，數十年來背債兒申冤無路的悲劇，終於劃下句點[1]。

看到新聞，我想到的是陳長文文章中的那句話——「畢生習法，所為何事？」我看到的是「筆的力量」。

這不是陳長文第一次用筆的力量，打破不公義、不合理的制度。經常在報紙投書，衡論時政的他，雖屢屢自嘲「狗吠火車」。但在他經年累月、風雨無阻的對著來來往往、疾馳前進的火車「吠叫」後，也確實有許多火車因此停了下來。在那吠聲中，打破了荒謬、幫助了弱勢、改善了制度。

讓人高興不起來的「陳長文條款」

另一個例子是《稅捐稽徵法》著名的「陳長文條款」。

原來陳長文妻子名下房子曾因被稅捐處誤植為眼鏡行（同層的隔壁住戶），被課以

1 「立院三讀 民法全面限定繼承有條件回溯」，中央社，2009-05-22。

較重稅負，共溢繳房屋稅十五年。二〇〇八年陳長文發現後向稅捐單位申訴，稅捐處來信表示願意退還十五年來多課的溢繳稅金，但因為財政部不久前改變法條解釋，所以只能退還最後五年。陳長文認為這是機關的錯誤，不是納稅人的錯，一狀告上法院，法院判決稅捐處勝訴。

然而陳長文認為這不是為他自己爭權益，而是為其他更多被同樣不合理的條款「錯課稅捐」、「多課稅捐」的民眾爭權益；他持續發聲，更關切的是，政府「依法行政」的品質、主動修正錯誤的承擔。

二〇〇九年一月，立法院終於三讀通過修正稅捐稽徵法第二十八條，如果是可歸責於政府機關的錯誤，造成納稅義務人被課錯稅，可以全額退稅，不受五年期限限制，還規定政府必須依郵局定期存款利率，按日加計利息退還，被外界稱為「陳長文條款」。修法後的一年，共有逾六千八百件溢繳稅捐案獲准退稅，總金額含利息合計高達新臺幣三點五億元。

但陳長文其實不認同「修法」，他認為現有法律足以解決，也就是說，稅捐機關、市府訴願會、高等行政法院、最高行政法院的處分和決策都未能妥善適用法規，或者承擔不夠[2]。

改革「兒童死亡保單」

二〇〇七年，一位戴先生寫信給陳長文，認為《保險法》第一〇七條的規定有嚴重瑕疵。主管機關對未滿十四歲之未成年人的「喪葬費用」保險金額的規定是兩百萬元。戴先生認為這有引發謀殺親生子女以詐領保險金（喪葬費用）的道德風險，或蓄意不善盡對未成年子女照護義務任其死亡的怠忽風險。

在戴先生持續來信表述理念後，陳長文認同了這個論點，於二〇〇九年四月六日投書《中國時報》，引了二〇〇七年十月的一則新聞——「一位爸爸用毛巾蒙住十一歲女兒的眼睛，再用膠帶綁雙手，把女兒推落大圳，企圖淹死女兒詐領兩百萬元保險金，還好女童後來抓住圳邊樹枝保住一命。」陳長文質疑：「如果那位小女生因此亡故，殺死她的到底是她的父親，還是政府與法律[3]？」

文章刊出後，引發媒體對「兒童死亡保單」的關注。政府也做出善意回應，立法院於二〇一〇年一月三讀通過《保險法》修正案，若為兒童投保壽險，須年滿十五歲才可

2 陳長文，《愛與正義》，天下文化，2012年，頁159。

3 陳長文，「別為冷漠找藉口」，中國時報，2009-04-06。

以請領死亡給付，未滿十五歲死亡者，保險公司僅須加計利息返還已繳保費，或返還投資型保單的帳戶價值。

國軍與災害防救

二〇〇九年八八水災重創南臺灣，造成六百八十一人死亡、十八人失蹤。二〇〇九年八月十日，當時任中華民國紅十字會總會會長、長期關心救災工作的陳長文，看見了政府救災的盲點，在《中國時報》撰文呼籲政府將災害防救列為國軍主要任務。這個建議後來被政府採納。馬總統指示國防部將「災害防救」列為國軍中心任務。使得國軍的救災能量得以在後來的各項災害發生後，不待指令，即可更主動、迅速的動員啟動，成為爾後臺灣災害防救的標準程序。

國家法治建設

持續針對時事發聲的同時，陳長文長期關心臺灣的法治建設。一九八七年七月中旬解嚴不久，他發表了〈禮失求諸法〉一文，希望從文化等面向找出提升法治的方法。「我國倡行法治多年，目前許多政治、財經、社會問題卻反映法治發展成效並不彰顯。

為落實法治，以促進中國的現代化，國人自應探尋法治成效不彰的原因，並提供因應之道。」陳長文總結道：「『情』與『理』不能優於『法』，也不能外於『法』，而應統攝於『法』之下。政府若能善盡其採納民意、妥善立法、公平執法的責任，民眾若能恆在尊重社會秩序的軌道內督促政府實現社會正義，法治時代才能真正降臨，中國社會規範的現代化過程，始告完成。」從中，可以看到陳長文認為法治建設極重要的一環，便是將「法」的思維融入普羅大眾的生活之中。

除此之外，加強行政機關的依法行政以及立法品質的提升，更是「法治社會」能否落實的關鍵。一九八八年，陳長文當面向前行政院長俞國華建議行政院儘速成立法制局，盼制定法令更周延、完善，以解決當時「有法令卻無法執行」等脫序現象[4]。近年也呼籲政府設置「政府律師」，強調「依法行政」的品質攸關國家百年公義；經研議後，二〇一三年《考試法》修正增設「公職律師」，希望行政機關在認事用法上能發揮法律專業，為人民權益、政策合法性把關[5]。

4 「工商界會見俞揆・談些什麼？」，經濟日報，1988-05-01。

5 「考試法三讀，將設公職律師」，聯合晚報，2013-01-13。

陳長文也深刻體會，法治要深入扎根，有賴豐富優質、不受戒嚴時期習性桎梏的年輕人才，做為法治生力軍，法學教育、國家考試都必須持續改革。臺灣過去律師錄取名額非常少，他一直很憂心「考試領導教學」扭曲了法學教育、讓法律人的青春耗費在國家考試當中。因此，他長期關注考試取才制度，二〇〇一年起投書〈為邁向健全之法治社會請命——論超低之律師錄取率〉共同促成放寬錄取率，並常建言活化考試內容。二〇一五年投書支持時任考選部長董保城規劃的司法官考試新制，以提升司法人才的歷練、同理心；並投書倡議改革專利師考試，獲智慧財產局長公開支持。

超國界法治的願景

二〇一二年聯合國大會通過了法治宣言，指出聯合國的三大支柱「和平、人權、永續發展」，非透過法治無以為功，再次確立了法治精神的普世性。

掛在理律走廊上的《禮運大同篇》，顯現出在陳長文逾四十年的教學、執業生涯中，「大同」一直是他一生法治之路的願景。而他一提再提的「超國界法治」，反映著他擁抱「正義、公平與人道關懷，應當超越國界、主權、愛國主義」的強烈信念。

也因此，他的投書發聲，有時也會逆著民眾的愛國情緒，婉言提醒兼顧法治的重要性。例如一九八三年五月，六名大陸地區人士劫民用航空機飛往韓國，盼投奔臺灣。當時臺灣社會情緒高漲，欣喜歡迎「反共六義士」，但研究國際法的陳長文深知劫持國際民航機違反了反劫機公約、行為仍應當處罰，他投書提醒：「全國同胞不可以感情為唯一的基礎來評估韓國處理本案之做法，而應兼顧法理及國際秩序的要求來面對此一事件的發展，以免造成一廂情願的情勢，徒增我國政府對韓國政府交涉的困擾，更影響我國人對事件理性（劫持民航客機仍應處罰）的分析能力[6]。」

二〇一二年，當企業家尹衍樑籌備設置「唐獎」，希望補足諾貝爾獎尚未兼及的面向，包括永續發展、生技醫藥、漢學時，諮詢並採納了陳長文的建議，再增設了法治獎。「因為我認為，如果少了法治（Rule of Law）這獎項，會是唐獎莫大的遺憾。而在納入『法治獎』後，尹先生也總會提起，『沒有法治，就什麼都沒有了。』這句話我深有共鳴。」陳長文說。

在推動臺灣接軌超國界法治的過程中，讓陳長文尤其念茲在茲的，是多邊公約體系的國內法化。「四十多年來，我經常從其他國家的法律，找到符合常識與人性的制度性

6 陳長文，「自由的代價——從國際法論劫持中共民航機」，聯合報，1983-05-27。

答案，體會『取法乎上』的深意，借鏡全人類的法律智慧；由許多國家參與制訂的多邊公約更蘊含重要的價值與方法，太值得借鏡！」

二〇〇九年三月三十一日，立法院通過了聯合國一九六六年《公民與政治權利國際公約》及《經濟社會文化權利國際公約》條約批准案、並三讀通過《兩公約施行法》，這對「自一九七一年退出聯合國後，即被剝奪了參與、制訂多邊公約體系資格的臺灣」是一項法律創舉；幾年來，又通過了幾項重要公約的施行法。

但讓陳長文著急的是，由聯合國保存、最具代表性的多邊公約逾五百件，我們卻沒有系統性的法律接軌機制加速跟上，在全球合作發展趨勢下，臺灣法制與全球法律規範的接軌工程已嚴重落後。

二〇〇九年起，陳長文多次投書倡議制訂《多邊公約國內法化暫行條例》，希望在「重返」聯合國之前，政府機關「暫時」依法定職掌及人事預算，掌握公約進度，設置系統性平臺與民間分享資訊，並及時選擇「對我國融入國際不可或缺」的多邊公約進行國內法化。這項建議獲得政府重視並研究，二〇一四年八月，行政院頒布《行政院所屬各機關多邊國際條約及協定國內法化作業要點》。但陳長文仍持續呼籲，望能透過立法加以落實。

兩岸大歷史下的百姓故事

在發聲的過程中，陳長文也遇過許多令他感動深刻的溫馨故事。

二〇〇八年，理律接到一個特別的陳情，一位一九四九年隨國民政府來臺的老榮民往生了，他在大陸的家人想將他的骨灰接回去安奉，以慰失散數十載的親情。無奈中間有許多規定與手續使他們無法如願。其中有一項，就是必須由中華民國國民具名，才能領出骨灰。

代表老榮民大陸家人寫信給陳長文的是老榮民的姪女小梅。小梅對陳長文說：「我們不要遺產，只要骨灰可不可以？」

陳長文很感動，也很難過，這發乎親情的小小心願，為什麼這麼困難？陳長文告訴小梅，他願意代為具名領出老榮民的骨灰。

但就當一切事情看起來都順利進行時，到了最後，小梅來信說，家人決定不接回叔公了。因為在這一段時間，他們發現臺灣把叔公的骨灰安置在非常清幽的公墓，照顧得很妥善；他們也發現，叔公雖然不是自願來臺灣的（被國軍半路拉伕從軍的），但大半輩子為臺灣奉獻，心中早把臺灣當成另一個家[7]。

在兩岸波折的大歷史下，有多少心靈等不到撫慰，而留下遺憾？二〇一五年五月八日，在各界籌備紀念抗戰七十週年時，陳長文投書建議〈馬總統應榮耀抗戰老兵〉。「滯陸的『抗戰老兵』，因為揹了國共內戰的原罪，其抗戰功勛被遺忘甚至抹煞，成為國共鬥爭之下的『歷史人球』。這些老兵都高齡九十以上，一年一年的凋零，他們承受了一甲子的委曲，很多人等不到平反的一天就入土長眠，餘下的人年事已高，但問起他們的心願，竟卑微的讓人心酸——他們只要政府（包括大陸與臺灣）給他們肯定。走在人生的餘年，他們念茲在茲的就只是此事。做一個紀念章發給這些老兵，再不濟發一紙紀念狀都好。上面就署名中華民國總統馬英九，這是我們表達對這些老兵在抗戰時付出的敬意。」

這個建議在五月十日獲得總統府回應，馬總統指示國防部頒發老兵紀念章。

一隻筆，可以有多大的力量？

我想引陳長文在二〇〇四年寫過的一段話：「社會的改革與進步，從來都是一個漸進的過程，不會是一蹴可幾的。許多的進步，從當下有限時間的微觀觀察下，看起來往往都是近乎停滯的慢，但如果我們把自己置諸一定的歷史高度後就會發現，那每一點一滴的『近乎停滯的慢』，在時間的流線中加總起來，就是一種巨大的、宏觀的進步。當我們賦給自己這樣的歷史觀之後，就會清楚，『狗吠火車』是一件多麼重要而且有意義的事了。每一個人都不應妄自菲薄，當陸續有一萬隻、十萬隻狗阻在鐵道前大吠火車時，你還是那麼有把握火車會全不理睬嗎[8]？」

7 陳長文，「兩岸融冰的一線香」，聯合報，2008-09-21。

8 陳長文，「狗吠火車的進步期待與良知期許」，聯合報，2004-05-30。

孫淑琳

專利暨科技部　資深顧問

以慈愛與均等對待同仁，以負責及誠實服務客戶，以細緻與效率完成任務。

以學習及奮鬥提升自我，以理律半世紀的基礎，為永續經營繼續努力。

陳俊良

專利暨科技部　顧問

在變化快速的今天，不變的是理律的理念：關懷、服務、卓越。我們更要能安定自己的身心，培養洞察力，以不受限於自己過去的經驗，而能整體思考，並時時保持進步，進而提供客觀專業的觀點，關心客戶的需要，幫助客戶面對挑戰，與客戶共同成長，預先因應未來。

41 金門協議——兩個悲劇觸發的兩岸前進

一九九〇年，是兩岸關係破冰的一年，發生兩件歷史性的大事。一是，一九九〇年九月十二日，兩岸紅十字會簽署的《金門協議》，是一九四九年國民政府遷臺四十年後，兩岸所簽第一份協議。雖是由民間組織簽署，卻有實質的正式效力。二是，同年十一月二十一日，被稱為「兩岸白手套」，具半官方色彩、兩岸交流的專責單位「海峽交流基金會」成立，並於隔年三月九日正式掛牌，開啟兩岸交流的新路徑與新時代。

這兩件兩岸歷史大事，理律事務所主持律師陳長文，既是見證者，更是參與者；他代表臺灣方面簽署金門協議，並共同催生海基會，更擔任首任秘書長。

金門協議——兩個悲劇觸發的兩岸破冰

《金門協議》的由來，是開始於「兩個悲劇」。第一個悲劇是，一九九〇年七月二十二日發生的「閩獅漁5540號事件」。

「二十二日凌晨出海的平潭縣澳前鎮光裕村漁民，發現一艘擱淺漁船，登船後打開兩個被密封釘死的船艙，赫然發現一堆橫七豎八的屍體，其狀慘不忍睹。平潭縣人民政府得悉後立即派員趕赴現場，共發現二十五具屍體，艙中唯一的倖存者林里城也已奄奄一息。經法醫鑒定，二十五名死者全係缺氧窒息而死[1]。」

八月三日，新華社發表了駭人的悲劇報導，引發兩岸震撼。這促使兩岸政府檢討大陸偷渡客「原船遣返」的人道問題。為避免悲劇重演，兩岸第一個協議於九月十二日，分別由兩岸的紅十字會秘書長陳長文與韓長林在金門簽署，此即《金門協議》。

時空再往前拉到一九八七年，蔣經國總統宣布解嚴、開放大陸探親。當年七月十五日宣布解嚴，這是臺灣民主政治發展里程碑，但伴隨解嚴而來的其中一個現象，是大陸來臺的偷渡客大增。

一來是解嚴後，漁船檢查工作由警備總部轉移給警察機構，警察人手不夠、經驗不足；二來是兩岸當時的經濟生活水準落差極大，解嚴後資訊傳播的阻礙降低，也透過回大陸探親的臺灣民眾口傳，大陸民眾更嚮往臺灣，於是偷渡客大增[2]，一九九三年曾達近六千人，遣返問題讓政府極頭痛。

當時兩岸政府仍維持「不接觸」的政策，因此遣返作業採單邊、片面進行；限於人力、經費與兩岸聯絡管道不暢通等因素，就採「原船遣返」方式。然而，偷渡客所用漁船大多破舊，安全性堪慮；而且為避免偷渡客在遣返途中鬥毆、熟悉港區地形、跳船上岸，作業人員甚至對偷渡客加綁、蒙眼、在艙口封釘木條[3]。凡此種種，種下「閩平漁5540號事件」的禍因。

一九九〇年七月十四日凌晨一點五十分，閩平漁5540號漁船（該船駕駛艙當時噴寫船名為「經燕5581號」）在馬崗外海一浬處被我國海軍查獲。

---

1 「澳底到平潭 新華社報導 籲臺灣當局嚴肅處理 遣返大陸客 二十五人悶死船艙」，聯合報，1990-08-04。

2 「黑槍、毒品、偷渡、拐賣少女」，聯合報社論，1989-07-30。

3 「監督遣返作業 立委當場『質詢』警總總司令 同聲喟嘆：真是中國人悲哀」，聯合報，1990-08-14。

七月二十一日下午一點四十六分，警備總部將七十六名大陸偷渡客集中於原漁船，除十三人於駕駛艙操舟外，餘六十三人分置五船艙，經補給加足油、水，備妥每人兩日份乾糧及飲水，由海軍護送出港，於晚間十一點十分抵海峽中線處附近，在海軍目視下讓該船自行駛返大陸[4]。

沒想到，八月三日，大陸新華社引述倖存者林里城的話，指控發生二十五人悶死的慘劇：「將私自渡海入臺被陸續抓扣的大陸同胞，用黑布蒙住雙眼強行關進船艙，隨即用六寸長的全新圓釘橫向、豎向地將船艙頂蓋封死，壓上木頭等重物，並由臺灣艦艇押返駛向平潭。每個船艙僅一公尺來高、三公尺見方，被關進的人只能擠蹲在一起，缺氧缺水，悶熱異常，很快就感到呼吸不暢。求生的本能驅使被關押者用頭頂、手砸，試圖把封死的艙蓋打開，但直至頭頂破了、手掌擊爛了，甚至胳膊撞斷了也未能掀動艙蓋，就這樣，被關者一個個痛苦地死去」[5]。

這一指控引發兩岸爭執，警備總部八月十一日公布「〇七二二報告」，稱遣返作業並無不當，並對中共新華社報導中的疑點進行查證。臺灣記者實地採訪，及新近偷渡漁民的陳述，認定偷渡客死因應是械鬥。質疑新華社的報導顯與事實有極大出入[6]。

新華社則於八月二十日再發布「閩平漁5540號調查報告」，仍堅稱臺灣方面「以極不人道的方式遣返」，導致缺氧致死[7]。

就在兩岸你來我往爭執不已的同時，第二樁悲劇「閩平漁5202號事件」發生了。由於前一事件引發兩岸與國際關注，臺灣在遣返時格外謹慎，在新華社報導指控一週後的八月十一日，警備總部在趙少康等六位立法委員監看下，執行閩平漁5202號漁船遣返作業。

五十名大陸客一一點名證實身分無誤後，被送上這艘十五噸級七十匹馬力，「外觀老舊不堪」的大陸木製漁船閩平漁5202號[8]。八人在駕駛艙與甲板上開船，餘四十二名偷渡客安排進入五個小船艙。作業人員在五個艙口各封釘兩條橫向木條，警備總司令周

4 「警總『0721』報告『經燕五五八一號』漁船就是『閩平漁五五四〇號』遣返作業並無不當之處 偷渡客死因應是械鬥」，聯合報，1990-08-12。

5 「澳底到平潭 新華社報導 籲臺灣當局嚴肅處理 遣返大陸客二十五人悶死船艙」，聯合報，1990-08-04。

6 「警總『0721』報告『經燕五五八一號』漁船就是『閩平漁五五四〇號』遣返作業並無不當之處 偷渡客死因應是械鬥」，聯合報，1990-08-12。

7 「新華社公布遣送悶死事件調查報告全文」，聯合報，1990-08-22。

8 「閩平5202老舊不堪 日前走私黑瓜子時被逮」，聯合晚報，1990-08-14。

仲南上將向立委解說，這是不得已措施，用以防止跳海泅水游回岸邊，而當航行一段後，大陸客都會自行撞開木條爬上甲板。該船在我國海軍巡邏艇及砲艦的護送下，駛離碼頭[9]。然而，當晚十點時，在基隆外海十三海浬處，該漁船竟撞擊護送的文山軍艦，漁船斷為兩截，經海軍搜救，救起二十九人，二十一人失蹤[10]。

不可思議的重大悲劇竟連續發生，輿論譁然，兩岸氛圍更趨凝重。

兩岸第一組中介機構——紅十字會

在第一件慘案發生時，媒體即點名以紅十字會為中介，赴大陸瞭解與善後處理，必須依人道方式改進遣返技術，並提醒政府設立兩岸中介機構的迫切性[11]。

時任紅十字會秘書長陳長文表達遺憾：「對於非法入境者的遣返事屬當然，但方法要改善，應講求人道，他認為，所謂的人道包括遣返方法和態度兩方面。他並表示，雙方對於如何處理偷渡、從如何接待、限制其行動到送回，並且使他們不再來的方法，都要一系列的訂出來[12]。」

八月八日，國防部長陳履安與陳長文交換意見後決定，往後將交由紅十字會實施遣返，國防部從旁配合。他也希望儘快通過兩岸關係條例，提供處理類似個案的法源基礎[13]。

紅十字會之所以會被各界點名為處理此次危機事件，其來有自。因為在此之前，紅十字會即承政府之命處理大陸探親的相關工作，成為兩岸交流的中介團體。

一九八七年五月，大群榮民聚集在「國軍退除役官兵輔導委員會」辦公大樓前，要求返鄉權利時，和警衛發生肢體衝撞。蔣經國總統聽聞後感慨：「離開家鄉三、四十年的人，沒有人不想家的，這是人情之常。政府應該開放赴大陸探親，樂觀其成。」政府遂開始積極研議、推動開放大陸探親。

十月十五日，內政部長吳伯雄宣布臺灣民眾赴大陸探親的具體辦法：同意除現役軍人及公務員外，凡在大陸有三親等內之血親、姻親或配偶的民眾，均可於十一月二日起，向「中華民國紅十字會」登記赴大陸探親。

9 「立委監看下 軍艦護送下 閩平漁5202號 死亡之旅」，聯合晚報，1990-08-14。

10 「遣返大陸客 漁船撞艦翻覆 二十一人失蹤」，聯合晚報，1990-08-14。

11 「重視大陸偷渡客悶死案」，聯合晚報社論，1990-08-04。

12 「大陸客如確困死艙底 陳長文表示非常遺憾」，聯合報，1990-08-04。

13 「遣送大陸客 交紅十字會辦」，聯合晚報，1990-08-08。

此一辦法發布後，許多追隨政府遷臺的大陸各省籍人士，老淚縱橫，難以抑制。十一月二日，紅十字會開始受理探親登記及信函轉投。當天原計劃上午九時開始受理登記，孰料凌晨時分，「紅十字會」的辦公室外早就人山人海，幾乎衝破大門，當天辦妥手續的更多達一千三百多人。當時紅十字會為辦理老兵返鄉手續，準備了十萬份申請表格，半個月內就被索取一空[14]。

「漢賊不兩立」政策漸漸走入歷史，親情的呼喚終於漫過了國共對峙。紅十字會則成為兩岸政府仍不接觸的時代下，處理探親尋人與轉信的民間中介機關。

「經國先生在晚年，以悲天憫人的心，讓兩岸分離數十載的親人得以重聚，真是歷史一刻。紅十字會能夠為這些被時代悲劇、戰爭洪流硬生生拆散的家庭，搭橋鋪路，讓他們再次相會，也深覺責任重大、意義深遠。」陳長文回憶道。

因為有了中介經驗，於是當「閩平漁5540號」、「閩平漁5202號」事件連續發生，紅十字會與陳長文即成為被點名的救火隊。

「政府希望趕快解決這個問題，紅十字會當時已經在開放探親後，擔任尋人、轉信等工作，我們跟大陸的紅十字會之間已經有了溝通，也就是說，政府和政府沒有任何接觸的狀況之下，紅十字會當時是兩岸唯一的溝通單位。因此對於大陸偷渡客的安全遣返回到大陸，政府也希望紅十字會扮演這個角色。」陳長文說。

在臺灣方面紅十字會組織居間聯絡下，大陸方面的紅十字會釋出善意，於八月十日表示願參與遣返作業[15]。

雖然十一日又發生「閩平漁5202號事件」，兩岸煙硝一度升高，但並未影響兩岸紅十字會共同參與遣返作業的意願。事實上，「閩平漁5540號」、「閩平漁5202號」的事件在不到一個月內悲劇連來，後者更是在萬方矚目、高度透明情況下發生，更顯示如何安全、人道地遣返大陸偷渡客，已不容兩岸意氣相爭，也刻不容緩。

擱置爭議，求同存異

兩岸紅十字會的溝通管道通暢，煙硝漸緩，終於商定於九月十一日在金門會談關於協議簽署之事。但還有一些問題。

---

14 「開放兩岸探親」，《走過經國歲月——蔣故總統經國先生百年誕辰紀念》網站，http://www.cck.org.tw/，擷取日期：2015-7-17。

15 「彼岸紅十字會願參與遣返作業 來電以『意外死亡』解釋二十五大陸客海上命案」，聯合晚報，1990-08-11。

第一個問題是在哪裡談？「那是個週末，我向郝柏村院長報告進度，在那之前我和行政院副院長施啟揚、研考會主委兼行政院大陸工作會報執行秘書的馬英九也談過。我問郝院長要在哪裡談？郝院長說：『為什麼不到金門來？』可是那時我心想，一九九〇年戡亂時期還沒有終止，金門是戰地，大陸紅十字會的朋友大多是共產黨員，跟共產黨員接觸，還在金門戰地接觸，說不定會被扣叛亂的帽子？在電話中，我就問：『院長，是真的嗎？』他說：『為人道服務，為什麼不可以？』我轉念想，金門是個好地方。」陳長文回憶說。

九月十一日雙方在金門會面，隔天由當時的紅十字會秘書長陳長文與韓長林簽訂協議，並獲兩岸當局認可據以執行。

根據《金門協議》的遣返方式，舉凡違反有關規定進入對方區域的居民或刑事嫌疑犯與刑事犯，經一方將查獲的待遣返人士造冊後，經由兩岸紅十字會傳送到另一方主管部門。經查核無誤後，即訂出接收時間，並將偷渡客由基隆載運至馬祖，雙方於約定的時間在馬祖碼頭依冊點交，由兩岸紅十字會代表簽字見證人員的身分與健康情形等，再由對方以掛有白底紅十字旗幟的專用船載回福建馬尾。若因氣候、海象等因素，得改以廈門、金門為交接點[16]。「用的不再是『原船』的破船，而是安全堅固的船。」陳長文說。

協議簽署大致順利，但仍有小小「技術問題」。一是如何稱呼對方，「當時，對方立場是中華人民共和國，主張臺灣是其一部分，我們當然說是中華民國。另方面，國內雖有廢止《動員戡亂時期臨時條款》的呼聲，但還沒廢止前，中共仍是叛亂團體。這樣搞下去，永遠沒完沒了，什麼也別簽了。然而，兩邊認為人道與安全遣返最優先，便在協議開頭寫了『兩岸紅十字會組織』，就這幾個字，解決了稱謂問題。」陳長文說。

二是結尾要填上日期。「月日很容易，九月十二日，但『年』呢？現在我們習慣用西元，但那時都用『民國』，而對岸習慣寫『西元』，我們一度商量是否用天干地支。後來，我寫79.9.12，對方寫90.9.12。這是『一年各表』，精髓是『擱置爭議、求同存異』。」陳長文笑著說。

《金門協議》簽署後，不再發生遣返人道悲劇，而隨著大陸經濟快速發展，偷渡來臺被遣返的人數，從一九九三年最高峰的五千九百八十六人，降到二〇一二年的十七人。來臺的大陸人士不再是偷渡客，而是來臺灣消費的觀光客。

二〇一一年，《金門協議》簽署二十週年，馬英九總統在治國週記中向陳長文說

16 《見證遣返》，「中華民國紅十字會總會」網站，http://www.redcross.org.tw/，擷取日期：2015-07-17。

道：「民國三十八年十月二十五日，這是古寧頭大捷的發生地點。民國四十七年八月二十三日，這是八二三砲戰發生的地區，兩場戰役都有很多人死傷。過去這是一個殺戮戰場，但在《金門協議》之後，開始把它一步一步帶往和平廣場。」

方金寶

南部辦公室　合夥人

理律五十，躬逢其時！以真誠關懷社會，以專業服務客戶，以超我卓越成就。理律每一份子除戮力於法律本業外，更不忘播撒愛心種子在這塊立足土地，隨時關懷回饋分享，隨地默默擇善而行。理律立根臺灣，跨越兩岸，連結全世界；展望未來，理律帶頭前進，在下一個五十，期待共創至善至美人生。

孫寶成

專利暨科技部　顧問

理律五十是一個里程碑，是一個回顧過往也是一個展望未來的標竿。做為一個理律人，在法律專業以外，我們堅持：忠於客戶、關懷社會、服從道德、追求卓越。在未來的無數個五十年，理律人的堅持不會改變，只會更發光發亮。

42 和平之橋——海基會的擘畫與催生

「家父是國軍第六十九軍少將參謀長陳壽人，國共戰爭時，在四川邛崍五面山為國捐軀，得年三十八歲。當時我才五歲，在我對父親幾乎沒什麼深刻印象時，他就離開人世。對這件事我一直很介意、為父親不捨。其實，一九四九年國民政府遷臺時，他就隨軍隊帶家人來臺灣了。當時大陸已近全面失守，但父親卻又奉命啟程經香港轉往四川戰場，打一場顯然必敗的戰役。這事對我影響很大。所以當知道要成立海基會，以促進兩岸和平，確保戰爭不再的機構時，我向郝院長主動請纓，希望擔任秘書長，能為兩岸和平獻力，也算告慰父親（和母親）在天之靈。」

——陳長文受訪回憶，二〇一五‧七‧二〇。

一九七九年臺灣與美國斷交後，中共對臺灣改以「和平統一」取代「解放臺灣」對臺喊話。對此轉變，蔣經國先生揭示了不接觸、不談判、不妥協的「三不政策」，成為一九八〇年代臺灣方面兩岸政策的指導原則。

然而，隨著兩岸關係持續變化，三不政策在一九八〇年代後期已顯得左支右絀。蔣經國總統晚年雖未宣布放棄三不政策，但一九八七年宣布開放探親，由中華民國紅十字會中介，代表政府，與對岸紅十字會建立窗口，協助赴大陸探親、尋人、轉信等工作，三不政策已實質動搖。

三不政策的重新定義

為繼續維持「三不」的形式，政府切割出「民間」與「官方」的二維世界。在民間部分，三不政策「實亡」，但仍守著「官方」的不接觸與不談判。其實，許多包在民間外衣下的接觸與談判，背後不可免地必須有官方的支持、授權與承認，官方只是未「直接」接觸與談判。但實質意義的「接觸、談判、妥協」卻愈加頻密，特別是在臺灣開放大陸探親後。

而幾次重大的兩岸間意外與災難，不論是善後或預防重演，兩岸都不可能再採駝鳥態度，矇眼假裝不視。必須以一定形式接觸與談判。也因此，一九八〇年代後期，特別是開放大陸探親後，各界漸有檢討三不政策，要求政府成立兩岸中介團體的呼聲。一九九〇年十一月二十一日成立，隔年三月九日正式掛牌運作的海峽交流基金會，就是在這樣的時代背景下出現的。

「海基會的成立，本身就有對『三不政策』重新定義的意義。雖然政府在政治與官方層次上仍不願意放棄三不，但在兩岸民間接觸愈來愈頻繁，事務性協商的需要也日漸增加，兩岸政府都已經不可能迴避這個趨勢。因此，在事務性層次，必須接觸、必須談判、也必須妥協。」首任秘書長陳長文回憶。實際上，在海基會成立前，這樣的接觸、談判與妥協即已透過紅十字會進行[1]。

「以遣返偷渡客為例，在兩慘案發生後，紅十字會銜命與對岸接觸，並在金門談判，雙方互有妥協而達成協議。雙方約定，遣返船隻遮蔽國旗、避免國號，在形式上避開『官方色彩』，也就是維持三不表象，但在實質上去解決問題的折衷做法。」陳長文說，這現在看來，其實有點「硬撐面子」的滑稽。但在意識形態大船還沒轉彎時，也只能如此做。

在海基會成立前，紅十字會填補了「中介團體」的部分功能。名不順則言不順，紅十字會是國際性的人道公益團體，除了戰爭中的特殊角色外，主要領域為重大災害的募款賑濟、急難救助與復原重建。由純民間性質的紅十字會，代表政府處理兩岸事務，只能是權宜性及過渡性的安排。尤其兩岸事務背後運作，必然牽涉政府授權、法令規章和法院訴訟等問題，中介角色其實是政府化身，確有必要成立一個專責兩岸事務，得到政府更正規授權的中介團體，成為兩岸交流的「跨海大橋」。

海基會的設計

然而，這更為「名實相符」、「名正言順」的中介團體要如何設計？各方意見也頗分歧。這部分，一則陳長文以他的法律專業受到重視；二則，擔任紅十字會秘書長的他，當時處理了許多兩岸事務及多次重大事件，更簽署了《金門協議》。換言之，陳長文是當時兩岸事務「最有前線經驗的人」。

因此，海基會這個新中介團體的組織設計、人事安排、初期運作模式等，政府相當倚重陳長文的建議。孫運璿先生任榮譽董事長、辜振甫先生出任董事長，即是陳長文向

1 「陳長文：『三不政策』有重新定義的必要」，聯合報1996 11-26頭版。

郝柏村院長建議獲得首肯後進行的。

「過去由於從未接觸，在法律理論上將中共視為『叛亂團體』，這不曾對我們產生困擾。然而，隨著解嚴開放大陸探親之後，糾結政治動機與經濟利益的兩岸關係，逐漸複雜且重要。當時雖已有廢止戡亂時期臨時條款的社會共識，但在戡亂時期終止前，兩岸政府還無法對等談話。如何透過民間組織來規劃、運作這種除政府外，民間已日漸廣泛進行兩岸接觸的現象，需要有一個專責專門的中介機關，也就是海基會來因應。」陳長文從過去數十年兩岸互動的歷史來分析。

陳長文主張採取「法律創造」，亦即立法授權的方式，賦予海基會「特殊地位」，執行政府授權的工作。他認為在政府的政策下，只要有助於改善、推展兩岸關係的，均是海基會的工作範圍，這是全面性的，不局限於政治，「與政府同步進行」。但當時，中共對於設置兩岸中介機構尚無善意回應，陳長文坦承，如果中共不同意、不認可、不配合，變成只有臺灣單方面在進行，功能將很有限[2]。

在團體形式上，李家慶律師曾公開建議，採用民間性質、具法人格的「財團法人」型態[3]。最終海基會即以財團法人基金會的形式成立，陳長文被任命為副董事長兼首任秘書長。

「國家有義務讓它的老百姓在任何地方，包括它控制不到的領土，提供必要的保護和便利。」陳長文如此看待新挑戰。

一九九〇年十一月二十一日，海基會召開捐助人會議，通過《財團法人海峽交流基金會捐助暨組織章程》，明定接受政府委託辦理大陸經貿資訊的蒐集、發布、間接貿易及爭議協調處理等事宜。「海峽交流基金會，是海峽兩岸之間的一座橋，而不是一堵牆。」行政院長郝柏村提出期許[4]。

一九九一年三月九日，背負各界對兩岸交流高度期待的海基會正式掛牌。紅十字會曾負責的兩岸事務轉由海基會處理，紅十字會則回歸人道、促進健康的單純業務[5]。

「一國良制優於一國兩制」

一九九一年四月底，海峽交流基金會首任秘書長陳長文率團訪問北京，說明海基

2 「補足接觸空隙 有『法』好辦事 陳長文主張採立法授權」，聯合晚報，1990-06-12。

3 「四十年來最具善意與創意的構想 兩岸互設中介團體 面面觀」，聯合報，1990-04-25。

4 「郝揆：它是一座橋不是一堵牆」，經濟日報，1990-11-22。

5 「紅十字會處理的兩岸事務 將由海峽基金會陸續接手」，聯合晚報，1990-11-22。

會功能，並建議北京當局設立「海協會」對口；五月一日臺灣政府宣布「終止動員戡亂」，成為改變兩岸關係的大地驚雷。

五月四日，陳長文會見大陸吳學謙副總理，吳學謙認為「一國兩制」可適用於兩岸關係；陳長文即以「一國良制」的選項回應[6]，主張應由人民自主選擇較好的制度。

這一對話的源頭，可回溯到一九八三年六月二十六日，鄧小平正式對臺灣提出「一國兩制」政策：「祖國統一後，臺灣特別行政區可以有自己的獨立性，可以實行與大陸不同的制度。司法獨立，終審權不須到北京，臺灣還可以有自己的軍隊，只是不能構成對大陸的威脅。大陸不派人駐臺，不僅軍隊不去，行政人員也不去。臺灣的黨、政、軍等系統，都由臺灣自己來管。中央政府還要給臺灣留出名額[7]。」

臺灣婉拒了「兩制」提議，在解嚴後的一九八七年十月，蔣經國接受《亞洲華爾街日報》專訪中完整回應：「國家統一是中華民國政府一貫努力以赴的目標。這個目標的達成必須植基於一個重要前提，即中國大陸必須根除共產主義，實施自由、民主、均富的三民主義制度。唯有如此，國家統一的目標才能實現。至於中共所提『一國兩制』的口號，只是其統戰的另一種騙術，事實上並不發生作用。最近大陸人民要求『一國良制』，不要『一國兩制』，就是對中共口號最好的回應[8]。」

一九九八年陸委會重申「一國良制優於一國兩制」[9]。陳長文二十年來仍常強調「制度比國家認同重要」，二〇〇五年更以《假設的同情》一書，呼籲臺灣內部超越統獨以停止政治內耗，主張透過兩岸法治的深化、對話，維繫和平，追求全人類共同福祉。

海基會的定位考驗

然而，新的難題從海基會成立伊始，就開始考驗著這個組織。這可以從陳長文以秘書長身分在一九九〇年十一月二十八日應邀赴立法院備詢的一則插曲，預見一部分的未來。

立法院法制委員會邀陸委會主委施啟揚率員報告、備詢，立法委員堅邀尚未掛牌的「財團法人海峽交流基金會」秘書長陳長文也要到場。

委員會主席李慶雄與施啟揚及副主委馬英九商談，施、馬表示，海基會還在申請成

6 「One China Gets MFN, the Other Deserves GATT」，by ARTHUR WALDRON，華爾街日報，1991-05-29。

7 「三十一年前的今日，鄧小平為臺灣提一國兩制」，蘋果日報，2014-06-26。

8 「推動經濟自由化已具績效，我將為國際金融投資重鎮」，聯合報，1987-10-27。

9 「我們對一國兩制之看法」，行政院大陸委員會，1998-07-23。

立階段，恐怕不能要求陳長文一定出席，李慶雄便撥電話給陳長文。陳長文問李，要以何種身分到立法院？最後，施啟揚找到憲法第六十七條第二項[10]為依據，陳長文以「社會人士」身分，首度列席立法院，為中介團體做說明。

陳長文到達時，立院職員請他在簽名紙上簽名。他簽在政府首長名冊的格子外面，並註明「社會人士」。立法委員陳水扁以此質問陳長文，這是什麼意思？陳長文回答：「不敢以政府首長自居，又無社會人士簽名冊，也不能簽在背面，只好這麼辦。」會場響起一片笑聲[11]。

雖然第一次在立法院列席，半官半民的海基會秘書長，其身分定位的不明確，是在「笑聲」中帶過，但這只是逗點，卻不是句點。其後，不像陳長文在擔任紅十字會秘書長期間，以純民間身分協助政府奔走兩岸，多把重心聚焦於「事」。新中介團體形態，帶來了新的角色定位，也讓陳長文在處理兩岸事務時，更多了面對立法院這個「人」的複雜性。

定位不清的海基會，使得陳長文每到立法院必然受到身分質疑，特別是立法委員陳水扁，屢以陳長文身兼理律主持律師、國防部法律總顧問的「兼職問題」提出質疑，議場的煙硝味愈來愈重。

其實早在海基會掛牌三個月時，理律即由李念祖向媒體表示：「只要陳長文任海基會秘書長期間，理律律師絕對『不介入、不參與』任何民間團體在兩岸的仲裁案件[12]。」更關鍵的是政治風向，蔣經國總統於一九八七年一月十三日逝世，李登輝接任總統。初期，兩岸關係持續融冰，兩岸可為可做的事不少，海基會也是在這氛圍中成立。但海基會成立後，兩岸交流的氛圍開始變化，雖然暫未全面卡住海基會運作，但已有山雨欲來之勢，這讓陳長文漸漸陷入國會與黨政高層兩邊夾擠的處境。加上兩岸問題的複雜與敏感性極高，陳長文漸感難以施展。

這又可以從另一件事件看出中間的為難。在海基會正式掛牌的前一天，一九九一年三月八日晚上，臺灣保七總隊三位保安警察在登上大陸漁船「閩平漁5069號」查緝走私時，遭挾持到福建平潭；在衝突間，保警開槍擊中一名漁民致傷重不治，這無異給海基會出了一道難題。同時擁有海基會秘書長、紅十字會秘書長雙重身分的陳長文銜命赴

10 憲法第六十七條第二項：「（立法院）各種委員會得邀請政府人員及社會上有關係人員到會備詢。」

11 「陳長文『社會人士』列席立法院」，聯合報，1990-11-29。

12 「理律不做兩岸生意」誰來仲裁商務仲裁協會，商業周刊，1991-06-16。

大陸，以後者身分交涉，盼帶回三名保警。大陸方面有其司法尊嚴的顧慮，我方則有沸騰的民意壓力，雙邊一度陷入僵局。但陳長文仍完成折衝，四月三日，三位保警由香港飛返臺灣。

表面上，陳長文完成艱難任務，然而不管在《金門協議》、三保警獲釋等「事的成就」，並沒有讓陳長文在國會與國內政治上獲得更多助力，阻力反而漸增，遭遇各形各樣「陰謀論式」的質疑。陳長文遂於一九九二年二月辭去海基會秘書長一職，但仍任副董事長，並於一九九三年九月辭去副董，僅任董事。

二〇〇六年三月，海基會成立十五週年，時任總統陳水扁宣布「終統」——終止「國家統一委員會」運作；陳長文以「陳水扁已終統，附麗於上的海基會還有何為？」聲明宣布辭去董事。告別他親自參與擘畫、成立、被稱為兩岸白手套的兩岸交流中介機構。

在辭職聲明中，陳長文回顧這一段歷史，體悟到，當時主政者其實對兩岸的態度已有變化，「那已不是單純做事、解決問題而已。」陳長文說。

兩岸關係重要的潤滑劑

陳長文感受到，一九九〇年代初期，海基會雖有許多重要建樹：例如一九九二年兩岸達成「一個中國，各自表述」的「九二共識」，以及一九九三年四月海基會董事長辜振甫與海協會會長汪道涵，在新加坡的歷史性「辜汪會談」簽署四項協議。但整體趨勢來看，海基會的施展已愈加不易，尤其一九九五年大陸片面宣布中斷兩會協商後，更不樂觀，一方面是大陸態度趨於強勢、兩岸不信任感迅速升高，另一方面也與臺灣主政者的兩岸政策態度有關。

「海基會名義雖為民間機關，但實際上仍為政府的延伸。海基會只是一個『應變數』，它並不能決定自己的功能；決定其功能的『自變數』，其實在政府最高領導人身上。如果主政者無心，縱然海基會擁有最認真兢業、優秀卓越的同仁，也難以施為。」他語重心長地說。

在兩岸關係上的建樹，加上持續在公共議題上發聲，二〇一四年陳長文在獲頒第十二屆遠見高峰會「華人企業領袖終身成就獎」。「這個成就屬於我父親。若不是職業軍人的父親，我不會對兩岸有如此深刻的體會。」陳長文從馬總統手中接下獎項時哽咽著說[13]。

13 「獲終身成就獎 陳長文哽咽獻父」，中央社，2014-10-29。

而在此前，二〇一二年十一月八日，陳長文也獲馬英九總統頒發二等大綬景星勳章，表彰「獻力國際人道救援，投身人權慈善公益；積極關懷社會弱勢族群，推動永續志工服務；投注日本四川賑災事宜，踐履愛心無國界理論。」

方環玉

專利暨科技部　資深顧問

理律五十年，見證臺灣成長、茁壯、轉型；半世紀的淬煉，最佳的品質，寫臺灣的法律史。繼往迎來，服務、關懷、卓越，共創下一個輝煌年代。

劉祥和

商標著作權部　資深顧問

理律從未忘記法律人的社會責任，鼓勵同仁關懷，持續參與改善臺灣的司法制度及法律人才培育。身為理律人無比驕傲！理律在過去十幾年對大陸法律人才培育也積極貢獻，難能可貴！

43 關懷實踐——紅十字會的溫暖時刻

在一場颱風侵襲之後，無數海星被沖上海灘，正在死亡邊緣掙扎著。一個小女孩默默地站在海灘邊，把海星一隻隻撿起，然後丟回海裡頭。經過的路人語帶懷疑地問：「妳這樣做有什麼意義呢？相對於千萬隻將死的海星，妳救的數百隻海星，又能代表什麼呢？」

小女孩張著她天真的大眼睛回答道：「但對於我所救的海星來說，那代表牠的一切。」

這是陳長文在中華民國紅十字總會擔任志工近三十年，很喜歡說的一個故事。

「也許紅十字會沒有辦法幫助所有遭遇苦難的人，但對於受到紅十字會幫助的人，那幫助，就讓一切都值得。」陳長文說。

二〇〇三年，理律全體同仁票選理律使命，「關懷、卓越、服務」（We care, we serve, we excel.）以最高票數獲選。

「關懷的層面很大，包括了對同仁、以及尋求我們服務的客戶，乃至於法律人的社會責任、公共關心都包括在內。我們必須去思考社會現在需要什麼，客戶需要的又是什麼？服務，是提醒我們，律師就是要解決客戶的問題，我們做的事情就是服務；卓越，要做就要做到最好。這不是因為我們驕傲，而是最好的品質才是最好的服務保證，才能服務我們關懷的對象。好是沒有止境的，要求自己做最好的，就必須要能夠自我鞭策，關懷就是自我鞭策的動力來源。」李念祖闡述了這三項理律使命的涵義。

其中，「關懷」置於理律核心價值的第一位，反映理律鼓勵同仁參與公共事務與關心公益的特別期待，這也是理律的文化傳統之一，正因為這樣的文化傳統，所以陳長文才能在兩岸及人道事務上貢獻，同時在公共議題上發聲。許多理律同仁，也透過學校兼課和參與各種組織，回饋社會。

「很感謝理律對我的包容，給我這樣的空間去參與公共事務，為社會獻力。在這些公共參與及公益服務上，理律的同仁是我最重要的後盾，也是我力量的泉源。」陳長文說。

紅十字會的法治化與兩岸人道服務

除了前面談到，陳長文成為第一線談判人員、參與兩岸事務外，他也於一九八七年開始參與紅十字會至今。近三十年的紅十字會志工生涯，則是另一個陳長文實踐理律「關懷」精神的豐富故事。

一九八七年，在當時的副總統李登輝邀請下，陳長文擔任中華民國紅十字會總會秘書長，開始他的紅十字會志工生涯。二〇〇〇年獲選為總會會長，任滿三屆後於二〇一二年卸任，現仍為紅十字會的終身志工。

陳長文出任秘書長時，紅十字會當時致力的急救與水上安全救生培訓已頗有所成。因應政府在一九八七年解嚴後開放兩岸人道往來，紅十字會在陳長文任內，承接政府委託的兩岸探親服務，也協助兩岸間的轉信、尋人、匯款等活動。一九九〇年代表政府與對岸紅十字會簽署《金門協議》，確立了紅十字會在兩岸人道事務的角色與功能。

陳長文發現政府一九五四年頒布《中華民國紅十字會法》之後，並未續就實際運作和執行做出具體規範，影響了紅十字會功能的擴大發揮，因此他加入後，即與政府溝通建立完善法制。內政部於一九九〇年二月完成並頒布《紅十字會法施行細則》，再據以陸續完成總會章程及會員相關辦法。紅十字會總會因此得以在一九九二年三月首次召開全國會員代表大會，開創了紅十字會依法治理的新局。

災難的教訓：救災是一項專業

一九九九年九月二十一日，臺灣發生史上最嚴重的九二一大地震，造成重大傷亡損害，震撼全球，但也成為制度轉機，促使政府與民間正視重大災難救援的專業性，啟動了民間參與救難和賑濟的新頁。當時紅十字會募得近新臺幣十八億元，其中大多來自國際間的捐款，為救災與重建提供了重要幫助。

「我還記得，那時紅十字會全體動員，與來自國際的救災力量一起投入救災與災後復原，中間有許多感人的故事。」陳長文說。

一位熱心投入救災的朋友告訴陳長文，他來到南投縣一處災情嚴重的部落，整個街道和房舍幾乎被夷平，許多人受傷甚至被壓死，他被映入眼簾的景象深深震撼。這時他看到一對老夫婦，坐在全倒的家園旁邊，一臉困頓與沮喪。他熱心的趨前詢問有什麼地方可以幫忙。結果那對老夫婦知道他是從臺北下來的，反而急切地問他，臺北的災情如何？嚴不嚴重？聽那位朋友告訴老婆婆臺北的狀況後，老婆婆摸著他的手說：「還好震央是在南投，如果這麼大的地震是發生在臺北，不知道要死多少人？」

「我聽到這個故事後非常感動，這對老夫婦，自己才經歷了危難，家園毀圮，但湧上心頭的第一件事卻是別人的安危，還慶幸不幸是發生在自己，而不是發生在別人身上。」陳長文說。類似的感人故事，陳長文在紅十字會服務時，都點滴看見。

二〇〇〇年，陳長文當選中華民國紅十字會總會會長。在「有苦難的地方就有紅十字會，有紅十字會的地方就有希望」的理念下，紅十字會救苦援急的身影遍及國內外。

二〇〇一年桃芝風災、納莉颱風、二〇〇三年SARS防疫、二〇〇四年敏督利風災；海外的二〇〇一年薩爾瓦多地震、二〇一〇年海地地震、二〇一一年日本三一一大地震及海嘯、印度古茶拉底省地震、伊朗巴姆城地震等，紅十字會都積極參與。「其實很多工作都是從無到有，我和紅十字會的同仁與志工夥伴，就是一路的摸索與學習。」陳長文說。

二〇〇四年底發生南亞海嘯，至少超過二十萬人罹難或失蹤，震驚全球。「一場無預警的海嘯捲去了南亞地區數十萬計寶貴的生命，讓超過數百萬的災民家園毀破、親人流離。看到電視傳來哀鴻遍野的畫面，讓人震驚不捨！」陳長文說。

當時，臺灣剛經歷九二一地震的慘痛經驗，社會極為同情南亞海嘯災民的處境，紅十字會立刻動員，總計募得新臺幣七點二億餘元。除了在第一時間給予急難救助外，其後幾年紅十字會更投入中長期的災後復原與重建工作，分別在斯里蘭卡與印尼亞齊省設置專案辦公室。第一線的參與，將九二一地震的經驗結合從國際聯合會學習到的觀念新知，運用在幫助南亞海嘯災民的重建工作上。

「南亞海嘯的賑濟工作，是紅十字會繼九二一地震接受國際各方援助之後，最具規模的國外援助計畫。背負著超過二十萬名捐款人的愛心以及臺灣亟欲回饋國際社會的傳愛行動，紅字會的志工都以摩頂放踵的心情，為災區的重建奔走。」陳長文說道。

一位紅十字會的年輕女同事不顧家人的反對與擔心，堅定地前往印尼亞齊駐地三個月，她告訴陳長文，她從災民身上學習到的比我們給他們的更多，見證了人們在苦難中的勇敢與慈悲。還有一位印尼志工——仙珍的故事，也讓陳長文深受感動，大海嘯奪走了她摯愛的先生及一雙兒女，但她卻以無比的毅力及勇氣面對人生劇變，擔任紅十字會在亞齊的志工。「她將心中的悲痛化為大愛，樂觀而無私地去幫助更多需要幫助的人，鼓舞了很多人。」

二〇〇四年、二〇〇八年陳長文兩度獲選連任會長。紅十字會繼續埋首努力，一步一步把手伸向需要幫助的人。包括紅十字會在內的臺灣各慈善團體，也漸漸培養出更專業的救災專業，擴充了救災的能量，讓臺灣從接受外援的國家轉變成國際愛心的輸出國。

二〇〇八年大陸的汶川地震、二〇〇九年臺灣的莫拉克風災、二〇一〇年海地太子港地震、二〇一一年日本的三一一大海嘯，紅十字會派遣搜救隊及醫療團，全程參與緊急救援、復原安置到災後重建，不斷把臺灣的愛心與救災經驗傳給受災地區。

「我看到的，都是美好人心」

「當我聽到有人感嘆社會亂象叢生、充滿怨念時，我總回答，不要被表象所惑，在紅十字會，我看到的，都是美好人心。」陳長文說。他信手捻來都是一個又一個感人的故事。

「志工的可愛，災民的堅強，還有捐助者的慈悲。這些都是讓世界溫暖的力量。比方說，我喜歡看捐款人寄來的信，信封裡的數字，不論大小，都是一份深摯溫暖的心意。每一封，都是天使捎來的鯉魚素書。」陳長文說。

陳長文舉了一個二〇〇五年初春時接到捐款的故事。「那天陽光暖照，是個好天氣。我正埋首公事，忽而，紅十字會秘書長郝龍斌來電。電話中他興奮地說：『我們收到一份天使禮物，您一定會很高興聽到這個消息』。」郝龍斌形容，這是一個普通的標準西式信封，夾寄了一張被白紙包覆著的支票，白紙上只寫著：捐款。

「那真是輕如羽翼的三張薄紙，卻是重若千鈞的禮物。」陳長文說，當紅十字會志工打開了這一封來自天使的信件時，代表這世界上有許多苦難的人們，將會因此多了一抹幸福的微笑。這筆無名的捐款，最大的意義不在於數額，而在於這份愛心，和其他許多數額也許不及，但愛心卻是等價的捐助者一樣。這群高貴的天使，啟示了一種希望與可能——愛人的希望，以及被世界所愛的可能。

民國百年的第一道曙光

民國一百年的雙十國慶日前一天，臺東賣菜阿嬤陳樹菊受邀參加國慶，她低調的將個人生平第一筆版稅八十萬元，添上個人賣菜所得，湊足一百萬元捐給紅十字會。

陪同捐款的寶瓶出版社社長朱亞君說，阿嬤和陳長文素不相識，日前在一次公益活動中兩人對坐，阿嬤細細打量陳長文，「我賣菜這麼多年閱人無數，是不是好人我一看就知」，後來得知陳是紅十字會長，可以協助她捐款助人，便透過朱亞君牽線[1]。「我

1 「領唱國歌後再獻愛心 陳樹菊又捐百萬」，聯合報，2011-10-10。陳樹菊傳記《陳樹菊——不凡的慷慨》

看他（陳長文）很可靠，決定把錢交給他幫助有急難的人。」陳樹菊說。她小時候母親難產，因家窮籌不到醫療保證金，母親因此喪命，她希望捐贈紅十字會，照顧遭逢急難變故的弱勢家庭。

陳長文問阿嬤賣菜快不快樂？阿嬤說，賣菜時她「很嚴肅、痛苦」，但每次捐錢時就很快樂，「那天睡得最好」。陳長文稱讚陳樹菊是「民國百年的第一道曙光」，善行如同百年前的紅十字會之父、瑞士銀行家亨利．杜南的精神。

「每一件都有成就」

問起陳長文，在這些慈善工作上最有成就的是什麼？「每一件都有成就，只要能對受苦的人有幫助，不管是精神上的還是物質上的，我都會覺得為他們喜悅。」他說。

例如，在南亞海嘯後，紅十字會總會援建斯里蘭卡兩處社區，於二〇〇八年落成，讓一千名居民入住。二〇一一年，陳長文到了其中的卡達瓦拉花園社區，為剛完工的兒童遊戲場揭幕。「當我看到小朋友們光著腳丫子，在遊戲場內盪著鞦韆、溜著滑梯、騎著翹翹板，在鋪著白色海砂的沙池裡嬉戲，就覺得很安慰。」

又如，在二〇〇八年四川的汶川大地震，陳長文在災後到馬爾康縣附近的藏族部落探視災民時，遇到一位少女解說員斯達拉木初，陳細問了她的家庭，知道她奮發向上前往路途遙遠的陝西商洛職業技術學院讀書的故事，斯達拉木初希望能當老師。陳長文鼓勵她好好念書，同時表達願意協助斯達拉木初繼續念大學，並請一同前往災區的浙江大學宣傳部部長彭鳳儀協助。「後來當我得知，斯達拉木初如願到浙江就讀，這也是讓我欣慰的時候。」

陳長文於二〇一二年卸任紅十字會總會會長，一路走來看見的溫馨故事，這點點滴滴，都是在紅十字會的志工生涯中，陳長文的「溫暖時刻」。

曹江誠

專利暨科技部　資深顧問

兩李創立理律牌，匆匆理律五十載，前輩耕耘勤奮栽，後進跟隨向前邁。不為虛名不貪財，齊聚一堂心有愛，追求卓越育英才，專業服務人信賴。推動公益顯關懷，挑戰考驗一再再，堅定信念不離開，嚴冬已過春回來。經營理念沒有改，堅持信仰依舊在，新的一頁已展開，同心攜手新世代。

朱淑尹

專利暨科技部　顧問

流水不腐，戶樞不蠹，理律五十年，之所以成其大，在於不斷前進的願景，不曾靜止的思考，流水生苔，戶樞蒙塵，在所難免，唯有時常去其苔，拂其塵，方保我運行更順暢，發展更茁壯，使其基業長存，更加光大。

44 公益志業——理律文教基金會

「法律工作當然是一個職業，做為職業，我們要精益求精、追求卓越。但它可以不只是一個職業，而成為一種『志業』，志於為正義捍衛、志於為公眾謀福、志於為弱勢發聲、志於打造一個更文明進步、美好和諧的社會。我認為，這才是法律人在職業以外的志業使命。」經常鼓吹法律人要做到全觀，要實踐關懷的陳長文說。而理律文教基金會，也可以說是理律在法律職業之外，法治志業的一項公益延伸。

「理律法律事務所長期提供資源，贊助法學教育與其他公益事務。然而陳長文先生覺得仍不夠，他一直希望從理律每年的收益中承諾提出一部分從事公益。他的提議獲得了合夥人的熱烈支持，於是才有了『理律文教基金會』。」在每年十月最後一週舉辦的「理律盃」模擬法庭比賽開幕式上，基金會執行長李永芬以幾句話說明這項法治教育活動的始末。

「一九九九年初，理律的三位領導者捐助設立基金會，設董事九人，李光燾擔任第一屆董事長。有一天，負責籌設的李家慶忽然通知，董事會擬指派我擔任執行長。當時我忙著法律案件，完全不知道如何規劃基金會業務。」到二〇一五年，李永芬董事已經兼任十六年的執行長；李光燾連選連任六屆董事長。李光燾對基金會工作給予最大的支持與鼓勵。

兩岸法學教育

基金會除了接手理律以往的贊助學生活動、設置獎學金等項目以外，兩岸法學教育的深化也是理律的重點。

理律與法學教育的淵源是很長久的。在一九七〇年代，徐小波、陳長文、李光燾等人各別在臺大、政大、東吳等大學法律系任教，理論與實務教學相長。隨著事務所人才不斷增加，理律年輕的同仁也在理律傳統風氣下在各校兼課，或擔任企業研訓課程的講座。自二〇〇〇年起，理律資深同事也應邀前往中國大陸授課，在北京大學、清華大學等校義務性開設財經法律課程，分享臺灣法治與財經發展的經驗。同時，基金會也將獎學金延伸到北大與清華。

理律盃校際模擬法庭辯論賽

「二〇〇〇年，李念祖在董事會上提議籌辦中文的模擬法庭比賽，成為華語法學教育界的模擬法庭教學平臺，理律盃就此誕生。」理律盃在臺灣從二〇〇一年到二〇一五年已舉辦了十五屆，已成為各法學院十分重視的活動之一。

模擬法庭辯論是推展法學教育的重要工具，美國各個法學院都有自己的模擬法庭訓練和比賽，此外還有許多區域性和全國性比賽。李念祖構想將「理律盃」辦得像國際知名的傑賽普國際模擬法庭辯論賽（Philip C. Jessup International Law Moot Court Competition）。於是，二〇〇一年十月，「理律盃」便在中華民國國際法學會時任秘書長陳純一教授鼎助下，在東吳大學法學院的實習法庭舉行。

二〇〇二年十二月，臺灣第二屆「理律盃」圓滿完成後不久，陳長文赴北京上課，李永芬前往頒發獎學金，與北京清華大學法學院當時的院長王晨光教授談到「理律盃」，王院長立刻表達興趣，同意擔任大陸地區「理律盃」的主辦學校。

二〇〇三年十月中，理律爆發員工盜取為新帝公司保管的股票，承受逾三十億元新臺幣賠償責任，但基金會仍決定理律盃照常舉行。也因此，陳長文在與新帝磋商賠償方案時，提議撥部分金額共同投入公益事務。

二〇〇三年，兩岸分別加入WTO的次年，理律盃以WTO相關議題設計了「理律盃」題目，兩岸二十餘所法學院以同一題目，各自模擬法庭的書狀與審判程式，並由兩邊的冠軍隊進行友誼賽。

二〇〇三年十二月六日新華網報導：「首屆全國高校法學院模擬法庭競賽昨晚在清華大學決出勝負，武漢大學奪冠，西南政法大學、清華大學獲得第二和第三名。本次比賽是中國自一九七七年恢復正規法學教育以來，首次舉辦的全國性法學院校模擬法庭競賽。臺灣理律文教基金會和理律法律事務所為本次競賽出資贊助，比賽的優勝獎盃也稱為『理律盃』。」

新華網引述時任清華大學法學院院長王晨光的說法：「模擬法庭是法學教育中培養高層次法律人才所不可缺少的環節，這次全國性競賽對於中國高校的法學教育改革具有重大意義。法學院培養的人才不但要精通法律條文，更要懂得如何運用條文，而模擬法庭正是把抽象條文和法庭實踐緊密結合在一起，對於學生而言是一次真實的磨練，有利於提高邏輯思維、分析和表達能力，使學生走出校園後能更快適應工作。」

目前臺灣參賽理律盃的法學院有十六所，大陸地區已達四十所，有許多高校都希望爭取參賽的機會。大陸的法學院稱理律盃為「大陸法學領域的奧林匹克競賽」。

為了擴大賽後的交流，二〇〇六年起基金會改以圓桌研討會取代兩岸冠軍隊的友誼賽，各校老師也定期研討模擬法庭教育的推展情況。

「法治信念的培養需要在特定實踐過程中養成。理律盃模擬法庭比賽和理律文教基金會在十幾年的時間裡，能夠堅持在法律實踐素養的培養方面，給兩岸的法律學子帶來這麼多的幫助和啟迪，這是在開創法學教育一代風氣，改變法學學生的學習方法，也是在改變法學教師的教學方法；這是在推動法律教育課程體系的完善，也是在改革法律人能力的培養模式。這些價值將通過改善法律教育，從而改善我國法治。」中南財經政法大學法學實驗教學中心疏義紅老師在二〇一三年研討會結束後的來信中這麼說。

十幾年來，不但籌辦模擬法庭各項活動順暢圓滿，而且參與者間建立了深厚的情誼，促進了兩岸法治觀念的交流。「我們得以在千里之外懷著一樣的理想，用一樣的熱忱，這樣地成為夥伴，為培養下一代法律人而盡自己的一份心力，這是三十年前無法想像的。」李永芬回想當年兩岸對峙的情勢，特別有感觸。

培養全觀的法律人

理律盃不考慮政治因素、沒有利益考慮，也沒有任何自利的訴求。「理律文教基金會不為法律事務所推廣業務，或擦脂抹粉營造形象，我們只是單純提供一個平臺讓學生練習課堂上缺乏的實務操演。」李永芬從不在活動中推銷理律，她說：「感謝北京清華大學法學院無私無我地為大陸高校服務與貢獻，我們彼此的理念契合，秉持著普世共通的法治觀。」

「陳老師很多發自肺腑的話讓我震撼，算是我在步入社會、深入法學實踐前的一個警鐘。我想，社會的很多現實，個人的力量不能抗衡，但是很感謝『理律盃』，因為它在磨練我們法學知識的同時，還彙集了中國各大學校法學院的同學們，一同接受陳長文老師思想上的洗禮。」「來自四面八方的法律人因為『理律盃』而走到一起，這個意義已經遠遠超過了比賽本身。」兩岸參加理律盃的學生寫到參加的感想，「這些都是對理律基金會的鼓勵。」陳長文說。

「對於法治信念的培養，說教的作用很小，不適當的說教其作用可能會適得其反。學生在參賽過程中會受到團隊和奉獻精神的薰陶。」疏義紅老師認為理律的奉獻精神對法律人的養成是有影響的。

在臺灣，理律盃刻意每年邀請不同學校共同舉辦賽務，有規劃地提供工作團隊成員主導事務的機會，增強他們的應對能力與責任感。李永芬帶領學生溫和但絕不鄉愿，「學生在過程中出狀況不是壞事，因為那樣學習的印象才會深刻。」賽務結束後學生們總是情緒高昂而驕傲地得到賽務工作證書。

理律學堂

理律文教基金會每年接受理律法律事務所經費的捐助，然而更重要的是，同仁對公益事務的熱心支援。基金會近年來逐漸增加工作專案，無一不靠理律同仁付出寶貴的時間。動員最多的是從二〇一三年九月起開設的「理律學堂」。

二〇〇八年全球遭受金融海嘯襲擊以後，年輕人就業比以往困難，近幾年全球化等問題形成M型化現象，問題愈發嚴重。「我看到電視畫面中穿戴整齊準備出去找工作的年輕人說，他們連一個面談的機會都沒有。找不到工作就無法獲得實務經驗，缺乏實務經驗就更找不到工作。等到景氣回來了，企業會找比他們更新鮮的人才，他們很容易變成失落的一群。」二〇一三年六月中，李永芬跟陳長文說：「我們能不能多做一點，讓找不到實習機會的律師錄取生及早得到實務的知識。」

依照目前的規定，律師錄取生必須在律師研習所研習一個月，並在律師事務所實習五個月。由於近年律師錄取人數增加，理律已儘量提供實習機會，然而實習完畢仍無法留用所有學習律師。李永芬於是構想，由基金會開辦實務課程，分享予社會上有學習需求的人，製作影片上網，讓大眾在不同時間和地點可以隨時點閱。

這一構想，經基金會董事會決議通過，並得到一位熱心教育及公益的企業家慨然贊助，便立即付諸實行。理律的資深同仁應基金會之邀，提出各專業主題，第一波便排出了上百堂實務講座課程。二〇一三年九月十一日公開發布後，立刻吸引了數千筆網路報名，報名者多是學生、政府官員、公司法務、律師同業、顧問公司專業人員等，也有一些來自司法審檢或立法部門。同年九月二十三日，第一堂課由陳長文主講〈財經法律與企業經營——邁向世界一流企業〉。此後，金融、財經、智財、競爭法、行政法、工程法、勞動法、稅法等各種課程陸續上場，最多的一場湧進了近兩百位學員，安靜地聆聽理律講者精心彙整的實務經驗。

除了理律同仁以外，社會賢士如前司法院院長賴英照教授、司法院副院長蘇永欽教授、中研院朱敬一院士、前監察委員李復甸教授等，毫不遲疑支持這項公益課程，在「人文與社會關懷系列講座」發表精闢演講。浙江大學王冠璽教授在理律學堂講授〈華人的法律文化與人際關係建構〉之後有感而發：「臺灣實際上處在一個很微妙的位置與時期，如果我們不妄自菲薄，臺灣確實有機會扮演以槓桿力量，推動中國大陸發生巨大正向變化的角色；這個變化，當然也會對臺灣有重要的正面影響。以華人的特色與當前的政治現實考量等來看，在這裡面最能夠發揮作用的，恐怕還不是政府，而是來自民間的力量。理律在大陸，之所以能夠逐漸成為臺灣法學精神的某種代表，是在於理律的理念與力量（軟實力與巧實力），我相信理律文教基金會，在這裡面起到了至關重要的作用。」

基金會藉著製作影片的機會，邀請學生挑選有興趣的主題聽打逐字稿，讓學生既可深化課程吸收，又賺取報酬。稿件經過基金會同仁、講者、與李永芬三重校正，由後製人員為影片配上字幕；影片至少再經兩次校對修正，才發布上網。

二〇一四農曆年過後，學員說：「執行長，過年期間我把所有上網的影片都看完了，真是非常好的課程。」到二〇一五年夏天，上網的影片約有一百八十餘部，總點閱數逾十萬，對於如此「枯燥」的影片而言，理律講者已經甚覺欣慰了。「學生畢業後告訴我，他進去的跨國企業，使用『理律學堂』課程影片做為法務人員教育訓練的材料。」李永芬說：「我每一堂課都在現場，看到講者扎扎實實地準備許多資料、案例，講完兩個小時往往已經耗盡了力氣，實在非常心疼，但是對外界有幫助，我們非常高興。」

為了提供另一種較為軟性的方式談法理情，二〇一五年春，「理律學堂」從在教室講授實務課程，翻轉為互動方式。基金會邀請各界到設在松江路九十三巷的「人文空間」，舉辦「理律沙龍」，在柔性氣氛中交換彼此的智慧，以認真、誠懇的態度互相討論、建立理性論述。

為人服務的心情是會感染的。李永芬有一次順路送講者回家，在路上這位初級合夥人問她：「妳什麼時候開始有心從事公益？我現在只想怎麼辦好案子，爭取業務，覺得很汗顏。」李永芬認為，人在生命的不同階段，關切的重點當然不同。年輕時戰戰兢兢，生怕自己該會的沒學會、該做的沒做到，因此重點放在為自己加分；中年以後，要不就是歷練過了，要不就是調整目標了，會關心全體的福祉，願意分享。企業也是如此，開創期間投入公益的能力可能不足，若是穩健發展，應該就會善盡企業的社會責任。無論是個人或企業，關心公益，樂於貢獻，都會為自己與全體帶來更多的良善。這應該就是陳長文說的「為善者成」吧？

呂光

專利暨科技部　合夥人

Heart, Soul, Mind and Strength. 理律的夥伴們在各方面彼此砥礪著，無論是專業、自我實現、健康、家庭、公益及服務人群等面向。要努力的還很多，但或笑或哭攜手一同成長的，也已然不少。關於未來，盡心竭力，做到最好。Attitude is a little thing that makes a big difference!

徐瑞如

專利暨科技部　顧問

五十週年，理律不只以法律人自居，一直本著慈善家精神，在社會各角落散布愛的種子。這精神逐漸向華人世界散布開來，相信有一天能更光芒璀璨。理律無疑已是臺灣驕傲，希望向外擴展、精進專業品質、時時奉獻公益，引領華人提升法律環境，成為華人之光。

45 公益行動——融進事業文化的愛心傳統

在理律的自我定位的三個核心價值，關懷、服務、卓越。居於首的不是卓越，而是關懷。這反映了理律長期以來積極參與公益的文化傳統。

「如果你走進理律的走廊，會看到長長一排的獎座、獎牌。理律得過不計其數『最佳法律事務所』的獎項肯定，但每每讓我駐足停看的，卻是二〇〇一年由國際媒體頒的『公益法律事務所』獎（Pro Bono Award）。」陳長文說。

對於理律這樣的傳統，一九九一年《商業周刊》曾有一段報導：「理律法律事務所一直鼓勵事務所律師們，在一天八小時的工作時間裡，拿出一部分做社會公益的法律服務……。不僅社會公益，在政府機關做法律顧問時，也抱持著相同的精神，陳長文表示，他說，理律在為國家處理一些法律事務時，若碰到政府機關沒有預算，而這些事情又非常重要時，理律就免費為他們處理。而碰到預算不多時，理律也是按照最低收費標準來收費[1]。」

而這樣的關懷，反映在許多的面向上。其一是參與法治建設，隨著臺灣的成長，理律時時刻刻都在為建構有利於創新與投資，依憑專業，提出法制面的獻策。

這主要是理律長期處理外人投資業務，不僅了解國外投資人的想法，也熟悉國內投資環境，理律過去即常受政府委託，草擬財經投資法令，如《外國人投資條例》、《華僑回國投資條例》以及《技術合作條例》等等，都有理律的心血與智慧在其中，為健全臺灣的經濟發展與投資環境，帶來極大的助益。

在全球區域經濟整合中尋找機會

除了對於財經法規之立法與修法，向政府提供了許多建言外；理律對於臺灣之產業結構與經濟發展亦極為關心，例如，一九八〇年代與一九九〇年代，徐小波先生與當時的麻省理工學院史隆管理學院（MIT Sloan School of Management）院長梭羅教

1 「專訪海基會秘書長陳長文 企業家從政甘苦談」，商業周刊，1991-12-01

授（Lester C. Thurow），因緣際會相遇，兩人對於全球區域經濟整合發展的觀察不謀而合。他們預見且深信，亞太區域經濟以及華人經濟體勢將在全球經濟發展潮流中扮演舉足輕重的角色。因此，共同邀集臺灣各產業的企業家，籌設了「策略發展基金會」，並與麻省理工學院建立管理與科技創新的長期合作關係。

一九九一年三月，「時代基金會」在徐小波的推動下成立。協助籌設的陳民強律師說：「徐先生當時很有遠見的邀集臺灣知名企業家共襄盛舉，經過這些年的耕耘，時代基金會在引進國外知名學府的資源、勾勒臺灣產業未來的發展藍圖、培育並向企業推薦優質人才等方面，都有非常多的建樹。」

一九八〇年代末，經濟起飛的臺灣正要向國際拓展，為因應一九九二年「歐洲單一市場」新經貿局勢，徐小波也協助臺灣企業界在歐洲設立工業區，在當地投資生產、出口歐洲共同市場[2]。

此外，有鑒於外商在臺投資，陸續面臨土地及勞動成本等生產要素成本上漲以及環保、勞工意識提升等問題，而有撤資關廠的想法，為解決臺灣當時外資紛紛撤退的困境，當時的經濟部長蕭萬長與徐小波等乃在一九九〇年代初期為政府規劃「亞太營運中心」。可惜，後來受到政府「戒急用忍」政策的影響，亞太營運中心計畫未竟全功。

司法改革與專業公會的參與

另一方面，理律對於臺灣的司法改革等也有長期的著力。包括死刑的義務辯護及加入律師公會從事司法及律師制度改革的相關活動。理律的訴訟團隊，也一直孜孜獻力。

例如，李家慶及林瑤律師在二〇〇二年即分別擔任臺北律師公會在職進修委員會之主委及副主委，協助當時古嘉諄理事長，建置臺灣律師界最早之在職進修制度，斯時，雖有許多律師對於律師之強制進修抱持懷疑的態度，但時至今日，包括全聯會及全國十六個地方公會均參考當初臺北律師公會所擬訂之在職進修辦法，辦理在職進修。林瑤說：「我後來也擔任全聯會律師研習所之執行長，發現律師大量錄取後，深深感覺律師之職前訓練及在職進修均應再予加強，參與這些公會之公益工作雖然很花時間，但卻很有意義。」

其後，李念祖及李家慶均曾擔任過臺北律師公會理事長，兩人並曾出席一九九九年之全國司改會議，對臺灣之司法及訴訟制度之變革積極獻議。李家慶在二〇一四年年底擔任中華民國律師公會全國聯合會理事長。

2 「臺灣出擊！」，遠見雜誌，1989-01-15。

李家慶說：「參與並擔任律師公會之工作與職務，是一項很有意義之公益工作，要感謝理律給我這個學習及服務的機會，理律除了對於臺灣之經濟發展有重大之貢獻外，對於臺灣律師界及司法界的進步，也付出很大的心力。」

除了積極參與律師公會外，不管在專利師公會、中華民國仲裁協會等團體，理律也長期參與。

蔣大中自二〇一三年起擔任專利師公會理事長，努力的推動專利師法的修正與制度建立、專利侵權訴訟環境的改善與提升。另，李念祖、李家慶及林瑤三人長期投入中華民國仲裁協會；李念祖擔任理事長期間，積極推動臺灣仲裁界參與國際仲裁會議。

紅心字會——受刑人家屬與更生保護

創立於一九三一年但一度停止運作，並於一九八八年復會的紅心字會，長期獻力於扶助受刑人及其家屬。該會創會人李玉階先生為知名導演李行先生的父親，也是李光燾先生的伯父。復會後由李光燾協助申請立案，嗣後理律即不斷協助從事「受刑人家屬服務」及提供受刑人子女獎學金，並參與「更生保護工作」，協助受刑人提前在服刑期間就做好重返社會的準備。

愛心志工群與急難救助

自一九九七年起，由理律同仁陳宗哲、徐秀惠發起成立理律愛心志工群，理律每年提撥一定金額做為愛心專款支持。在新帝事件後的理律組織改造中，陳長文呼籲讓理律參與公益的傳統能夠制度性地永續，因此，理律全體合夥人在合夥契約中承諾每年提撥一定比例的預算，鼓勵同仁從事公益。這項作法，或許是國內律師事務所的創舉。

「願將上蒼賜予的厚澤，分享給需要的人」是理律愛心志工群的理念，由李光燾擔任社長，不定期推動各項關懷社會的活動。愛心志工成員，包括三十餘位志工同仁，而且還設有執行長、企劃組、活動組、文宣組及公關組各項工作，全所同仁不時會收到愛心志工的活動消息。「參與志工群的活動，讓我們更能體會施比受更有福的真諦。」參與多年的林瑤律師說。

志工雍桂芳律師以親身例子說明參與公益的善循環，「回憶起父親往生前兩年因中風臥病在床，每月定期回診或臨時就醫，交通工具讓一家人很頭痛。剛開始乘坐汽車，都要將爸爸抱上抱下。抱的人氣喘吁吁不說，被抱的人更是不舒服。爸爸後來無法說話，連哪裡不舒服都有苦說不出。」後來當知道有復康巴士可以申請租用時，對家人簡直猶如久旱逢甘霖！她的父親坐在輪椅上，輕鬆上下復康巴士，眼中不再有惶恐不安，也因此有機會出外走走，讓一家人由衷感謝捐贈復康巴士的善心人士，心中善念同時被激起，也想盡一己之力來付出行善。「後來，每當我在街頭遇到復康巴士駛過，每每總會想到曾經在復康巴士上與爸爸相處的時光，雖然短暫卻是心中最珍貴的回憶。沒想到有天居然看到我們事務所捐贈的復康巴士，當下感動激動不已，期盼搭上這部及所有復康巴士的人都能圓滿。」

曾季嫻回憶一次探訪某社福機構，經過新增建的廁所時，機構人員告訴理律志工，這是用理律捐助的善款做的，小朋友們很高興，紛紛說，好好喔，以後不論天黑了或刮風下雨都可安心的來上廁所了。「這是我印象中最深刻的一件事，這對絕大多數人是生活中一件簡單的事，但對社福單位的小朋友們，在天黑了或天氣不好時，卻會讓孩子因此遲疑、忍著不敢去。」

在近二十年過程裡，理律愛心志工的腳跨足全臺灣許多偏遠的部落。理律五十週年時，理律志工決定以公益回饋來慶祝，因此發起募款活動，參與捐款的同仁人數及募得善款（逾五百七十萬元）都創下歷年新高，這筆善款捐贈了八輛愛心車、認養一處兒童關懷站，使滿載理律同仁愛心的車輛，能安全無阻地乘載偏遠地區的孩童與朋友們暢行各處。

愛心志工執行長賴曉瑛說：「多年來，非常感謝理律同仁始終如一的熱情支持並參與愛心志工所發起的各項活動，能夠為社會貢獻棉薄，讓有需要的群體得到更好更及時的幫助，我們充滿無限感恩，而身為理律大家庭的一員，我們感到無比的驕傲與榮耀！」

此外，理律每年也提撥一定的急難救助預算，及時提供社會上有需要的個人與社福團體。當同仁發現需要濟助的個案，就轉介給志工群協助。「在拜訪社福單位的過程中，不只一次聽到社福單位人員說，從事社會慈善事業很奇妙，當社福單位有困難時，就會有善緣的來到、舒解困頓。我想這就是愛的聯繫吧，以愛為網，串連起無數的良善美緣。」曹明中說。

理律愛心志工，也是臺灣社會愛心的一個側影。「二〇一一年日本東北海嘯大地震，許多人喪失身家性命。在震後一個多禮拜，不只在理律，連搭計程車、上餐廳、去醫院、走到任何地方，都有許多不認識的人給予溫暖的言語關懷。理律同事也發起募捐，身為日本人，衷心感激大家的愛心！」理律志工田渕英子說。

理律與扶輪社

說起理律與扶輪社之淵源，理律創辦人之一的李澤民律師早在一九五六年即擔任國際扶輪臺灣、香港、九龍、澳門等地區之行政顧問（相當於現在的地區總監），而在高雄執業之蔡東賢律師也在二〇一四年至二〇一五年擔任國際扶輪3510地區之地區總監。

扶輪是一個由全球有服務理念的有職業、有事業的個人所組成的世界網絡，把對人的關心及愛心轉化為服務，來改變社區，促進世界的和平、親善及友誼。

不少理律人成為扶輪人，並結合扶輪的力量來關懷、服務周遭的人們，尋求更卓越、更美好的生命樂章。

「愛是充實了的生命，一如盛滿了酒的酒杯。」陳長文引了印度詩人泰戈爾的詩句，為理律的關懷志業下了注腳。陳長文說，理律並不以自己獻身公益為「傲」，而是以一種施比受更有福的心情，感謝社會、感謝臺灣，讓理律行有餘力，得以努力的參與公益。

「這點點滴滴的公益關懷，充實了理律、豐富了理律！」陳長文說。

蔡東賢 南部辦公室 合夥人

以真心去關懷，以服務採取行動，因關懷、服務改變生命而卓越。人生不是生來的，是修來的；成功不是算來的，是善來的。人不是生來就如此，也不永遠就這樣子，是一連串的關懷和服務，才造就卓越的理律。也因為行善，才有源源不絕的生命力，廣結善緣，得道多助，共譜和諧、卓越的人生。

林志育 南部辦公室 顧問

理律五十週年慶，律法專業根基深，
五秩永續重傳承，十百菁英同戮力，
服務品質獲首肯，務實創新優團隊，
關心社會繫福祉，懷愛公益獻心智，
卓超領先廣推崇，越邁開展新五十。

46 善因善果——與時代一起成長

一九七三年，甫從哈佛大學取得法學博士，在政治大學與東吳大學任教的陳長文，加入了理律，當年陳長文二十九歲。一九八二年，王重石猝逝，三十八歲的陳長文接下了理律的主持律師，和徐小波、李光燾三人形成鐵三角，一起帶領理律法律事務所。

除了在海外求學期間，曾在美國紐約華爾街一家海商事務所打工兩個月，主業務是「跑腿小弟」外，在進入理律前，陳長文完全沒有法律實務的經驗。

「真的是跑腿小弟哦！就是把訴狀送到幾條街外的聯邦法院，而我主管告訴我，送一趟可以報銷坐地鐵的車票費，如果是走路的話，仍可報銷用來買熱狗或冰淇淋！」陳長文說。

取得博士學位返國執教的陳長文當時想，教學是理論，執業是實務，理論與實務相印證、相堆積，可以讓自己的法律思維更豐富周延，以收教學相長之效，於是動了到事務所執業的念頭。陳長文把他的想法，告訴了當時已在理律服務的兩位學長，徐小波與李光燾，在兩人的引薦下，陳長文加入了理律。

問起陳長文第一次進到理律的印象，陳長文笑著說：「一進理律就看到美麗大方的總機兼接待小姐。」他停頓了一下，接著強調：「到退休仍漂亮！」還有人曾開玩笑地對陳長文說：「你知道為什麼很多客戶喜歡來理律的原因了吧！」

「這真是世界上最棒的發明！」

另一件讓陳長文記憶猶新的是「中打小姐」。「那時理律的三十多位同仁中，打字小姐可能就占了五到七位。」陳長文對中打小姐「神乎其技」的打字功夫印象極深。那時的打字有點像活字印刷，要先抓字去「排版」，很特別，也很麻煩。後來IBM發展出新型英文打字機，只要操作一個球就可以打字。「帥呆了！」陳長文這樣形容這臺打字機。

有趣的是，這樣的深刻印象不只是陳長文有，在訪談過程中，許多受訪者都「不約而同」提到了「打字」這一部分的「理律記憶」。

一九七九進入理律的李念祖，先是在銀行部，接觸最多的是「銀行貸款合約」。當時還沒有「電動打字機」，「做貸款合約，合約很厚幾十頁；一輪談判之後，改得面目全非，要重新打字，用『手動打字機』打，還要校稿。錯了用橡皮擦改，但『一張紙不能錯三個字』，因為只要錯三個字以上，看起來會面目全非，理律的品質要求高，只有重打一遍。重打一次，就又可能再打錯字，就必須重新校對，錯了，再重打，因此一天到晚都在做校對工作。」李念祖回憶說。

當時，李念祖只要一聽到要談判、交涉，就知道「當天晚上不用睡覺」了，因為談判後手稿一大堆，要打字、要校對。遇到大案件一定得找人支援，大家一天到晚都在埋頭「校對」。每次談判，都要請打字的秘書小姐留下來，秘書臉色通常都不太好，因為一留下來就過午夜，真的很辛苦。

要找打字小姐幫忙，當然要選打得最好、最快的。事務所有一位打字高手，喜歡吃蘇打餅乾，李念祖下班都會買來請她吃。「這樣子蘇打餅乾小姐幫我打字時，臉上會有比較多的笑容！」

後來理律買了一部IBM電動打字機，全事務所都視為「鎮所之寶」，因為，上面有個球可以自動蓋過錯字。「我當時覺得，這真是世界上最棒的發明！」

李念祖說，早期被手動打字機折騰了許多年，但這樣的「磨功」，卻也磨出了一些特別的能力。現在很多年輕律師常問李念祖：「為什麼你都能一下子找到錯字，好像錯字自己跳出來一樣？」李念祖說，這都是被打字機磨出來的。

當時的理律位在南京東路二段一五〇號七樓，南京東路是辦公大樓雲集的商辦中心，有很多外商銀行座落於此。「那時候事務所大約三十多人，但麻雀雖小，五臟俱全！套句今天的話，一進去就給人一種『小確幸』的感覺。」陳長文說。他還記得，他雖然是第一次進到理律，但卻一點都不陌生。這種「家」的感覺，奇妙的讓陳長文和理律結下一輩子的緣分。

從雙李一九六五年創辦時二十餘人，到李潮年一九七三年交棒時五十餘人、王重石一九八二年交棒給陳長文時，員工數已突破一百人。一九八九年逾兩百人、一九九五年逾三百人、一九九八年逾四百人、二〇〇一年逾五百人、二〇〇六年逾六百人、二〇一三年已逾七百人。在大陸隨著經濟發展、許多大型法律事務所整併、崛起之前，理律一度是華人世界規模最大的法律事務所。李永芬說：「理律的規模是伴隨臺灣的經濟法治發展、客戶業務、同仁的成長學習，一針一線交織出來的。」

今昔環境的對照

談起一九八〇年代前後的理律工作環境，陳長文說，那時臺灣是一個非常重視發展工商、吸引外資、僑資的年代。國家領導人與經濟首長，不管是蔣經國、俞國華、李國鼎、孫運璿、趙耀東或李達海，都是秉持著發展經濟為核心的治國思維。

「剛進理律時，我還沒有律師資格，到了一九七五年才取得律師資格，但那時的理律，把重心放在非訟、涉外的法律工作上，訴訟業務反而多半複委託外部熟悉的律師辦理。」陳長文說。

當時臺灣考取律師極為不易，以陳長文加入理律的一九七三年為例，當年的律師錄取人數為十人，在一九七〇年代之前，臺灣律師考試的錄取人數更多半保持在個位數。要代理客戶上法院打官司，必須擁有律師資格，在當時擁有律師執照的人數並不多。

理律的傳統一直是把服務重心放在非訟方面。此外，專心於外人投資、知識產權等非訟業務，工作有挑戰性、接的案件常常都有先驅的指標性，「有一種和時代一起成長的感覺。」陳長文說。

和現在的時代不同，當時的行政官員比較有肩膀、願意負決策責任，腦袋裡想的都是如何幫國家引進資源，發展經濟以厚植國力。「和這一群有遠見的政府官員打交道，為國家做事，很有成就感！」陳長文說。但陳長文不忘補充今昔的環境畢竟不同。「媒體、國會、在野黨……現在的臺灣比較強調制衡，政府的效率與效能並非最優先的思考，行政官員的決策空間，遠遠不及那個年代，所以也不能全怪官員沒肩膀！」

談述至此，陳長文也語帶憂心地說，這是臺灣面臨的另一種挑戰。就像是跳蚤理論裡那隻被透明杯蓋蓋住的跳蚤，久而久之，失去了跳躍的鬥志。部會首長、政府文官，手腳綁久了，視野擋久了，漸漸失去了行動力，也失去了遠見。這也是臺灣今天方方面面困境形成的背景因素之一。

幾乎可以這麼說，在一九八〇年代之前，「當時的同仁都相信，在理律工作，只要我們願意付出一百分的努力，就保證有一百分的收穫。所以，不用想太多複雜的事，就是努力、努力、再努力，是一個相對比較沒有挫折感的時代。」陳長文說。特別是理律的專業極受肯定，除了獲得客戶的高度評價外，也經常成為政府官員諮詢與求助的對象。這些都讓理律人覺得「學以致用，對國家有貢獻」。「總而言之，是一個非常有『建設性』的工作。」陳長文說。

然而，專注非訟、不太接訴訟業務的傳統，後來也出現改變。理律在一九七八年開始設立「訴訟組」；訴訟成為重要部門之一，則是在一九九一年。這中間有幾個原因，一則是律師錄取人數放寬，律師執照不像以前這麼難取得，以一九九一年理律成立訴訟部為例，當年律師錄取人數是三百六十三人，足足是陳長文一九七三年進入理律時的三十六倍；二則是，法律服務需要的整合性功能變得更重要，客戶在非訟的業務端委託理律後，當然希望遇有訴訟業務，理律也可以一併處理。

財務踏實的回報

另一方面，理律正派經營的形象，也深受社會所信賴。這中間還有個特別的故事。一九八四到八六年，陳長文連續三年獲頒全國優良納稅人獎，其中一九八五年還拿到第二名，名次還排在王永慶與王永在先生前面。陳長文是唯一一位以專門執業者（如律師、醫師、會計師、建築師）入榜的人，其餘的全是企業家。

當時獲獎的前十名，由前行政院長俞國華親自頒贈金質的獎牌。政府對此非常慎重，還擬定了排名的三大原則：（一）根據納稅人繳納稅額的多寡，依順序加以排列（二）納稅人在最近三年內，沒有逃漏稅、欠稅紀錄者（三）納稅人有捐贈，且為捐贈政府的部分，視為直接對國家貢獻，因此依最高國際稅率換算加入稅額中[1]。

對於這個「榮譽」，陳長文笑著說，公布名次後，就有企業界友人開玩笑地告訴他：「你們應該把會計主任開除。帳沒『作』好，才會報這麼多。」

就這項揶揄，從宏觀看，以製造業居多的納稅排行榜中，理律做為以投入時間、專業能力的專業服務業，能夠在排行榜占一席之地，某種程度上也凸顯了當年法律業務的能量。從微觀看，一方面是理律財務誠實申報，另一方面也反映早年律師執照考試的錄取名額非常少，全事務所上百位同仁中，律師實在不多、多位資深前輩也都剛退休，因此數十位法律專業同仁的法律服務費用收入，就加總歸屬在主持律師陳長文名下。申報的收入集中一人名下的結果，繳納的稅額相形下就很可觀。

「上了榜，我又不能對大家說，事實上我個人的收入遠不如得獎的企業大老們那麼多。」陳長文笑道。待臺灣解嚴後律師考試錄取名額逐漸增加，今天理律已有數十名合夥人，當年這特殊情況也不復重現。

張良吉回憶了這一段歷史說：「還有人打電話來理律，說要幫理律規劃節稅。沒有想到律師這麼好康！」

「以前理律收的費用，大多是國外的『美金支票』，理律事務所最笨，這些支票去

1 「優良納稅排行榜 仍是製造業天下 黃世惠蟬聯榜首 陳長文躍升第二」，聯合報，1985-12-20。

外面銀樓可以換更多，還查不到收入來源（地下金融）。」張良吉描述當年的時代背景後，半帶玩笑地向前會計主任張六說：「妳很可惡，每筆都掛帳、報稅。不過我很為理律的誠實而感動，縱使很多人都在做的事情，我們不做，因此數據看起來我們收入很高。」

談到這段往事，一位理律資深同仁曾提到，有一次搭計程車，司機聽到她要到理律所在的台塑大樓，還對她說：「裡面有個律師錢賺的比王永慶多。」李家慶則笑稱：「也許是因為這樣子，後來大學聯考，法律系變成了第一志願[2]。」

後來因為有人被綁架，政府就不再公布優良納稅人排行榜；在今天，個人資料隱私保護的觀念出現，公布納稅排行榜的做法，就更不可能存在了。

然而，也是因為理律財務上誠實、未雨綢繆的傳統，後來幫理律渡過了一個極大的難關。二〇〇三年，理律發生新帝事件。張六得知時，本以為金額大約新臺幣兩、三億元，等看到報紙登出是三十億時，嚇了一大跳。

到辦公室後，陳長文就找張六談，開口就問：「有關償還客戶損失的財務規劃如何？有什麼建議？」張六答道：「首先，我們該籌集賠償金額的預付款，其次要努力執行業務，確保以後幾年內有能力分期付款償付客戶的餘款。」

接著，陳長文請張六試算數字給他看。以前陳長文每年每月看財務報表，都沒問過什麼；但這次不斷跟張六反覆推敲要數據，要確認每一個財務補救的環結。

「我們面對的問題，就是如何去面對這空前的挑戰。這挑戰對當時已成立三十八年的理律來講，是致命危機？還是提升轉機？理律若不接受這挑戰，那就關門；若感到不甘心、決定承擔，我們就有信心去做到。」陳長文回憶。

幸好，理律有一筆責任預備金。一九七四年進入理律、已退休的張六說：「理律合夥人對責任的高度承擔，讓我很感動。所有律師會計師事務所，年度算完帳完稅後，大家把錢都分光[3]。但陳長文、徐小波、李光燾三位，主動提出將個人的一部分分紅做為責任周轉預備金。後來知道勤業會計事務所也強制要求全體大小合夥人，依照比例提列。」當年的未雨綢繆，有助於度過新帝事件的危機，因為理律能先賠付部分現金，負責的誠意態度獲得了新帝的信任。

而讓理律能度過新帝事件最嚴寒的時局，很大關鍵在理律同仁的向心力、對組織的

2 「臺大法律法學組，在一九九一年首登大學聯考第一志願，超越臺大國貿系」，聯合報，1991-08-05。

3 因為採「合夥制」，年度盈虧每年結算歸零。

認同感，一部分也有賴和諧勞資關係所累積的深厚基石。

人的資產，理律永續發展的不二路徑

二〇一五年二月六日，三十三位退休同仁與家屬，出席了理律五十年的尾牙宴。在掌聲中，李光燾幽默地一一介紹每位退休同仁，不只名字，還有家庭的近況、趣事，讓在座近八百位理律人呵呵大笑。陳長文則感性的提醒同仁，珍惜家人、注意身體健康。

五十年來，有超過三千人曾任職理律，理律每年尾牙幾乎都邀請退休同仁參與。「理律人是很溫暖的，不過近年同仁人數愈來愈多，情感互動較不如以往熱絡。我希望理律的溫暖文化，能延續下去。」李光燾說。

人的資產。這是理律給我的強烈感受之一。

二〇一五年一月七日，理律為了協助我撰寫這本書，邀請近二十位退休同仁出席這場交流，幫助我在理律五十年的龐大記憶拼圖中，理出較清晰的線索與輪廓。

一九七一年一月，來自屏東的二十四歲女孩黎雪梅，畢業前夕翻著找報紙求職，郵寄履歷到「臺北郵政信箱六一九號」應徵，接獲通知的她搭車北上，來到臺北車站附近，位於許昌街九樓的理律法律事務所面試。

「我想辦公室在這麼高，很棒，因為那是我第一次搭電梯。一進去看到堆了很多綠色卷宗，覺得這機構業務很棒。幸運考上後，我從英文打字轉向管理檔案，當時沒電腦，都憑腦子記，很多事我都記到現在、深入心裡；事務所從二十多人到幾百人，檔案成長快速，我非常謝謝理律讓我有好記憶。而且老闆待員工很好，常關心員工家庭，同仁也很好，讓我心存感恩。」二〇〇六年以知識管理部檔卷組長退休的黎雪梅說。

「很難得會有一家公司能記得離職三十四年的員工。朋友都很羨慕我能在這家事務所做事。」一九六八年加入理律，曾先後擔任李澤民、徐小波的秘書，退休後現居美國的孫淑德，請魯肇嵐轉達對理律的謝意，她離開三十四年了，每年還收到理律桌曆，以及李光燾的特別祝福。

理律和諧的勞資關係與對員工權益的保障，讓我印象深刻。這種體恤員工，將員工視為家人的用心，當然也反映在理律的制度上。

二〇一四年四月，行政院勞委會宣布，《勞動基準法》擴大適用到律師。在此之前，律師事務所適用《勞基法》的只有「非律師人員」；《勞基法》在一九九八年擴張適用範圍納入包括護理、金融、法律、會計等臺灣大多數行業，但醫師、律師、會計師等仍排除在外。但當時的理律合夥人認為，既然受雇同仁都適用，近五十位「受雇律師」也應比照，比法律規定提前十六年。二〇一二年起，理律也設置勞資會議，定期會商員工勞動權益。

「理律的退休退職制度，也比法律制度更早保障員工權益。政府一九七九年發佈《營利事業設置職工退休基金保管運用及分配辦法》，但尚未規範到律師及會計師事務所（執行業務者）。理律擬訂員工退休退職辦法，隔年即向主管機關申請比照辦理獲准。當時大概其他事務所都沒有，理律應是首例，若理律沒永續觀念，是不會成立此基金的。」前會計主任張六回憶說。理律每年、每月都提撥，還不定期委外精算「提撥額責任」。無論任何時候，有多少人要退休、離職，都不擔心拿不到退休金或退職金。當時也籌組退休退職金管理監督委員會，由同仁票選委員管理。

除了勞動權益的保障外，理律從一九八〇年代初就有〈員工購屋貸款辦法〉，每年提供定額員工「無息貸款」，讓初出社會、沒有儲蓄的同仁能安居，已購屋尚有貸款餘額的同仁也可申請。這項福利在新帝事件後一度暫停，但近年不僅已恢復，也考量房市變動提高貸款額、延長免息攤還年限。

一位行政同仁說，理律常比員工更早想到權益。我看到的是，投資「人」這份資產，是理律永續發展所選擇的不二路徑。

林雅君

金融暨資本市場部　資深顧問

我們期許提供經驗，創造更臻善的法律環境，並扮演客戶和主管機關的溝通橋梁，讓臺灣客戶走向國際，外國客戶走進臺灣。我們經歷了經濟奇蹟、金融風暴、和兩岸關係改變，期許在市場脈動裡，繼續扮演拓荒者、領頭羊和溝通者角色！

游志煌

金融暨資本市場部　初級合夥人

佇立臺北國門松山機場旁，林蔭大道敦化北路上，數十年來理律參與見證了國內法的進程、國外法的融入；理律有過成功，有過挫折，能夠見證這顆歷創的珍珠再次發光發亮，走過第一個璀璨的五十年，是身為理律人的驕傲，也是使命，向下個五十年邁進。

47 新帝事件——三十億的一堂課

表面上，理律似乎已從二〇〇三年「新帝事件」的陰霾裡昂首走出；事實上，「新帝事件」引發的箇中三昧，對所有的理律人而言，產生了許多深刻的體認、慘痛的教訓以及成長的養分，每一件都是值得被大家鐫刻於心，永誌難忘的共同記憶。

——**陳長文採訪回憶，二〇一五年七月二十一日。**

二〇〇三年十月十三日，理律事務所一如往常，同仁們都在忙著處理自己的工作。由於新帝公司委託的股票代理案合約即將期滿，按照工作行事曆來看，這案子是最優先需要處理的，於是跟劉偉杰交接業務的同仁開始查核文件。結果一查發現事態嚴重，受託保管的客戶股票不翼而飛，劉偉杰盜賣股票的新臺幣三十億元進帳也被一一轉出。一個無法置信的事實宛如一顆原子彈，結結實實地在敦化北路理律的辦公大樓裡迸裂，引發一聲轟然巨響……

股票盜賣，引發風暴

二〇〇三年十月十四日深夜，整個臺北盆地才剛入睡，理律律師宋耀明前往臺北地檢署遞狀。

臺北地檢署受理後立刻展開調查。十五日一早分案，由專案檢察官郭永發指揮調查局臺北市調處幹員，分頭執行搜索、拘提、凍結帳戶、勾稽資金、調閱通聯紀錄、約談、傳喚、查訪等偵蒐行動，兵分多路清查劉偉杰遺留下來的相關線索，七十二小時內對劉發布通緝，同時追查整個股票盜賣過程及洗錢路徑。

理律也運用各種途徑，動員所有同仁與資源，試圖攔截劉偉杰與三十億元贓款。派遣律師赴香港報案，向香港法院聲請假扣押劉在香港的犯罪帳戶。

然而，即便在全面動員下，仍慢了一步，劉遭凍結的七個可疑帳戶的餘款，早在八、九月時就密集以現金提領方式已提光，全部餘額僅剩一百二十一元，幾乎空無一文。「嗯！我想，我不會阿Q到告訴妳，我們的同仁盜賣客戶市價三十多億元的股票對理律來說不痛不癢。」陳長文在新帝事件發生後接受《天下雜誌》專訪時，如此表示。

新帝公司（SanDisk）得知股票被盜賣後，火速要求理律展開協商並賠償損失。理律面對突如其來的變局，對於協商對策的設定與拿捏，也曾舉棋不定，陷入兩難局面。

在當時的情勢下，理律的後續處理只有兩個選擇，一是「結束營業」，二是「永續經營」。但是理律的管理階層很清楚，無論選擇哪條路，理律都將付出巨大的代價。

在與新帝公司展開協商之前，理律早已舉行多次內部會議，其間不是沒有考慮過「關門」這個選項，因為史無前例的盜賣金額實在過於龐大。「說起來，關門可能是損失最小的方式，但卻是最鴕鳥的方式。新帝事件發生時，理律成立已超過三十五年，就因為一個人、一件事，三十五年的努力盡作煙塵，我們不甘心，也無法接受。」陳長文回想當時的心情，心中已有一份篤定——不管情況再艱難，一定要讓理律從這次的挫折中浴火重生，重新站起來。

理律人將自己的青春跟最美好的歲月，全數投注在這間事務所裡，怎麼能如此輕易地讓理律化作煙塵，讓前人的努力與耕耘盡付流水？想到這裡，接下來要做什麼，答案就很清楚了——那就是繼續經營下去，一肩扛起所有賠償責任。然而，這決心說易行難，因為這個選擇意謂著理律得面對那天文數字的高牆：新臺幣三十億元賠款。

「是理律同仁造成新帝公司的損失，於情於理，我們都該負責到底。這也是我們對客戶的一份責任。」陳長文說道。

只是，理律有「繼續堅持、走下去」的主觀意願，在客觀現實上，理律是否挺得過這一波劇烈的風暴，還有待觀察。至少在新帝事件剛引爆時，仍是充滿變數、危機四伏，尚有無數荊棘橫擋在理律面前。

困難的交集

起初，新帝公司要求理律「立即」賠償「全部」金額，但對理律而言，確實做不到，這幾乎形同「宣告關門」。所以在協商初期，雙方的立場與目標差異，想要取得交集相當困難。

但從某個角度觀察，理律與新帝之間的協商，其實是一場「受害者」與「受害者」

的對話。透過劉偉杰所引發的金融犯罪案件，新帝公司和理律已經形成一個命運共同體，新帝公司如果想獲得賠償，將損失控制到最小範圍，那麼前提必須是「讓理律有繼續生存的能力」。

針對這特殊狀況，陳長文擬定幾項談話方針：「第一是要認清形勢；第二是要能耐受壓力；第三是要確定自己的能力限度，不做超越能力的承諾；第四，要掌握時間，要繼續維持住客戶的信心；第五，要知道自己的價值，對自己有信心。」

理律的團隊掌握這些原則，在協商桌上盡力斡旋，終於讓新帝的代表理解，理律繼續存在的價值才是該公司最大的利益。尋找雙方都能接受的理賠方式，才讓一度瀕臨破局的對話持續進行。

如果這案件發生在歐美的法律事務所，最頭痛的恐怕會是保險公司，因為律師普遍有責任保險；臺灣的情況較特殊，律師事務所的「連帶無限責任」尚無保險公司敢完全承保。

一般而言，在西方法律服務產業裡，規模比理律大、盈餘比理律還要多的事務所比比皆是，但只要他們碰到類似的狀況——甚至賠償金額比新帝事件還低——其選擇很可能就是宣告破產、結束營業。更別提歐美事務所只有「有限責任」，還有保險公司的理賠做為後盾。

理律若選擇走向破產、關門，充其量只是「利益衡量」後的自然結果，但理律還是決定走一條艱難的路。「律師事務所如果遇到困難就放棄理想，我想那是另外一種事務所，卻絕不是理律。」陳長文語氣淡然，「或者，我們慎之戒之，時時警惕檢視自己不能變成那樣。何況，我們對理律的客戶、同仁，都有一份濃重的情感與責任。」陳長文說。

「宣告破產」，對理律當然是一個選擇。但是對於理律當時的五百位員工，以及背後的五百個家庭來說，那一刀切的背後，過去共同的記憶，一起併肩走過的路，也就付諸流水。

客戶的信任與支持

「理律能否撐得下去？」當新帝事件見報後，面對客戶的來信詢問，理律都毫無保留地提供事件公開資訊，並向客戶表明負責到底的決定。雖然有些客戶感到懷疑，但也有許多客戶堅信理律能度過風暴，表示雙方合作關係不會受影響，甚至主動伸出援手。

這反映出一個明顯原因——客戶不想失去理律。理律長期堅持的專業與誠信，在陷入最嚴寒之際，有了溫暖的回報。

「理律和客戶間都是長期關係。事件發生後，很多客戶提供非常多協助，甚至預付倍數的款項，主動幫助理律度過難關。」陳長文說。

不過，部分客戶會有疑慮，也屬人之常情。那麼，理律是怎麼重建客戶的信心呢？從一個小插曲，或可見端倪。

二〇〇三年十月十七日，王懿融接到美國某事務所合夥律師的電子郵件，大意是：「我們當天上午在美國報紙上看到這消息，在見報的前一天，我們（美國事務所）原已決定委託理律處理一家重要客戶的臺灣及中國專利案件，但，卻在決定做出的第二天獲悉新帝事件……。我們必須確保客戶透過理律處理案件的安全性，請告訴我們妳未來的計畫。」

這位美國事務所的合夥律師持續表達，該所其他合夥人已決定將原委託理律的全部案件都轉由其他事務所處理。他還進一步詢問王懿融：「如果妳將加入其他事務所，我們仍會將所有目前委託理律處理的案件，全部轉由妳未來的新事務所處理。」

當王懿融表明不會離開理律，將與理律同仁一起面對問題，這位美國律師說：「即便我們欽佩妳的決定，根據 Arthur Andersen、Lyon & Lyon 及 Brobeck 事務所的經驗，我們認為理律無法解決涉及一億美元的問題。」

欣慰的是，經多次溝通後，這家美國事務所看到了理律的負責態度、與新帝的和解過程，最後，美國事務所決定繼續與理律合作，甚至較以往更為頻繁。

外界雪中送炭的情義相挺，讓理律有信心面對新帝事件。然而，度過危機的最大支撐力量，是來自內部同仁。

「有許多同仁主動跟我們說，『我們待遇不錯，現在事務所碰到困難，我們願意減薪共度難關』、『我在理律工作數十年，有些積蓄願意無息借給事務所。』這是一種休戚與共的感覺。坦白說，風險發生導致營運狀況不佳，承受財物損失的人應該是業主。員工拿薪水，景氣好和景氣不好都是拿薪水，只有合夥人才要概括承受經營的風險。但是理律的同事不會因為自己只是員工就置身度外，我在那個時刻深深感受到，我們堅持讓理律存續，是有特別的意義跟珍貴的價值。」李念祖對同仁在理律困難時，願意站出來全力相挺，非常感動，也更體認到了理律存在的責任。

Partnership的真義

「我終於知道英文partnership後面『ship』的意義。同舟共濟——We swim or sink

together。這是美國最高法院講過的一句話。意思是說美國的各州不能以鄰為壑、獨善其身。但是我必須說，每條ship都有沉沒的可能，新帝事件可以傾覆我們這條小舟，卻也能乘載我們往更遠的方向前進。今天碰到這個大浪，會督促我們思考，碰到下個浪頭該怎麼做才能安穩度過；可能這艘船需要整頓修繕，重新檢視結構、自我調整體質、制定新的航線。這是一個讓理律更堅強的大好時機，而當時理律三位領導人就是ship的領航者，他們的願景與以身作則，在這關鍵性時刻發揮重要作用。」李念祖說。

李念祖認為，歷史悠久的理律是一個有共同理想的團體，透過新帝事件，理律希望證明自己能夠歷經試煉。「講實在話，我們在國際上看到許多比理律更有經濟條件，規模更大、歷史更久的國際性事務所，碰到幾筆賠償案，金額縱然沒有新帝案這麼龐大，但棄船或是拆夥的例子很多。像理律這樣的例子，我真的從未聽過第二個。」

因為理律有不遜於任何同業的優良傳統與事業文化，理律人當時堅信劉案的衝擊在兩、三年內會完全消除，經過重大顛簸的理律，一定會更為茁壯。新帝事件衝擊了理律老中青各個世代的想法，產生出不少組織上的化學反應與人事的新陳代謝，卻也淬煉出新一代的理律人對於這間事務所的革命情感。

黃章典

專利暨科技部　合夥人

理律經半世紀發展、粹煉、歷久而彌堅。理律如高鐵列車，在年久失修的臺鐵級合夥法制設施中安穩馳騁，仰賴的是集體的智慧、專業團隊的努力及風雨同舟的凝聚力。理性的營運策略、感性的義理、溫暖的人情，理律在承續榮耀的傳統中，與時俱進。

廖念勤

商標著作權部　顧問

原本，理律人個個英姿勃發，羽扇綸巾，聰明驕傲的臉龐寫著一抹天真。三十八歲，巨浪襲來，風雨飄渺中，理律人爆發出驚人的韌性與智慧，變得成熟厚實，步步走在「關懷、服務、卓越」道路上。五十歲，不屈不撓愈挫愈勇，理律堅持如黑夜裡的北極星，指引了法律世界中永恆的真理和方向。

48 苦戰將軍——存亡之秋不忘社會責任

曾有人以「陷入苦戰的將軍」，形容帶領理律在第一線應對撲天狂浪的陳長文。新帝事件仿如電影情節，各報紛紛以顯著的篇幅報導——〈SanDisk所持市值一億美元聯電股票在臺遭盜賣〉、〈理律律師事務所員工監守自盜三十億〉。外界一方面訝異臺灣首屈一指的事務所發生了規模最大的內部風紀事件，另一方面也在觀察，理律能不能夠承擔這一次的衝擊。

從新帝公司的角度來看，上市公司遭遇這樣的突發事件，無論是商譽、客戶信心、市場反應，乃至內部股東的意見紛湧而至，經營者承受的壓力可想而知。

李永芬回想當時的場景，她說：「這是理律從未想像過的大危機，我跟陳先生講，你以前幫政府處理大危機，以客觀冷靜的態度，終能達成使命，贏得國際人士的讚佩。

現在就把它當成客戶的案件來處理，把自己的利害抽離，一定能帶領大家找到解決途徑。」

陳長文很清楚，在尚未展開的協商過程中，討論重點必然涉及賠償金額，自己有必要進一步去了解新帝的損失包含哪些層面，於是在理律專案小組成軍之後，立刻專程飛往美國拜會新帝公司說明案情。當然陳長文並非空手前往，而是帶著一個賠償數字的雛形與最大的誠意，想跟新帝公司更進一步商談。接下來，雙方協商人員透過電話會議，無視時差影響，密集地洽談一個多禮拜。

唯一的選擇——成功

「只要想到理律過去的傳承與歷史，那一路走來的深刻感情，我們沒有選擇，我們唯一的選擇就是成功。」陳長文說。

目前我國的律師事務所，依規定不得以「公司型態」存在，一律負「無限責任」，經營模式若不是獨資、合署辦公，就是「合夥經營」。這個規定與「有限責任」公司的差別在於，合夥人對於事務所債務負有「無限責任」，事務所任何一位員工發生過失，全體合夥人都需連帶負責到底。

面對新帝提出的天文數字賠償金額，理律的存續或瓦解僅在一念之間。最關鍵的第一個問題是：理律有多少錢能賠？

如果理律的資金無虞，那答案很簡單，只要拿出計算機加加減減一番，該賠多少就賠多少，結局皆大歡喜。當然，這是不存在的假設前提。所以理律的管理階層請財務單位人員詳細精算，將理律積攢的盈餘、合夥人的私人資產，一筆一筆詳列出來，打算「傾家蕩產」來賠償。

理律計算出初步的數字，摸清自身償還能力之後，另一問題立即浮現：理律不可能一次全部償還。在劣勢之下，陳長文必須爭取「資源」。於是理律調出全部資料，仔細檢閱是否尚有協商中能運用的籌碼，只要妥善使用這些有形無形的資料，應該能替理律爭取緩衝空間。

在自身資源、協商對策有了通盤考量後，下一個問題又浮上檯面。

親自協商的誠意

理律的律師向來都是以「受託者立場」替當事人協商，當理律在新帝案中變成「當事人」，是否需要向外尋求其他事務所來幫理律處理？理律在擬定談判對策的過程中確實考慮過這一點，最後仍決定自己處理，一來是理律對案情掌握最清楚，二來自己出面，可讓新帝感受到理律的誠意。

「在新帝的這件事上，很明顯是我們錯了。問題就是你要不要坦誠而已。」陳長文語重心長地說，「當我成為業主，請另外一組人馬代表我出面去談，除非特別叮囑協商代表，要展現出最大誠意、千萬不能搞小技巧，否則結果往往是得不償失，『奇摩子』很容易被搞壞。雖然結果可能是成功的，但是雙方的心中產生芥蒂，日後關係也不可能融洽。更重要的是，理律必須承擔這個後果，而非協商代表。」

陳長文預設的協商目標是「讓理律繼續存續下去」，至於存活下來之後能否繼續在業界發光發熱，「當時恐怕沒有機會去想。過去幾十年來，對一路攀向巔峰的理律來說，只有『如何發展得更好』的問題，而現在理律面對的是『還有沒有辦法生存』的問題。」陳長文的笑容裡有一絲無奈。

將心比心，新帝的協商立場也不難揣摩，就是取回被劉盜走的巨額款項。為避免夜長夢多，這筆錢能愈快拿到愈好。即使目標暫時無法達成，也要確認理律能擔保債務清償。

經過陸陸續續的金額協商之後，雙方免不了要見真章。新帝表明有營運上的考量跟困難，開門見山詢問理律能夠「先支付多少」賠償金額。「顯然我們要算算看我們自己家裡有多少錢，一次就可以付給人家多少錢。」陳長文雖然在協商桌上爭取到不少空間，但這個現實問題依然要解決。

不做超出能力的承諾

「雙方針對第一期賠款終於建立最後的共識，理律先賠償兩千萬美元，之後就是為期四年的分期付款，每年支付一千兩百萬美元。即使如此，剩餘的賠償金額還差一千八百萬美元。……接下來就只能跟他們說聲對不起。我們算給新帝看，若四年賠四千八百萬，歷經連續幾年沉重的清償後，理律究竟還有多少能量？實在難以評估。」陳長文無奈地說。

理律清楚列舉出自身能力的極限，也堅持「不做出超過能力的承諾」原則，新帝公司明白理律的立場，於是點頭答應分期付款計畫，但是對於短缺的一千八百萬美元，還有待繼續協商。

「我不曉得是他的壓力還是我們的壓力，無可避免還是得在這部分繼續協商。他們認為既然理律內部對於四千八百萬已經有償還計畫，希望我趕快再去談剩餘部分。我可以理解，若我是新帝代表，也會希望全部定案，免得夜長夢多發生變卦。」

「理律還有什麼可以拿出來償還？在財務上，那已是我們有把握的極限。因為理律的同仁有經濟上的壓力，如果理律不能維持同仁應有的報酬，就將失去優秀的員工，沒有員工就沒有產值。沒有產值，別說這一千八百萬的差額，連分期付款的四千八百萬都有困難。」

當時理律文教基金會正在舉辦當年度的「理律盃校際模擬法庭比賽」，這是理律重要的法治教育公益活動。「理律可不可以提供法律服務做為賠償？」陳長文做了一個跌破大家眼鏡、出人意料的嶄新提議。「如果新帝使用的服務還有剩餘的話，可以轉做公益方面使用。甚至我提出，也請新帝和理律一起做公益。」陳長文說。

都已經處在「存亡之秋」了，卻提議理律和新帝一起「做公益」？

新帝的代表也感意外，但經請示總公司之後，大方同意理律提議，並願意攜手回饋社會參與公益活動。新帝更承諾派專人與理律一起研究，如何將公益活動的效益發揮到最大。於是一個史無前例的賠償協議誕生了，就是協商的雙方決定攜手做公益。

「為善者成」，這是陳長文最喜歡用來詮釋法律工作的座右銘，沒想到這四個字卻在理律最危難的時刻用上了。在意外之外，新帝公司也認為，這樣的提議非常有意義、有創見，也樂於同意。

看起來協商很順利完美？但其實在折衝協調時，也出現過陷入僵局的情形。

李光燾回憶協商陷入僵局時的情境，「有一度，實在是談不下去了，我們就暫時中止一下。長文離開會議室之後一直沒有回來，我去找他才發現，他一個人坐在辦公室裡，陰陰暗暗的、只開了一盞小燈。他應該是流淚了，臉上都是淚痕。我那時才發現，他變老了許多。」過了不久，陳長文若無其事般、充滿自信地繼續領導協商。李念祖律師也目睹了此景，「陳先生情感豐沛，卻能堅強的處理事務，這不也是強悍的另一種定義？」

最後，新帝面對陳長文的動以情、訴以理的堅持，經過審慎評估，接受了理律提出的方案，放棄最後幾項技術與程序上的要求，才讓協商程序繼續下去。經過將近一個月的漫長協商，儘管曾瀕臨破局邊緣，幸好，雙方終於達成協議。

歐姿漣

專利日本組　資深顧問

理律跨足訴訟、智慧財產權、金融法務及公司投資等法律領域，在專業廣度或服務深度均有目共睹，獲獎無數。但五十年並非一帆風順，新帝事件歷經最艱鉅挑戰，仍破繭、振翅高飛，足見理律與時俱進的能量！今後必以專業更卓著奉獻社會。

王瑤珮

專利暨科技部　顧問

周圍有一些人，樂於助人、不吝分享，對任務使命必達——他們撐起這把大傘。周圍有一些人，有自由靈魂，優遊法律問題的深海——賦予理律這把傘更強的韌度。周圍更有一些人，有無限創意，為傘妝點色彩。因著這些人，大傘不搖於風雨，得以守護傘下的公理正義，這就是理律。

49 美麗珍珠——低頭耕耘抬頭收穫

在理律以最大誠意和新帝公司經過一個月密集協商後，雙方終於達成協議。理律於二〇〇三年十一月十七日，發表〈歷創的理律，美麗的珍珠〉聲明。受到媒體極大關注與高度的肯定。

這篇近三千字聲明，對理律有極大的意義，也完整說明了理律面對新帝事件的態度、心情，以及和新帝達成「附帶公益抵償條款」的特別協議。聲明全文如下：

歷創的理律，美麗的珍珠

圓滿且具建設性的協議

經過將近一個月誠意的、懇切的協商，針對劉偉杰事件所帶來的衝擊，美商新帝公司和理律法律事務所，已達成一項圓滿且具建設性的協議，為了向關心理律、關心這個事件的社會各界有所交待，我們先將這個協議的大致內容向大家做一個簡單的報告。

理律對新帝公司的賠償可分為三個部分

為表示理律對於客戶新帝公司負責的態度，理律已先行撥付兩千萬美金給新帝公司，並將分四年十六期按季償還約四千八百萬美金予新帝公司。

新帝公司也同意理律長期法律服務以為賠償，以十八年的時間，每年由理律提供約一百萬美金，約計一千八百萬美金的法律服務額度，對美商新帝公司提供法律服務。在這個期間內，若新帝公司每年的法律服務額度未用罄，新帝公司與理律法律事務所同意，將依該未用罄的餘額，由理律以提撥賠償額的方式，共同進行公益與慈善活動，其中三分之一，做為新帝公司在美國加州的公益慈善贊助或相關活動的舉辦經費；三分之一，做為理律在臺灣公益慈善贊助或相關活動的舉辦經費；另外三分之一則由新帝公司和理律共同舉辦系列的公益講座或法律講座。

除了以上協議外，理律會持續和國內外的司法機關合作，以追回被侵占的款項，並將追回的款項，優先用於抵充新帝公司尚未使用理律法律服務的額度，以及彌補理律的損失。

這是一個圓滿且具建設性的結果，因為新帝公司與理律不只將自身的利益或損失彌補置入協議的內容之中，也將我們對社會的責任，當成一個對彼此的重要期許，放在這份協議裡面。這是令人欣慰的結果，對於能夠達成這樣一個雙方滿意的協議，理律有一個感謝，一個感想與一個反思。

一個感謝：新帝公司的信任

一個感謝：指的是對新帝公司的感謝，這個感謝又分做兩個層面，一是感謝新帝對理律在法律服務專業能力上的信任。所以，儘管在劉偉杰事件帶給理律重大的衝擊後，新帝公司反而決定和理律建立更長期的合作關係，新帝公司的總裁Dr. Eli Harari在該公司的正式聲明中說：

「我非常高興雙方達成了協議，新帝公司與理律現在可以集中精神迎接來自臺灣與中國的絕佳發展機會，我特別感謝理律的執行合夥人陳長文律師，他不眠不休的努力與領導風格促成了這項與新帝公司的協議，我祝福理律、其合夥人以及員工在未來更為成功。」

新帝公司副總裁兼法務長Mr. Charles Van Orden也說：「我們不相信一個害群之馬改變得了該區域中最佳事務所之一在四十年來所建立的穩固信譽。過去數週，我們深入認識到該事務所一群卓越的合夥人。當我們迎向臺灣與中國大陸的無限商機時，我們期待與該事務所繼續既有的合作關係。」

以上兩位新帝公司負責人的聲明，標誌著新帝公司對理律在法律服務品質上的高度肯定。

其次，我們感謝新帝公司認同理律對於參與社會公益活動的永續信念，「關懷、服務、卓越」，這是理律扎根臺灣數十年來，一直堅持的三個核心價值。而「關懷社會」正是理律放在第一位的自我期許，即使在最困難的時候，我們仍不忘記自己對社會的責任，幸運的是，新帝公司也是秉持相同的經營理念，想要為社會盡一份心，因此，我們建設性地將「社會責任的實踐」放進新帝公司與理律的長期協議之中，決定建立一個長期的「公益合作」關係。我們非常感謝新帝公司，因為有了這項協議，理律將有更具體的動力來推動「關懷社會」的價值實踐。

而在這感謝之外，更讓理律感到高興的是，和新帝公司建立了長遠的合作關係，不只是工作上、法律服務上的合作關係，也包括了在公益與慈善事業參與上的合作關係。

一個感想：低頭耕耘，抬頭收穫

一個感想：劉偉杰事件帶給理律空前的損失，在這個事件中，理律不只是被脫去了一件罩衣，而是被撕裂了一層肌膚。由於劉偉杰侵占的款項十分龐大，外界也因此產生了理律還能不能繼續提供法律服務的臆測。然而，受創雖重，理律還是必須負創而行，對內而言，必須讓「理律」這個全體員工情感、生活所繫所寄的共同體支持下去，因為這是理律員工共同的家園；對外而言，我們必須為客戶受損的權益負責到底，這是律師事務所責無旁貸的本分天職。本於對自己的要求，基於對客戶的責任，理律不可能就此停住。面對疑問，我們只有用永續經營的實際行動來證明，而這「行動」的動力來源與所依賴的資本無它，就是理律長期以來所建立的「信譽」。

「如果今天是收穫的日子，那麼我是在哪個季節和哪片土地上播撒了種子？」這是紀伯倫的詩句，從某個方面來說，理律能夠度過難關，能夠和新帝公司達成解決問題的協議，也可以說是一種「收穫」，而我們收割的作物就是「信譽」。因為理律長期以來，以社會、以客戶為優先的經營理念，經過數十年兢兢業業的經營栽培，就在我們最困難的時候，那不知不覺中培育出來的信譽，已成為理律最大的依靠，而這樣的信譽，從別的角度來說，也是理律的驕傲與理律所能提供給客戶的最大保證，因為若沒有這一份「信譽資產」，理律就不可能承受住這次衝擊。今天，在新帝公司的信任下，我們達成了讓雙方都滿意且對社會具有建設性意義的協議。對此，理律有很大的感觸，也因此有很大的激勵。低頭耕耘，抬頭收穫，這證明了理律的努力、理律所播下的無形種子並沒有白費，我們也將持續用最好的服務為理律永續的信譽播種。

一個反思：沒有信任，就沒有理律

一個反思：沒有貝蚌的痛苦，就沒有美麗的珍珠。其實，劉偉杰事件帶給理律的不只是傷害，也帶給理律一個反思的機會，反思理律應該從這個重創中得到什麼樣的學習，反思理律長久以來賴以生存的信念是什麼？有沒有動搖？

事實上，因為這次事件，理律已全面的檢視，加強我們在制度上及執行上的每一個環結。如果劉偉杰因為某些誘惑，鬆脫了自己內心的道德安全閥，那麼需要多大的外在安全閥才能使得問題不發生？解決的辦法，若是「任何人都不相信」，但其結果將是「任何事都不能做」。

的確，對劉偉杰的信任，是讓理律重重摔倒的主要原因之一，但反過來，如果沒有那「以人為本」的經營理念，沒有那份對每一位理律同仁的真心信任，理律將連「重重摔倒」的機會都沒有，因為，理律根本不會「站起來」。法律服務的工作靠的就是人，失去了對人的信任，理律根本無以為繼。所以，從這次事件中，我們反而更確認了理律經營理念則中最重要的一個元素，那就是「信任」，對人的信任、對同仁的信任、對事務所永續經營的信任、對社會的信任，沒有信任，就沒有理律。在這次摔倒之後，我們理所當然會虛心檢討我們的作業流程，做為理律當前整體「知識管理」系統建置計畫中的一項重點工作。但這些檢視與調整，不會、也不能絲毫衝擊到理律對人、對員工的信任，因為那是理律生存的基礎。這一層更為明確清晰的體認，是在這次重創中，理律得到的最寶貴的反思。

社會各界的支持，是我們永續努力的動力

最後，理律全體同仁要感謝來自全世界各地的理律客戶，以及友好的律師事務所的關心，還有社會各界友人、企業的支持，以及政府在這次事件中的協助。有了這些溫暖的支持和祝福，理律一定會堅持崗位，秉持我們對法律服務的熱忱與專業，提供客戶最優質的服務，並且永續貢獻理律對社會的關心，參與社會公益事務，我們相信，經歷這次「痛苦」創傷後的理律，將會變成一顆更為耀眼的美麗珍珠。

理律法律事務所　謹啟

二〇〇三．十一．十七

《工商時報》社論的肯定

對於這個附帶公益條款的破天荒協議，二〇〇三年十一月十八日的《工商時報》，特別以〈困難的時候，仍不忘記對社會的責任——祝福經歷創傷的理律變成美麗珍珠〉這篇社論，肯定理律與新帝公司達成的公益賠償協議。

「基本上論，理律與客戶達成賠償協議是民間私人事務，我們不必，也不宜介入發表意見。但從理律與新帝公司簽訂的協議和約中，我們看見了信譽、信任、信念這些維繫社會、推動人類進步的美德；因為這些美德，理律不僅可以承擔空前風暴衝擊、克服困難重新站立，甚至還可以繼續以往關懷社會、參與公益的志業，值得全體國人關心與祝福。」社論首段如此寫道。

接著對理律與新帝應對危機的做法，做出高度肯定的評價：「理律二話不說承擔起所有法律責任，主動、積極與受害人新帝公司展開賠償協商，沒有也從未嘗試躲避應負責任，即使高達二、三十億臺幣的賠償款項相當驚人，對全體同仁是個沉重負擔，但理律也在客戶諒解與同意下達成賠償協議，向社會展示了為人處世應有的明是非、負責任態度。」

該社論又說：「即使因為不肖員工讓理律遭受重大打擊，但理律對人的信任、對同仁的信任、對事務所永續經營的信任，乃至對社會的信任，並未絲毫受到影響。……在一個日漸疏離的時代，我們為理律面對重創不但自身深刻反思，而且向世人重申信任情操的可貴，感到欣慰與佩服。」

結論：「理律與新帝展現雖然面對困難，但仍要參與社會公益的信念，尤其讓我們覺得是千年暗室的一盞明燈。一般而言，一家公司每年的法務諮商費用應不至於達到一百萬美元，但理律或新帝都沒有將不足數納為己有以減輕損失的念頭，反而是捐出在美國、臺灣進行公益慈善活動，踐履企業與法律人對社會應有的責任。我們肯定理律、新帝患難中仍然關心社會、照顧社會的用心。」

陳長文在與新帝達成協議，化解危機後，深有感慨地說：「或許可以這麼說，理律的專業形象，原本只深植在特定範疇的工商業界裡，然而拜新帝事件『所賜』，我們讓社會大眾、理律的客戶，乃至於我們自己，重新見識到理律的韌性，確認了理律過去建立的信譽價值與正直理念。」

堅強的理律，終究有著優良的傳統與深厚的根柢，二〇〇三年十月發生新帝事件，同年十一月達成協議，但理律只用了四年的時間，從二〇〇四年到二〇〇八年，就如期償還了債務；其間還遇到二〇〇八年的全球金融危機，企業緊縮，法律服務業也連帶深受影響，但理律依然挺過。償還新臺幣三十億元這個不可能的任務，理律在四年完成，再度越過了考驗。

新帝事件發生後，不管認識的或不認識的人，遇到陳長文，都會問同樣的問題：「三十億追回來了嗎？」陳長文總笑笑的說：「這事件帶給理律的惕勵是金錢買不到的。」陳長文甚至深信，新帝事件這個讓理律瀕於倒閉的磨難是「上帝的恩典」。

而另一個禮物是，新帝事件開啟了理律由下而上的組織再造與改革之路。

馮博生

新竹事務所　合夥人

立足臺灣，放眼全球，繼往開來，再創巔峰。

李永之

新竹事務所　顧問

自半世紀前，伴隨臺灣經濟發展，理律人勇往直前不畏難，乃有蛻變發光。以法律服務為本，不忘創造人文價值與提升國家形象，光陰見證了理律如一的信念：卓越成就來自對客戶盡心的服務，植基於對社會無遺的關懷。五十年來已編織成一片美麗絢爛；五十年後亦復如是，定將譜造一方繁華圓滿。

50 改革之路——跌落山谷後的登峰

在登山界裡有一個淺顯易懂的故事，拿來比喻新帝事件對理律的影響，頗為傳神。一位想挑戰自我極限的登山者，攀上了他眼中最高的一座山，可是當他站在山巔極目遠眺時卻發現，他並不是站在最高的山上。

這時他開始猶豫：想要登上更高的山，必須先離開這裡，但他不是好不容易才爬上這座山嗎？更何況這座山已經高聳入雲，他有必要放棄這座山嗎？正當他認真思考的時候，一陣突如其來的大風將登山客硬生生推落山腳，摔得混身是傷的他只得掙扎爬起，拍掉身上的塵埃，忍痛咬牙繼續攀登下一座高山。

再攀高峰？得先下山重新爬起

在新帝事件發生之前，三十多年來理律可說一直處在順境之中。就內部經營者的角度而言，事務所每年都有不錯的成長、同事之間建立出濃厚的情感、每個理律人都擁有可以發揮理想的舞臺；從外部業界的立場來看，理律則是一個有著優良名聲、專業能力備受肯定的事務所。

乍看之下，理律的制度與文化，彷彿應該是成功的，但理律內部隱然有個疑慮：「理律或許是站上了某個山巔，但是腳底踏的基石夠不夠堅實？會不會因為哪一個角落鬆垮而跌落？」二〇〇三年十月發生的新帝事件回答了這個問題。

在與新帝公司的協商結束之後，理律的存亡之戰告一段落。這時理律已經不在山巔之上，新帝事件掀起的颶風讓理律摔下山谷跌得遍體鱗傷，接下來理律要重整步伐，立志要登上另一座更高的山巔。

「其實，也可以這麼說，除了爬起來重新登山，我們也沒有別的選擇，但既然要重新登山，就要徹底反省，引進新的制度，以新的精神登更高的山。」陳長文說。

從一九八二年開始，理律在陳長文、徐小波、李光燾三人帶領下，逐漸茁壯成為臺灣首屈一指的法律事務所。已退休的資深顧問藍善德認為，這三人的風格並不相同，但彼此互補的結果造就了理律的榮光。

「陳長文先生在理律內部的教育、人事管理以及制度的建立部分，付出了許多心力；徐小波先生擅長和外界聯繫、交流；李光燾先生比較低調，他非常關心同仁的福利，並且會注意事務所內部比較細的行政事務。這三位的搭配近乎完美，可以說是合作無間。」藍善德說。

一般民間企業隨著組織規模逐漸擴大，勢必面對永續經營的大考題，接班、決策與制度成為投資人與外界最關注的焦點之一。一如台塑的王永慶、台積電的張忠謀、鴻海的郭台銘，都會面臨接班梯隊的難題。理律也不例外，理律從雙李時代、群英會時代、鐵三角時代，在新帝事件後加速轉變為制度化的集體領導。一九八九年加入理律，目前為新竹事務所合夥人的馮博生比喻：理律就像是從強人政治邁向民主時代。

「陳、徐、李三位有很強的歷史地位、影響力和號召力。當前時勢恐怕不可能再造就一位強人。走向民主化、制度化，是理律不可避免的道路，必須讓更多人才進入決策面，依靠民主機制的集體領導，但同時也要建立更合理的管理運作機制，來改善效率內耗的民主副作用。」馮博生說。

「在新帝事件發生之後，我們開始認真思考怎麼樣的管理結構比較適合永續經營。」

從東吳法研所開始就是陳長文的學生，退伍之後第一份工作就是理律的陳民強如此說道。

過去理律的重要決策，雖然全體合夥人都有參與，並諮詢資深顧問及顧問的意見，但最後仍是由資深合夥人拍板定案。

這樣的決策方式其來有自，一方面因為資訊有限；再來，從大家的反應可以得知每個人相當信任並尊重前輩，認為他們的安排決定是公平合宜的。

人治的副作用——消極心態與退位空窗

無論過去的決策模式看起來多麼無懈可擊，長期而言終究含著人治的色彩，這種管理方式固然有效率與事權相對統一的優點，但無可避免地會有兩個副作用。

首先是影響到一般合夥人在理律扮演角色的定位，「決策圈」以外的合夥人容易產生一種錯誤認知，以為自己「並不是」理律負責任的業主，進而缺乏積極合宜的的自我期許。

理律人歷經新帝事件的衝擊以及內在時間壓力的洗禮，猛然醒悟到制度的改革已迫在眉睫。長期以來的「決策模式」雖然獲得理律人的信任，並不代表明天過後還會繼續被理律人接受。

於是，在二〇〇四年一整年中，理律所有的合夥人為了進行組織的精進與改造，開始密集開會與討論，並徵詢資深顧問的意見，工作的三大重點，一是「強化內控」，二是「進行組織再造」，三是強化二〇〇二年起已正式啟動的「知識管理體系」建構工作。

拿掉決策的隔板

在組織再造的部分，任何組織都有決策箱，如前所述，理律原來的決策箱分為兩個部分：一個部分，是由合夥人及顧問群就理律大部分的經營決策充分討論；但最終及關鍵決策，則由另一部分，也就是由前輩的資深合夥人定奪。精進再造就是要將兩者之間的隔板拆除，擴大決策的參與層面，讓更多理律中壯世代的菁英成員完全擔負實質決策工作，成為名副其實的「決策者」。

已退休的資深顧問林秀玲説道：「在合夥人結構重組的過程中，理律把過去幾十年來沒有拉到檯面上的東西整合出來。能夠取得共識的就做，暫時做不到的也保留一些機制去補強。」

二〇〇五年一月一日，理律在合夥人會議之下，成立了十一人的「執行委員會」，並選出陳長文為第一屆執行長兼所長，陳長文指派李念祖為副執行長，邀請李光燾擔任首席資深顧問。每屆執委會任期三年。

李念祖說：「我們幾十個人很細膩地利用九個月進行密集討論，這些會議文件的內容主要是把原來已經在運作的流程具體化。現在的模式和過去已有不同，但經營決策的流程在實質上不是斷裂的，實質內容也秉持理律一貫的理念。以往一個決策形成之前，本來就有功能性的委員會執行相關溝通程序，取得大多數人都能認同的共識，然後由資深合夥人拍板定案。這在一百或兩百人規模的時期運作順暢，然而事務所到了五百或七百多人，總有一天會出現力有未逮的情況。新帝事件帶給理律一個改革的機會，在過去的基礎上做了些許調整。我們希望在避免武斷決策、符合效率之間，找出一個適當的平衡點，具體做法就是在合夥人會議的架構下組成一個執行委員會。」李念祖二〇〇八年一月起，接任第二屆執行長迄今，已進入第四屆任期。

執委會是拿掉隔板之後理律的一個決策平臺。

執委會成員有十一個人，平日定期或臨時開會，時常也邀請執委會以外的同仁參與討論，希望決議盡可能反映多元討論後形成的共識。執委會做成重大決議之後，還是要在合夥人會議上做最後的討論決議，讓全體合夥人也都能參與，並對最終決策產生實質的影響。

「到目前為止，雖然發生了一些過去沒有發生過的狀況。但大部分都可以在我們的規則裡面找到答案。就我來看，我們當初的討論應該是成功的。」李念祖如此觀察執委會發揮的效用。

「新帝事件」開啟了理律的組織再造與制度改革之路。而在二〇〇五年開始落實此組織再造工程之後，十年來，理律不僅已完全走出了「新帝事件」，且順利克服了金融海嘯所帶來的衝擊與挑戰，改革的過程，有如十年磨一劍。

二〇一五年，理律在組織再造十年後，適逢成立五十週年，雖然理律已重新登上山頭，但此刻的理律同仁深切體悟，如要再創高峰，不僅應臨淵履薄，更要戰戰兢兢。尤其，面對台灣未來整體經濟環境的險峻，實不容有些許懈怠。為再登上另一個山峰，再創第二個五十年榮景，理律在歡慶五十週年慶的同時，已啟動另一波組織精進工程，針對未來的業務發展，研擬永續經營的方案。

洪榮宗

新竹事務所　合夥人

理律五十，因緣際會，匯集菁英，日夜不懈，擅場六法，終成基業。

有幸躬逢其盛，在巨人肩膀上，在鴻鵠翅膀下，以更寬廣視野、及更專業高度，發揮更大力量，成就更多良善，導引時代趨勢，加速進步巨輪。

周鳴群

新竹事務所　顧問

過去半世紀淬煉了理律，雖知世界瞬息萬變，理律人仍本著赤子之心與為善初衷去面對周遭的物換星移，順風時勿自滿招損，逆風時更當自謙，在航向未來的旅程上，必受益無窮。

後記
風波之後

陳長文

莫聽穿林打葉聲，何妨吟嘯且徐行。
竹杖芒鞋輕勝馬，誰怕？一蓑煙雨任平生。
料峭春風吹酒醒，微冷，山頭斜照卻相迎。
回首向來蕭瑟處，歸去，也無風雨也無晴。

——蘇軾・〈定風波〉

這闕詞是蘇軾在遭遇一生中最大變故後所寫的。他在四十四歲時被誣陷入獄，在獄中，他受到酷刑，原以為自己已無生還希望，但因當時的宋神宗敬重他的才華，沒有讓蘇軾死在獄中，最後，蘇軾被貶謫到湖北。自此而後，蘇軾變得豁達，〈定風波〉就是這個時期的作品。

如果要問我，現在是用什麼樣的心情回頭看待「新帝事件」對理律以及對我的衝擊，立刻浮現心頭的感觸，竟是蘇軾在〈定風波〉裡的詞句。

尤其是最後一句「回首向來蕭瑟處，歸去，也無風雨也無晴」，一語抹去滄桑，吐露了一種回到原點、回到初衷的平靜。

莫忘初衷，這是理律在遭遇困難時，謹記在心的自我提醒。也因為我們沒有忘了初衷，一直記得從李澤民、李潮年兩位創辦人傳承下來的理律精神，堅持以正派負責的態度，面對迎面而來的重重槌擊。這一份勇敢，讓理律在最艱困的時候，沒有散去。

新帝事件是讓理律全面檢視盲點的機會，告訴我們，面對變動不居的世界以及存於其中的風險，我們要更加謙卑。

新帝事件同時也是讓理律歸零並且重新出發的契機。這「歸零」不是一句輕描淡寫的修辭，而是真的「歸零」，因為理律確實差一點就度不過新帝事件這一關。如果這樣比喻，假設上帝存在，我體會到，在新帝事件中，上帝給了理律「剛剛好」的打擊。如果這打擊再輕一點，對我們的啟示可能就輕了一分；但如果這打擊再重一點，我也沒有把握，我們真的可以通得過考驗。

甚至可以這麼說，經歷過新帝事件的重大打擊後，理律也變得更堅強，我們知道前路充滿機會也充滿挑戰，但我們是經過大風大浪後重整的一家人，我們珍惜在理律大家一起工作持家、成就自我、貢獻社會的寶貴情感，這讓我們的心連在一起，即便未來有萬頃波濤在前，這一份情感，也會如一根定海神針，為我們化風止波。

而這也是為什麼，在《理律．臺灣．50年》這本書，我們決定以走出新帝事件結尾，我們希望以這件事自我提醒，也自我勉勵。

也因為經歷許多風雨憂喜，我想要代表理律，表達深摯的感謝。

理律在臺灣的時代，涵蓋了我人生成長的時代，而時至今日的理律（包括大陸的策略聯盟機構同事），已是近千人的服務團隊。理律見證了每一位成員和他們家人的生命歷程，也參與了臺灣五十年的耕耘。我們有著充滿感謝的記憶。

飲水思源，首要感恩的是李澤民與李潮年兩位創辦人，我和二位創辦人緣慳一面，但敬慕半世紀。沒有他倆奠定的基礎，就沒有今天的理律。

我也很感謝學長徐小波先生和李光燾先生，邀請長文一九七三年入所服務和數十年來無私的指導和分享，長文獲益良多。相交逾四十年亦師亦友的李光燾先生，他在理律最脆弱時無保留的支持，是理律重獲新生的堅強後盾。而合夥人兼連續三屆執行長的李念祖和他領導的執行委員會，卓越地服務理律全體同事，傳承了理律的精神、讓理律蓬勃前進。

感謝理律的客戶，若不是受到國內外客戶的信任，我們不可能得到精進專業能力的機會，還可以獲得不錯的報酬，絕對要感恩；若不是理律成員齊心協力，我們也無法形成堪負重任的堅實團隊。我們的客戶總是對我們的工作提出嚴格的要求，在任務完成時，他們卻總是慷慨地嘉勉我們的團隊。我們就是在客戶這樣不斷地調教下，追求卓越。

我們與公、私部門的朋友、客戶一起探索、突破、喜悅或憂心；理律同仁互相尊重，每一位獨一無二的成員都是形成理律特質的因素。就是這種種，造就了這個富有包容力與正向能量的學習型組織。理律這樣一步一腳印地走來，年屆五十，還在一點一滴地累積、鍛鍊。身處其間，我們感覺無比的幸運。

理律，臺灣，五十年，不是逝者如斯的東去流水，而是一顆夜空裡璀璨的極星。既在穹空默觀我們的來時路，也為我們指引未來的方向。

這是我對理律的期許與祝福。

附錄

理律法律事務所五十年大事紀

一九四九年前——●理律兩位創辦人李澤民律師與李潮年律師，已分別在上海執行律師業務。

一九五三年——●李澤民律師在臺復業，於臺北市懷寧街十號二樓開設事務所。

一九六五年——●李澤民律師與李潮年律師合組聯合事務所，事務所英文名稱使用「Lee and Li, Attorneys-At-Law」，設址於臺北市許昌街四十二號九樓，理律正式成立，時員工逾二十人。

一九六九年——●李光燾先生、王重石先生加入。

一九七〇年——●李澤民律師逝世。

●李潮年律師將事務所命名為「理律法律事務所」，時員工逾三十人，持續承辦跨國法律事務及智慧財產權等業務。

●徐小波先生加入。

一九七三年——●李潮年律師病逝，由王重石律師主持事務所。陳長文先生加入。

一九七八年——●成立高雄分所。

一九八〇年——●嘗試在舊金山成立業務據點，後因主客觀條件未臻成熟，而於一九八六年停止設立作業。

一九八二年——●汪應楠、鍾文森與殷之彝先生於一九七七至一九八二年間相繼榮退，王重石律師逝世，由徐小波、李光燾及陳長文律師三位先生共同發展業務，並由陳長文律師主持事務所。

一九八五年——●建置工時、案件、法律資料查詢等應用系統，理律進入電子資訊管理階段。
●主持律師陳長文先生擔任行政院經濟革新委員會委員，向委員會提案，建議政府准許外商得設立分公司從事生產或製造業務，以擴大外商投資方式。
●經《聯合報》抽樣調查，陳長文律師獲選為對經濟革新委員會貢獻最大的六位委員之一。

一九八八年——●陳長文律師擔任紅十字會總會秘書長。

一九八九年——●陳長文律師因協助國家建立培育軍事採購法律人才的基礎，對國軍建軍備戰著有貢獻，獲總統頒發四等雲麾勳章。

一九九〇年——●陳長文律師由總統遴定為國是會議二十五位籌備會委員之一，並經推選為主席團十五位成員之一；李念祖律師獲總統核定為國是會議一百五十位出席委員之一。
●陳長文律師獲財團法人海峽交流基金會第一屆董監會選聘為副董事長兼秘書長，推動兩岸交流活動。
●陳長文律師時任紅十字會總會秘書長，代表紅十字會與大陸紅十字會秘書長韓長林先生，於九月十二日簽定《金門協議》，兩岸偷渡者遣返作業符合人道與確保安全；《金門協議》對促進兩岸良性交流對話，共創和平互動有關鍵性影響。

一九九一年——●陳長文律師時任財團法人海峽交流基金會首任秘書長，於四月二十八日受政府委託率領海基會訪問團赴北京，進行兩岸自一九四九年以來的首次訪問。

一九九二年——●陳長文律師獲選為紅十字會總會副會長。

一九九三年——●陳長文律師與徐小波律師聯合執業。

一九九六年——●聘任李光燾先生為本所資深顧問。

- 成立新竹分所，設址於新竹科學工業園區。

一九九七年——
- 同仁成立「理律愛心志工群」，每年發起愛心募款活動，捐助社會弱勢團體。理律並逐年提撥一定額度之急難救助款項，共同從事愛心公益活動。

一九九九年——
- 理律合夥人捐助設立財團法人理律文教基金會，李光燾先生獲選為首屆董事長，李永芬女士擔任執行長。

二〇〇〇年——
- 理律文教基金會設置臺灣學子「獎學金」，每年邀請獲獎學生受獎並交流。
- 陳長文律師獲選為紅十字會總會第十七屆會長。

二〇〇一年——
- 理律文教基金會舉辦首屆臺灣「理律盃模擬法庭辯論賽」。

二〇〇二年——
- 理律文教基金會設置大陸學子「獎學金」，每年前往大陸頒獎並交流。
- 李念祖律師獲選為臺北律師公會第二十三屆第一任理事長。
- 成立臺中分所。
- 成立理律商務諮詢（上海）有限公司。

二〇〇三年——
- 經全所同仁投稿、票選，於本年度一月起將理律願景定為「關懷，服務，卓越」（We Care, We Serve, We Excel）。
- 十月，理律前員工劉偉杰盜賣客戶美商新帝公司（SanDisk Corporation）委託保管之股票，侵占股款所得約新臺幣三十億元。
- 十一月，理律與新帝公司達成建設性之和解共識，除分四年賠償新帝所受損失外，更在社會公益及學術推廣方面攜手貢獻所長。
- 成立臺南分所。

- 與「北京律盟知識產權代理有限責任公司」建立策略聯盟合作關係。
- 理律文教基金會與北京清華大學共同舉辦首屆大陸「理律盃全國高校模擬法庭競賽」，嗣後每年定期舉辦，成為中文模擬法庭比賽的最頂級賽事，同時提供兩岸學生深入交流的機會。

二〇〇四年——

- 徐小波律師一月一日榮退。
- 陳長文律師獲選為國際法學會第二十二屆理事長。
- 陳長文律師獲選為紅十字會總會第十八屆會長。

二〇〇五年——

- 設立「行政事務執行委員會」，負責執行各項經營與管理工作。
- 新的組織架構開始運作，設置所長及執行長各一人，由陳長文律師擔任所長，並經合夥人推選兼任為首屆執行長，李光燾先生擔任首席資深顧問，副執行長經執行長陳長文律師提名由李念祖律師擔任。
- 李光燾先生獲選為理律文教基金會第三屆董事長，李永芬女士續任執行長。

二〇〇六年——

- 理律文教基金會設置「理律盃榮譽獎學金」，獎勵兩岸理律盃冠軍隊學校法律學生，每年藉由頒獎活動促進交流。
- 陳長文律師獲選為國際法學會第二十三屆理事長。

二〇〇七年——

- 李念祖律師獲選為中華民國仲裁協會第十四屆理事長。

二〇〇八年——

- 李念祖律師獲選為事務所第二屆執行長，副執行長經執行長提名由范鮫律師擔任。
- 「高雄事務所」及「臺南事務所」合併成立「南部辦公室」，並遷入高雄軟體園區。
- 陳長文律師獲選為紅十字會總會第十九屆會長。

二〇〇九年——
- 李光燾先生獲選為理律文教基金會第四屆董事長，李永芬女士續任執行長。
- 李光燾先生一月一日榮退。
- 李光燾先生獲聘為理律特約首席資深顧問。
- 李家慶律師獲選為臺北律師公會第二十五屆第二任理事長。
- 與「上海律賢律師事務所」建立策略聯盟合作關係。

二〇一〇年——
- 李念祖律師獲選為中華民國仲裁協會第十五屆理事長。
- 理律文教基金會設置「理律文教基金會超國界法論文獎」，每年獎助名額為八名。

二〇一一年——
- 李念祖律師獲選為事務所第三屆執行長，副執行長經執行長提名由范鮫律師擔任。
- 李光燾先生獲選為理律文教基金會第五屆董事長，李永芬女士續任執行長。

二〇一二年——
- 陳長文律師因長期推動公益工作，獲馬英九總統頒發二等景星勳章。
- 蔣大中律師獲選為專利師公會第二屆理事長。
- 與「上海律同衡律師事務所」建立策略聯盟合作關係。

二〇一三年——
- 理律文教基金會設立「理律學堂」，邀請法律學子與各界接觸法律議題之士，分享知識與經驗，以利法律人的切磋、傳承。
- 策略聯盟合作機構「北京律盟知識產權代理有限責任公司」成立上海辦事處。

二〇一四年——
- 李念祖律師獲選擔任事務所第四屆執行長，副執行長經執行長提名由范鮫律師擔任。
- 所長暨執行合夥人陳長文律師，獲馬英九總統親自頒發第十二屆遠見雜誌華人企業領袖高峰會之「華人企業領袖終身成就獎」，表彰其對兩岸及華人社會的卓越貢獻。

- 與「律盟聯合會計師事務所」建立策略聯盟合作關係。
- 李家慶律師獲選為律師公會全國聯合會第十屆第一任理事長。
- 蔡東賢律師獲選為國際扶輪3510地區第十七屆總監。
- 李光燾先生獲選為理律文教基金會第六屆董事長，李永芬女士續任執行長。
- 理律文教基金會支持美國哈佛大學法學院、紐約大學法學院等校研究兩岸、公益等議題之研究與相關活動。

社會人文 BGB410

理律・臺灣・50 年

國家圖書館出版品預行編目(CIP)資料

理律．臺灣．50年 / 羅智強著. -- 第一版. --
臺北市：遠見天下文化, 2015.10
面；公分. -- (社會人文；BGB410)
ISBN 978-986-320-822-8(精裝)

1.理律法律事務所 2.臺灣法律 3.個案研究

580.933 104016576

作者 — 羅智強
事業群發行人／CEO／總編輯 — 王力行
副總編輯 — 吳佩穎
責任編輯 — 賴仕豪
美術設計 — 吳靜慈（特約）
封面設計 — 張議文
全書圖片提供 — 未標明來源之圖片為理律法律事務所、陳長文提供。

出版者 — 遠見天下文化出版股份有限公司
創辦人 — 高希均、王力行
遠見・天下文化 事業群董事長 — 高希均
事業群發行人／CEO — 王力行
天下文化社長 — 林天來
天下文化總經理 — 林芳燕
國際事務開發部兼版權中心總監 — 潘欣
法律顧問 — 理律法律事務所陳長文律師
著作權顧問 — 魏啟翔律師
地址 — 臺北市 104 松江路 93 巷 1 號 2 樓
讀者服務專線 — 02-2662-0012 ｜ 傳真 — 02-2662-0007, 02-2662-0009
電子信箱 — cwpc@cwgv.com.tw
直接郵撥帳號 — 1326703-6 號 遠見天下文化出版股份有限公司

電腦排版 — 極翔企業有限公司
製版廠 — 東豪印刷事業有限公司
印刷廠 — 祥峰印刷事業有限公司
裝訂廠 — 精益裝訂股份有限公司
登記證 — 局版臺業字第 2517 號
總經銷 — 大和書報圖書股份有限公司 電話／(02)8990-2588
出版日期 — 2015/10/16 第一版第 1 次印行
2022/8/18 第一版第 2 次印行

定價 — NT$550
ISBN 978-986-320-822-8
書號 — BGB410
天下文化官網 — www.bookzone.com.tw

「灋」是「法」的古字，追求公正應如水般的平，故「法」以「水」為部首，「廌」是似麒麟的獨角獸，能以角頂觸除去不正直的人，以「廌」「去」惡而得公平如「水」，就是「法」的意思。